新自动化——从信息化到智能化

基于 MATLAB/Simulink 的控制系统仿真及应用

王宏伟 于 驰 孟范伟 编著

U0126943

机械工业出版社

本书紧密结合教学及科研工作实践，内容包括 MATLAB/Simulink 基础知识、控制系统数学模型、时域分析法、根轨迹分析与设计、频域分析与设计、状态空间分析与设计、离散控制系统、控制系统 PID 控制器设计、非线性系统分析等。每章利用实例来帮助读者理解 MATLAB/Simulink 在控制系统仿真中的应用。

全书内容由浅入深、图文并茂，可作为高等院校自动化、电气工程、计算机应用等专业高年级本科生和研究生教学参考用书，也可供相关领域工程技术人员参考。

图书在版编目（CIP）数据

基于 MATLAB/Simulink 的控制系统仿真及应用/王宏伟，于驰，孟范伟编著. —北京：机械工业出版社，2022.6
（新自动化：从信息化到智能化）
ISBN 978-7-111-71069-1

Ⅰ.①基… Ⅱ.①王…②于…③孟… Ⅲ.①自动控制系统-系统仿真-Matlab软件 Ⅳ.①TP273-39

中国版本图书馆 CIP 数据核字（2022）第 110781 号

机械工业出版社（北京市百万庄大街 22 号 邮政编码 100037）
策划编辑：罗 莉 责任编辑：罗 莉 翟天睿
责任校对：梁 静 贾立萍 封面设计：鞠 杨
责任印制：郜 敏
北京富资园科技发展有限公司印刷
2022 年 9 月第 1 版第 1 次印刷
184mm×260mm · 19.75 印张 · 485 千字
标准书号：ISBN 978-7-111-71069-1
定价：79.00 元

电话服务 网络服务
客服电话：010-88361066 机 工 官 网：www.cmpbook.com
010-88379833 机 工 官 博：weibo.com/cmp1952
010-68326294 金 书 网：www.golden-book.com
封底无防伪标均为盗版 机工教育服务网：www.cmpedu.com

前言 Preface

随着计算机技术的发展，人民生活质量的不断提高，用户对控制系统与应用提出了更高的要求，因此作为控制系统仿真强有力的工具——MATLAB/Simulink 受到科研人员和工程技术人员的欢迎。

为了更好地推动 MATLAB/Simulink 在控制系统设计与仿真中的应用，本书参考了同类书籍，并结合教学及科研工作实践，对 MATLAB R2019b 的功能、操作及其在控制系统中的应用进行了详细阐述。书中所述的大部分内容和实例均已在本科生和研究生的相关课程中做出试验和验证，是我们多年来教学与科研的结晶。

本书主要内容包括 MATLAB/Simulink 基础知识、控制系统数学模型、时域分析法、根轨迹分析与设计、频域分析与设计、状态空间分析与设计、离散控制系统、控制系统 PID 控制器设计、非线性系统分析等。每章利用实例来帮助读者理解 MATLAB/Simulink 在控制系统仿真中的应用。全书内容由浅入深、图文并茂，可作为高等院校自动化、电气工程、计算机应用等专业高年级本科生和研究生教学参考用书，也可供相关领域工程技术人员参考。

本书的写作得到了实验室研究生的大力协助与支持，许多参与课程教学的同行也给予了宝贵的意见和建议，在此深表谢意！本书的编写参考了许多相关文献，在此也向这些文献的作者表示感谢！

由于时间仓促以及作者水平和经验有限，书中错误与不当之处在所难免，敬请专家、读者指正。

编著者

目录 Contents

1

第1章

控制系统与仿真概述

1.1 引言

在国民经济和国防建设的各个领域中，自动控制技术发挥着十分重要的作用，有着非常广泛的应用。例如，航空、航天、航海、冶金、机械、能源、电子、生物、医疗、化工、石油、建筑等各行各业都在应用控制理论解决相关的系统控制问题。随着一些高新技术领域中控制问题的日益复杂和控制要求的提高，以及计算机技术的迅速发展和应用，仿真软件目前已经成为广大科研工作者进行科学研究、工程计算的有力工具。控制系统仿真是指以控制系统模型为基础，利用数学模型代替实际控制系统，以计算机为辅助工具，利用仿真软件对实际控制系统进行分析、设计和仿真的研究，有效地对比各种控制策略，选取并优化相关控制参数，从而能够提高整个控制系统的性能，尤其是对于一些新型控制理论与算法的研究，进行系统仿真更是必不可少的。因此，控制系统仿真是利用现代科学手段对控制系统进行科学研究的十分重要的手段之一。

1.2 控制系统概述

1.2.1 控制系统基本概念

自动控制是指在无人员直接参加的情况下，利用控制装置使被控对象和过程自动地按预定规律变化的控制过程。自动控制系统由控制装置和被控对象组成，它们以某种相互依赖的方式组合成为一个有机整体，并对被控对象进行自动控制。能够完成自动控制功能的基本体系称为自动控制系统。自动控制系统有简单系统、复杂系统和大系统之分。一个复杂的控制工程可能汇集了几个甚至数量众多的自动控制系统。例如，一个机器人身上每一个关节的动作由一个电动机来拖动，控制它就需要设置一个控制系统，所以机器人的自动控制系统数量很多。自动控制理论是研究自动控制问题共同规律的技术科学，主要讲述自动控制技术的基本理论与控制系统分析和设计的基本方法等内容。控制理论按其发展的不同阶段分为经典控制理论和现代控制理论。经典控制理论通过传递函数来研究控制系统的输入输出关系，并且局限于单输入单输出的系统；现代控制理论则是基于状态空间表达式来研究控制系统，它可以是单输入单输出的，也可以是多输入多输出的，即使是单输入单输出的系统，在应用现代控制理论研究时也可以是更高阶的。近年来将计算机引入控制系统完成一个或几个环节的控制功能已十分普遍，由于计算机编程灵活，在不同条件下可以使用不同的参数、采用不同的控制方式，于是便产生了类似于自适应控制、自学习控制、模糊控制、专家系统、神经元及其网络控制等智能控制理论和控制实践。目前的大系统理论和智能控制理论已经开始形成所谓的第三代控制理论。

1.2.2 控制系统的控制方式

控制系统的控制方式主要包括开环控制和闭环控制，它们都有其各自的特点和不同的适用场合。

1. 开环控制方式

开环控制方式是指控制装置与被控对象之间只有顺向作用而没有反向联系的控制过程，按这种方式组成的系统称为开环控制系统，其特点是系统的输出量不会对系统的控制作用产生影响。

图 1-1 所示为开环控制的例子，控制的对象是炉膛温度，控制的要求是使炉温保持在某一恒定值。炉内需要的热能由电加热器提供，自耦变压器的可调输出端与电加热器连接，以获得数值可调的交流电压。显然，在控制温度下当电加热器提供的热量与吸收及消耗的热量相等时，才能维持温度恒定不变。然而，加热过程中的工况是随时变化的，比如，被加热的物体初始温度比较低，初期吸热要比温度接近要求值时单位时间内的吸热多；热量散失也不同，由于是非绝热过程，故炉温高时比炉温低时单位时间内散失的热量更多，还有进料出料期间炉门开启等随机因素造成了热量散失等，这些都要求供热的热量随之改变。如果不随时调节自耦变压器的滑动触头，以同步改变维持恒温所需的热能，则温度将偏离期望的数值。调节滑动触头可由运行人员通过观察反映炉内温度的温度表来完成，这属于人工控制。引入闭环控制可以实现自动控制。

2. 闭环控制方式

闭环控制方式是按偏差进行控制的，其特点是不论是什么原因使被控量偏离期望值而出现偏差时，必定会产生一个相应的控制作用去减小或消除这个偏差，使得被控量与期望值趋于一致。

图 1-2 所示为这个炉温控制的闭环控制系统，其中调节自耦变压器滑动触头的动作由直流伺服电动机经减速器来操动，炉内温度由热电偶检测出来，转换成电压信号与给定电压相比较（给定电压减去热电偶转换的电压），其差值被放大后加在直流伺服

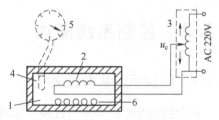

图 1-1 开环炉温控制系统

1—炉膛 2—电加热器 3—自耦变压器
4—温度检测元件 5—温度表
6—加热物体

电动机的电枢上。直流伺服电动机得到电压后既可以正转也可以反转。电压为正时，电动机正转，经减速器拖动自耦变压器的滑动触头上移，电加热器得到较高的交流电压后为炉膛提供较多的热量；电压为负时，电动机反转，向下调节自耦变压器的滑动触头，电加热器得到较低的交流电压，向炉膛供给较少的热量。当电动机上获得的电压较大时快转，获得的电压

较小时慢转，电压为零则停止转动。这很像人工控制的功能：人通过观察反映炉内温度的温度表将炉温值输入了大脑，在大脑中将温度值与期望值做比较，小了，则调高输出电压；大了，则调低输出电压。其中，热电偶完成的是检测炉内温度并将观察到的温度值输入到大脑的功能；给定电位器与热电偶按图示的极性连接时，完成了人脑将期望的温度值减去温度计上检测值的减法计算，并判断出应该提高还是降低自耦变压器的输出电压。差值信号输入给运算放大器之后的过程相当于人操纵自耦变压器滑动触头的过程。从理论上讲，闭环自动控制可以做到快速、准确，甚至是无误差，而人工控制则有其笨拙的地方，有时需要经过反复试凑才能完成控制。由此可见自动控制的优越性。

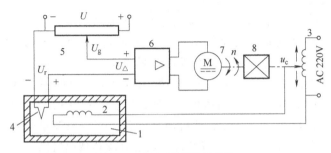

图 1-2　闭环炉温控制系统

1—炉膛　2—电加热器　3—自耦变压器　4—热电偶　5—给定电位器　6—放大器　7—伺服电动机　8—减速器

图 1-2 所示的炉温闭环控制系统虽然简单，但从物理量的作用关系上看，它有单输入单输出系统的特征；从系统的结构上看，有组成闭环控制系统的各个主要环节。由此可做出单输入单输出系统的一般抽象。

1.2.3　控制系统的组成

闭环控制方式是目前被广泛应用的控制方式，自动控制理论主要的研究对象就是用这种控制方式组成的系统，典型闭环控制系统原理框图如图 1-3 所示。

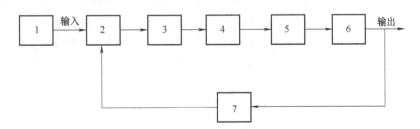

图 1-3　典型闭环控制系统原理框图

1—给定环节　2—比较环节　3—校正环节　4—放大环节　5—执行环节　6—被控对象　7—反馈环节

按控制系统的部件（元件）所完成的功能将它们划分为不同的环节，一般的控制系统常常有图 1-3 所示的环节（部分环节可以缺省）。

（1）给定环节　产生输入控制信号的装置。图 1-2 所示系统的给定环节接直流电压 U 的给定电位器 5，称为给定电位器，它将给定量 U_g 作用于控制系统的输入端。

（2）比较环节　比较环节完成将给定量与反馈量进行比较的功能。这里的"比较"有两种含义，一种是完成给定量减反馈量的减法运算；另一种是完成它们的加法运算。完成减法运算的，须将反馈量与给定量接成相反的极性（反馈量的作用削弱了给定量），称为负反馈。图 1-2 所示系统的反馈就是负反馈，图中给定电位器与热电偶共同完成了比较环节的功能。反之，如果反馈量的极性与给定量的极性相同（反馈量的作用增大了给定量），则为正反馈。在多闭环控制系统中，为了得到好的响应性能，有时将某个内环接成正反馈，而外环则都接成负反馈。

（3）校正环节　校正环节（有时又称控制环节或控制器、调节器）是除系统本身以外人为设置的环节。设置该环节的目的是为了取得好的控制效果，表现为输出量跟随输入量变化得更快、更稳、更精确。图 1-2 所示系统没有采用控制环节。

（4）放大环节　闭环控制系统是靠给定量与反馈量的差值信号实现对输出量控制的。由于差值信号很小（有时为 0），直接加在控制设备上不足以使系统工作，所以需要经过放大器放大（这里的放大器并非仅指具有放大倍数的放大器，有的还具有积分功能和其他功能，即使输入为 0，输出也可能存在有限值）。图 1-2 所示系统中的放大器 6 是放大环节。

（5）执行环节　执行环节（又称执行机构）的动作使得被控量得到控制，是控制系统的末端环节。图 1-2 所示系统的执行环节是直流电动机及其减速机构。

（6）被控对象　被控对象（也称控制对象）是指被控制的设备或过程，被控制的物理量称为被控量或输出量。图 1-2 所示系统中的被控对象是电阻炉，被控量是电阻炉的温度。

（7）反馈环节　反馈环节将检测到的被控量反馈传输到输入端，与给定量进行比较以实现闭环控制。有的系统将被测量直接接入比较环节，称为单位反馈。图 1-2 所示系统的反馈是单位负反馈。

通常将原理框图中从系统输入端沿着信号传递的路径到输出端的通道称为系统的前向通道，而由输出端经测量元件到比较元件的通道称为反馈通道。

从系统分析设计要完成的工作步骤上，将图 1-3 所示系统划分为两个部分。一部分为校正环节（这里的校正环节位于前向通道输入端，有的校正环节在反馈通道或别的地方）；另一部分则是除校正环节以外的部分，称为系统的固有部分。系统设计时这两部分都要设计，首先是固有部分的设计，然后是校正环节的设计。设计固有部分要求满足：①控制对象提出的基本要求；②系统本身能够正常工作的要求。设计校正环节则是使系统输出响应跟随给定输入信号以及抑制扰动信号都更快、更平稳、更精确。

1.2.4　控制系统的分类

由于控制系统的多样性，需将它们进行分类。

1. 按输入信号的特征分类

（1）恒值控制系统　恒值控制系统的给定输入量是一个常数值，希望被控制的输出量也是一个常数值，并且在除了给定输入量以外的工况发生变化时，能够维持常数值不变，或经过短暂的过渡过程后稳定在原来的常数值或其附近。

（2）位置随动控制系统（又称伺服系统）　位置随动控制系统的给定输入量可以按事先未知的规律变化，要求被控制的输出量能够迅速准确地跟随输入量而变。自动火炮方位控制系统是位置随动系统的一个例子，火炮的给定输入量来自雷达探测器，雷达将随时间变化的目标方位传给计算机位置随动控制系统，计算机根据雷达测得的信息设置给定输入量，随动系统完成由给定输入量控制的火炮方位的运动，这个运动过程要求既快速又准确。

（3）程序控制系统　程序控制系统的输入信号不是常数值，它可以是时间的函数、空间的函数，也可以是几何图形或者按照某种规律编制的程序等。这些函数、几何图形或者程序等由计算机输出后作用于自动控制系统的给定输入端，输出量随变化的输入设定值而动。程序控制系统的输入量可以是常数值，也可以是变化的。是常数值的有恒值系统的特征，是变化的有随动系统的特征。可见，这类系统关注的是其输入量是按某种规律而编制的程序。

2. 按信号传输过程是否连续分类

（1）连续控制系统　系统中各处传输的信号均是时间 t 的连续函数，这类控制系统称为连续控制系统。描述连续控制系统的动态方程是微分方程。

（2）离散控制系统　如果控制系统在信号传输过程中存在着间歇采样、脉冲序列等离散信号，则称为离散控制系统。描述离散控制系统的动态方程是差分方程。引入计算机参与控制的系统，由于有将模拟量转换成数字量的过程，故属于离散控制系统。有的控制系统对被控量或系统中某一物理量采用开关量控制，开关闭合时系统中有信号的传输，开关开启时信号传输中断，也属于离散控制系统。

3. 按系统构成元件是否线性分类

（1）线性控制系统　均由线性元件构成的控制系统称为线性控制系统。在实际应用的控制系统中，绝对线性的控制系统实际上是不存在的，一些元件或多或少存在着一定的非线性。一般情况下将非线性程度不甚严重的系统都划归为线性控制系统的范畴，这是由于闭环控制能使非线性产生的偏离得到及时纠正的缘故。

（2）非线性控制系统　控制系统内如果含有至少一个非线性元件，则该系统是非线性系统。这里的非线性元件是指其输入输出关系具有饱和限幅特性、死区特性、继电器特性、传输间隙特性等。它们的特点是不能用小信号线性化方法加以近似，其理想特性具有明显的拐点或间断点。

4. 按系统参数是否随时间变化分类

（1）定常控制系统　系统参数不随时间变化的系统称为定常控制系统。定常控制系统的微分方程或差分方程的系数是常数。线性的定常控制系统称为线性定常控制系统。

（2）时变控制系统　系统参数随时间变化的系统是时变控制系统。时变控制系统的微分方程或差分方程的系数是时间的函数。例如，发射卫星的火箭姿态控制系统，由于燃料的燃烧使质量参数随时减少，属于时变控制系统。

控制系统还可以按系统的其他特征来分类，本书中将不再一一讨论，有兴趣的读者可参阅有关文献。

1.3　仿真技术概述

1.3.1　计算机仿真基本概况

系统仿真是一门多学科的综合性技术，它是以相似性原理、控制论、信息技术及相关领域的有关知识为基础，以计算机和各种专用物理设备为工具，借助系统模型对真实系统进行试验研究的一门综合性技术，它利用物理和数学方法建立模型、类比，模拟现实过程或者建立假想系统，以寻求过程的规律，研究系统的动态特性，从而达到认识和改造实际系统的目的。计算机仿真已成为系统仿真的一个重要分支，系统仿真很大程度上指的就是计算机仿真。第一台电子管计算机的产生为计算机仿真技术的发展奠定了基础，其首先应用于航空航天等军事领域，而 20 世纪 80 年代以来，数字计算机的高速发展使计算机仿真技术进入蓬勃发展的时代，开始在各个领域发挥着重要作用，计算机技术的快速发展为计算机仿真带来了更加广阔的前景。如今，计算机仿真技术与控制工程的发展有着密切的联系。控制工程的发展促进了仿真技术的广泛应用，而计算机的出现为仿真技术的发展提供了强大的支撑。

1.3.2 控制系统仿真基本概况

控制系统仿真是涉及自动控制理论、计算机技术、系统辨识、控制工程以及系统科学的一门综合性学科。它为控制系统的分析、研究、设计以及控制系统的计算机辅助教学等提供了有效的手段。控制系统仿真是以系统模型为基础，采用数学模型方法描述实际的控制系统，以计算机为工具，对控制系统进行分析和设计的一种技术方法。

控制系统仿真总体上可分为系统建模、仿真建模、仿真实验和实验结果分析这四个步骤，而联系这些活动的要素分别是系统、模型和计算机，如图 1-4 所示。其中，系统是研究的对象，模型是系统的抽象，仿真是通过对模型进行实验来达到研究的目的。

1. 系统建模

系统建模就是针对实际的控制系统建立数学模型，具体是指建立描述控制系统输入、输出变量以及内部各变量之间关系的数学表达式。控制的数学模型是进行仿真的主要依据，因此在控制系统模型尚未建立之前，首先必须把握系统的基本特征，抓住主要的因素，引入必要的参量，提出合理的假设，进行科学的抽象，分析各参量间的相互关系，

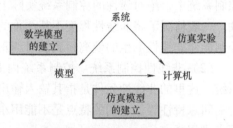

图 1-4 控制系统仿真三要素

选择恰当的数学工具，为系统的模型建立奠定基础。在控制系统设计过程中，忽略次要因素及不可测量的变量，在已有的一些先验知识的基础上，用物理或者数学的方法对实际系统进行描述，获得实际系统简化或近似的模型，这样可以帮助科研人员建立系统模型，验证系统模型以及简化系统模型，为控制系统设计策略提供帮助。系统建模时最基本的数学模型是微分方程和差分方程。控制系统模型分为静态模型和动态模型，静态模型描述控制系统变量间的静态关系，动态模型描述控制系统变量间的动态关系。

2. 仿真建模

仿真建模是根据实际控制系统所建立的数学模型，用适当的算法和仿真语言将其转换为计算机可以直接计算和仿真的模型。

3. 仿真实验

仿真实验是利用仿真软件语言编写程序，将仿真模型载入计算机，然后按照设计的方案运行仿真模型，得到一系列仿真实验结果。这一步最重要的就是仿真程序的编写，因此好的仿真软件能够提高编程效率。常用的数值仿真编写语言有 Basic、C、Fortran 语言，近年来，MATLAB/Simulink 软件的产生，使得仿真人员不必考虑算法，以及如何实现等低级问题，仿

真语言可调用丰富库函数中的某条指令直接实现某种功能，而且语言简单易学，编程效率高，界面友好，扩展力强，如今已得到广泛的应用，本书将利用 MATLAB/Simulink 软件对控制系统进行分析和设计。

4. 实验结果分析

利用仿真结果对仿真模型和程序进行验证，结合实际的研究目的，对建立的数学模型进行反复修改和优化，从而得到既客观实际又易于在计算机上实现的数学模型。

当所研究的控制系统造价昂贵、实验的危险性大或需要很长的时间才能了解系统参数变化所引起的后果，如地震灾害程度、人口发展、海洋腐蚀时，计算机仿真是一种十分有效的研究手段，发挥着至关重要的作用。

1.3.3　控制系统仿真的发展及分类

目前，控制系统仿真应用到很多方面，下面简单介绍其中一些进行说明：

1. 军事领域

军事领域主要包括电子信息、新材料、新能源、生物技术、航天技术和海洋技术等，例如武器装备研制、航天器飞行轨迹模拟、军事演练等。

2. 工业领域

在大型复杂的工程系统建设之前，仿真技术均发挥着越来越重要的作用，例如电站仿真系统、工业系统温度控制、机器手臂控制等。

3. 医学领域

在医学仿真方面，建立了有关人体的生物学和三维视觉模型，为深入开展人体生命机理研究和远程医疗工作提供有力的工具。

4. 其他领域

除此之外，仿真技术在交通、教育、通信、经济等多个领域扩展，例如交通仿真软件平台等。

控制系统仿真按照仿真类型可分为物理仿真、计算机仿真和半物理仿真。

物理仿真是采用物理模型的仿真，又称实物仿真。物理仿真的优点是能最大限度地反映系统的物理本质，具有直观性及形象化的特点，它能将模型中发生的综合过程在模型中全面地反映出来。但它的缺点是建造物理模型所需的费用高、周期长、技术复杂等。

计算机仿真是在计算机上实现描写系统物理过程的数学模型，并在这个模型上对系统进行分析和设计。这种仿真方法常用于系统的方案设计阶段和某些不适合做实物仿真的场合。它的特点就是重复性好、准确度高、灵活性大、使用方便、成本较低、通用性强，在一定程度上能够满足小系统或简单系统的仿真。但是对于复杂的系统，计算机仿真的局限性便明显地表现出来，首先它建立的数学模型不能或很难描述复杂系统的某些问题或现象，它所使用的仿真方法主要是近似的数值解法，缺少知识推理、逻辑判断和学习训练等职能特性。计算机仿真的准确度取决于仿真计算的准确度和数学模型的正确性与精确性。计算机仿真可采用模拟计算机、数字计算机和数字-模拟混合计算机。

半物理仿真也称为混合仿真。半物理仿真系统通常由满足实时性要求的仿真计算机、运动模拟器、目标模拟器、控制台和部分实物组成。该仿真技术的逼真度较高，一般用来验证控制系统方案的正确性和可行性，如用于训练航天员的航天仿真器。半物理仿真是现代控制系统仿真技术的发展方向，它能够很好地检验控制系统研究策略中的某些功能和参数。

按照其他的原则，对控制系统仿真进行分类如下：

1）按所用模型的类型（物理模型、数学模型、物理-数学模型）分为物理仿真、计算机仿真（数学仿真）、半实物仿真；

2）按所用计算机的类型（模拟计算机、数字计算机、混合计算机）分为模拟仿真、数字仿真和混合仿真；

3）按仿真对象中的信号流（连续的、离散的）分为连续系统仿真和离散系统仿真；

4）按仿真时间与实际时间的比例关系分为实时仿真（仿真时间标尺等于自然时间标尺）、超实时仿真（仿真时间标尺小于自然时间标尺）和亚实时仿真（仿真时间标尺大于自然时间标尺）；

5）按对象的性质分为宇宙飞船仿真、化工系统仿真、经济系统仿真等。

还可以按仿真的其他特征来分类，本书中将不再一一讨论，有兴趣的读者可参阅有关文献。

随着计算机技术日新月异，控制系统仿真技术也在飞速发展，其发展趋势主要表现在以下几个方面：

1）硬件方面。基于多 CPU 并行处理技术的全数字仿真将有效提高控制系统的速度，大大增强数字仿真的实时性。

2）应用软件方面。直接面向用户的数字仿真软件不断推陈出新，各种专家系统与智能化技术将更深入地应用于仿真软件开发之中，使得在人机界面、结果输出、综合评判等方面达到更理想的境界。

3）分布式数字仿真。充分利用网络技术进行分布式仿真，投资少，效果好。

4）虚拟现实技术。综合了计算机图形技术、多媒体技术、传感器技术、显示技术及仿真技术等多学科，使人仿佛置身于真实环境之中，这就是仿真追求的最终目标。

1.4 MATLAB/Simulink 下的控制系统仿真

在自动控制领域里的科学研究和工程应用中具有大量烦琐的计算与仿真曲线绘制任务，给控制系统的分析和设计带来了巨大的工作量。在控制系统仿真初期，研究人员利用 Basic 语言或者 C 语言等去编写数值计算程序，显然求解这些简单的问题需要花费很长的时间。为了解决这些问题，各种控制系统设计与仿真的软件层出不穷，研究人员凭借这些产品强大的计算和绘图功能，使控制系统分析和设计的效率大大提高。然后在众多的控制系统设计与仿真软件中，MATLAB 以其强大的计算功能、丰富方便的图形功能、模块化的计算方法脱颖而出，其应用越来越广泛，尤其是 MATLAB 的控制系统工具箱及 Simulink 的问世，给控制系统的分析和设计带来了极大的方便，现已成为控制系统设计和仿真领域中的佼佼者，同时也成为当今最流行的科学工程语言。

在国内外各高等院校，MATLAB 已经正式列入本科生和研究生的教学计划，成为线性代数、自动控制理论、数字信号处理、图像处理等课程的基本教学工具。在科研单位和企业中，MATLAB 也深受研究人员和工程师的喜爱，被认为是高效研究和设计的首选软件工具。

MATLAB 具有很多的特点，如强大的计算能力、高效的编程效率、简单易学的编程语言等。Simulink 是 MATLAB 重要的扩展，是一个用于动态系统建模和仿真的软件包，它的出现使得控制系统仿真进入模型化图形组态阶段，控制系统的分析和设计变得更加便捷和直观。Simulink 采用系统模块直观地描述系统典型环节，因此不需要花费较多的时间对系统模型进行编程，正是因为这些特点，Simulink 在控制系统分析和设计中得到广泛应用。

随着 MATLAB 软件的不断升级以及具有特殊功能的 Toolbox 工具箱的出现，使得 MATLAB 成为控制系统与仿真越来越强有力的工具，强大的功能为控制系统的计算与仿真带来革命性的变革，已经成为国内外控制领域流行的仿真软件。MATLAB 中与控制系统设计与仿真相关的主要工具箱如下：

1）控制系统工具箱（Control System Toolbox）；

2）模糊逻辑工具箱（Fuzzy Logic Toolbox）；

3）鲁棒控制工具箱（Robust Control Toolbox）；

4）深度学习工具箱（Deep System Toolbox）；

5）模型预测控制工具箱（Model Predictive Control Toolbox）；

6）系统辨识工具箱（System Identification Toolbox）。

因此，在学习和研究控制系统时，就必须掌握 MATLAB/Simulink 及其在控制系统仿真中的应用，具体内容将在本书的后续章节中详细阐述。

1.5　本章小结

本章主要介绍了控制系统的基本概念、控制方式、组成和分类，以及仿真技术的基本概念、应用和发展，并对 MATLAB/Simulink 的强大功能进行了简单的介绍，分析了该软件适合控制系统设计与仿真的特点，为学习本书后续内容进行必要的准备。

2 第2章

MATLAB 程序设计基础

2.1 引言

本章主要介绍 MATLAB 编程语言的产生与发展过程，以及 MATLAB 的工作环境和语言基础，然后对 MATLAB 计算及仿真的基础知识、控制系统中常用的符号运算、MATLAB 程序设计等基础命令进行比较详细的阐述。通过本章的学习，读者可以对 MATLAB 语言有一个比较全面的了解，能够很好地掌握 MATLAB 计算与仿真的基本功能。

2.2 MATLAB 概述

2.2.1 MATLAB 的产生与发展

早在 20 世纪 70 年代后期，时任美国新墨西哥大学计算机系主任的 Cleve Moler 教授在给学生讲授线性代数课程时，发现学生在使用当时流行的线性代数软件包（Linpack）和基于特征值计算的软件包（Eispack）极为不便，编写接口程序非常浪费时间。为了方便学生调用这两个程序库，Cleve Moler 教授编写了新的接口程序，命名为 MATLAB，这便是 MATLAB 的雏形。MATLAB 的产生是与数学计算紧密联系在一起的，取自矩阵（Matrix）和实验室（Laboratory）两个英文单词的前三个字母，是由美国 MathWorks 公司开发的大型软件，1984 年发行了 MATLAB 第一版本（DOS 版本 1.0），并正式推向市场。1992 推出了具有划时代意义的基于 Windows 操作系统的 MATLAB 4.0 版本，随之推出符号计算工具包和用于动态系统建模、仿真、分析的集成环境 Simulink，使之应用范围越来越广。1997 年，MATLAB 5.0 版本问世，该版本支持更多的数据结构，如单元数据、结构数据、多维数组等，实现了真正的 32 位计算。2000 年，推出了 MATLAB 6.0 版本；2002 年推出了 MATLAB 6.5 版本；2004 年推出了 MATLAB 7.0 版本；2005 年推出了 MATLAB 7.1 版本。随后每年发布两次以年份命名的版本，如 R2006a、R2006b、R2007a、R2007b 等，最近一次版本更新是 2019 年 9 月的 R2019b 版本。本书以 MATLAB R2019b 版为基础，全面介绍 MATLAB 的各种功能。

2.2.2　MATLAB 的特点

MATLAB 软件已成为线性代数、自动控制理论、现代控制理论、数字信号处理、数理统计、数字信号处理、动态系统仿真、图像处理等多门课程的基本教学工具，是学生必须掌握的一种基本编程语言，其主要特点有以下几个方面：

1. 编程语言简单易学

MATLAB 是一门编程语言，其语言规则与一般的结构化高级编程语言，如 C 语言等很相似，而且更加简单，更加符合数学表达式的书写格式，具有一般语言基础的用户很快就可以掌握。

2. 操作灵活

MATLAB 是一个交互式系统，采用的是图形用户界面，图形化的工具极大方便了用户的使用。此外，MATLAB 还提供了比较完备的调试系统，程序不必经过编译就可以直接运行，并且能够及时地报告出现的错误，并解释出错的原因。

3. 计算功能强大

该软件具有强大的矩阵计算功能，可以很方便地处理许多特殊矩阵，利用符号和函数可以对矩阵进行线性代数运算，适用于大型数值算法的程序实现，可以解决实际应用中的很多数学问题，尤其是与矩阵计算相关的问题。

4. 绘图功能出色

该软件具有强大的绘图功能，可以绘制常见的二维、三维图形，如条形图、饼图、直方图、极坐标图等。使用 MATLAB 绘图时只需要调用不同的绘图函数，功能强大且操作简单，极易掌握。此外，基于 MATLAB 句柄图形对象，结合绘图工具函数，可以根据实际需要绘制自己的图形。

5. 良好的扩展性

扩展性强是该软件的一大优点，MATLAB 通过外部接口的编程，用户可以在 C 语言和 Fortran 语言中调用 MATLAB 函数，完成 MATLAB 与它们的混合编程，也可以在 MATLAB 中调用 C 语言和 Fortran 语言编写的程序。

2.3　MATLAB 工作环境

2.3.1　MATLAB 的启动与退出

本书采用的软件版本为 MATLAB R2019b。打开 MATLAB R2019b，便可以进入如图 2-1 所示的 MATLAB 主窗口。

启动 MATLAB 程序一般有以下几种方法：

1）使用 Windows "开始"菜单。

2）运行 MATLAB 系统启动程序 matlab.exe。

3）利用快捷方式。

退出 MATLAB 程序的方法有以下两种方法：

1）在 MATLAB 命令窗口输入 Exit 或 Quit 命令。

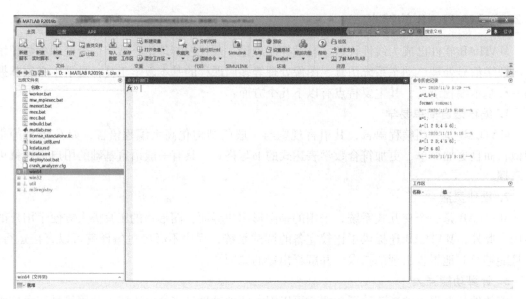

图 2-1　MATLAB 主窗口

2）单击 MATLAB 主窗口的"关闭"按钮。

2.3.2　MATLAB 窗口界面

启动 MATLAB 后，进入 MATLAB R2019b 集成环境。MATLAB 操作界面由多个窗口组成，其中标题为"MATLAB R2019b"的窗口成为 MATLAB 主窗口。此外还包含命令行窗口、工作区窗口、命令历史记录窗口和当前文件夹窗口，它们可以内嵌在 MATLAB 主窗口中，也可以以独立窗口的形式浮动在 MATLAB 主窗口之上。单击窗口右上角的"显示操作"按钮 ⊙ ，再从展开的菜单中选择"取消停靠"命令，即可浮动窗口。如果希望将浮动窗口重新嵌入到 MATLAB 主窗口中，则可以单击窗口右上角的"显示操作"按钮 ⊙ ，再从展开的菜单中选择"停靠"命令。

1. 命令行窗口

MATLAB 的命令行窗口如图 2-2 所示。命令窗口是 MATLAB 的主要交互窗口，用于输入命令并显示除图形以外的所有执行结果。在启动 MATLAB 程序后，MATLAB 命令窗口中将显示提示符"fx »"，符号"fx »"表示 MATLAB 已准备好，正在等待用户输入命令，这时就可以在提示符"fx »"后输入命令，按下 Enter 键，MATLAB 就会解释执行所输入的命令，并在命令后面给出计算结果。如果在输入命令后以分号结束，则按 Enter 键后将无法显示结果。

一般来说，一个命令行输入一条命令，命令行以回车结束。如果一个命令行过长，一个物理行之内写不下，则可以在第一个物理行之后加上三个小黑点并按下 Enter 键，然后接着下一个物理行继续写命令的其他部分。三个小黑点成为续行符，即把下面的物理行看作该行的逻辑继续。

例如：

图 2-2　MATLAB 的命令行窗口

```
a=2,b=3
a=
    2
b=
    3
a=2;b=3
b=
    3
c=1+2+3+4+...
    5
c=
    15
```

表 2-1 为 MATLAB 命令行编辑的常用控制键及其功能。

表 2-1　命令行编辑的常用控制键及其功能

功能键	功能	功能键	功能
↑	前寻式调回已输入过的命令	Backspace	删除光标左边的字符
↓	后寻式调回已输入过的命令	Esc	删除当前行的全部内容
←	在当前行中左移光标	Ctrl+C	中断正在执行的命令
→	在当前行中右移光标	Ctrl+Z	返回上一项操作
Home/Ctrl+A	将光标移到当前行首端	Ctrl+K	删除到行尾
End/Ctrl+E	将光标移到当前行末尾	Ctrl+B	光标向前移动一个字符
PgUp	前寻式翻滚一页	Ctrl+Q	强行退出 MATLAB 系统
PgDn	后寻式翻滚一页	Ctrl+U	清除光标所在行
Delete/Ctrl+D	删除光标右边的字符		

MATLAB 还有一些常用的工作区操作的命令，其名称和功能描述如下：

1）clc：清除指令窗口。

2）clf：清除图形对象。

3）clear：清除工作区所有变量，释放内存。

4）clear all：清除工作区所有变量和函数。

5）who：显示当前工作区中所有变量的一个简单列表。

6）whos：列出变量的大小、数据格式等详细信息。

7）dir：查看当前工作目录的文件。

8）save：保存工作区或工作区中任何指定的文件。

9）load：将 .mat 文件导入工作区。

2. 工作区窗口

MATLAB 的工作区窗口如图 2-3 所示。工作区也称为工作空间，该窗口是 MATLAB 重要的组成部分，用来保存命令窗口使用过的全部变量。在工作空间窗口，可对变量进行观察、编辑、保存和删除。内存空间中的变量在执行 clear 命令后将被清除。

图 2-3　MATLAB 的工作区窗口

3. 命令历史记录窗口

MATLAB 的命令历史记录窗口如图 2-4 所示。命令历史窗口中会自动保留自安装起所有用过的命令的历史记录，并且还标明了使用时间，从而方便用户查询。用户可以双击任何一个命令来重复执行一次该命令，单击鼠标右键，在弹出的快捷菜单中，可以实现复制和粘贴等功能。如果要清除这些历史记录，则可以在窗口快捷菜单中选择"清除命令历史记录"命令。

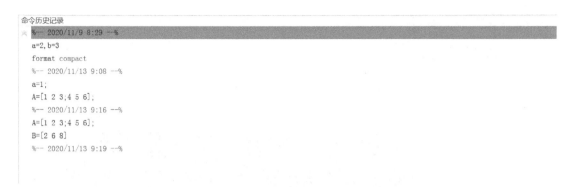

图 2-4　MATLAB 的命令历史记录窗口

4. 当前文件夹窗口

MATLAB 的当前文件夹窗口如图 2-5 所示。当前文件夹是指 MATLAB 运行文件时的工作文件夹，只有在当前文件夹或搜索路径下的文件、函数才可以被运行或调用。在默认的情况下，数据文件也将自动存放在当前文件夹下。

图 2-5　MATLAB 的当前文件夹窗口

2.3.3　MATLAB 帮助系统

MATLAB 提供了丰富的在线帮助功能，通过这些功能可以获得函数和命令的使用方法。通常进入 MATLAB 帮助系统窗口有以下两种方法：

1）单击 MATLAB 主窗口工具栏中的按钮 ⑦，或按 F1 键，再打开"打开帮助浏览器"超链接。

2）在 MATLAB 命令行窗口中输入 doc 命令。

通过以上两种方法均可进入如图 2-6 所示的帮助窗口。该窗口包含 MATLAB、Simulink 和 Polyspace 等工具箱，可以分别单击某个工具箱，然后进入相应的帮助信息浏览窗口。例如，选择 Simulink 选项，即可进入 Simulink 主程序帮助信息浏览器，如图 2-7 所示。

图 2-6　MATLAB 的帮助窗口

图 2-7　Simulink 主程序帮助信息浏览器

2.4　MATLAB 语言基础

2.4.1　MATLAB 语言的变量

在 MATLAB 中，变量是数值计算的基本单元。变量是变化的，在程序运行中变量的值可能会发生改变，因此需要给变量命名。

1. 变量命名

MATLAB 语言变量命名以字母开头，后面可以跟字母、数字、下划线等。基本规则如下：

1）变量名必须以字母开头，后面可以跟字母、数字、下划线，但是不能使用空格和标点符号；

2）变量名区分大小写，例如 A 和 a 表示两个不同的变量；

3）变量名长度不超过 63 个字符，超过部分将被忽略；

4）避免与系统的预定义变量名和函数名同名。

为了验证变量名命名的正确性，可以使用 isvarname 函数确认，当显示结果为 1 时，表示变量名是正确的，当显示结果为 0 时，表示变量名是错误的。

例 2.1　验证 myname01，myname_01，01myname 和 myname-01 这几个变量是否正确。

解　程序如下：

```
>> isvarname myname01
ans =
    logical
    1
>> isvarname myname_01
ans =
    logical
    1
>> isvarname 01myname
ans =
    logical
    0
>> isvarname myname-01
ans =
    logical
    0
```

2. 数据的输出格式

一般情况下，可以使用"format"命令设置数据的输出格式。"format"命令调用的格式为

format 格式符

其中，格式符决定数据的输出格式，不影响数据的计算与存储。控制数据输出格式符及其含义见表 2-2。默认的输出格式是 short 格式。

表 2-2　控制数据输出格式符及其含义

格式符	含义
compact	输出变量之间没有空行
loose	输出变量之间有空行

（续）

格式符	含义
short	输出小数点后 4 位，最多不超过 7 位有效数字；对于大于 1000 的实数，用 5 位有效数字的科学计数形式输出
long	15 位有效数字形式输出
short e	5 位有效数字的科学计数形式输出
long e	15 位有效数字的科学计数形式输出
short g	从 short 和 short e 中自动选择最佳输出方式
long g	从 long 和 long e 中自动选择最佳输出方式
rat	近似有理数表示
hex	十六进制表示
+	正数、负数、零分别用+、−、空格表示
bank	银行格式，以元、分表示

例 2.2 输入指令 x=1/3，利用上述不同格式符号给出输出结果。

解 程序如下：

```
>> format short
>> x=1/3
x =
    0.3333
>> format long
>> x=1/3
x =
    0.333333333333333
>> format short e
>> x=1/3
x =
    3.3333e-01
>> format long e
>> x=1/3
x =
     3.333333333333333e-01
>> format short g
>> x=1/3
x =
    0.33333
>> format long g
>> x=1/3
x =
        0.333333333333333
>> format rat
>> x=1/3
```

```
x =
        1/3
>> format hex
>> x=1/3
x =
    3fd5555555555555
>> format +
>> x=1/3
x =
+

>> format bank
>> x=1/3
x =
        0.33
```

2.4.2　MATLAB 语言的常量

在 MATLAB 语言中，还为特定常量保留了一些名称，这些常量称为预定义变量。虽然这些常量都可以重新赋值，但建议在编程时尽量避免给这些量赋值，以免系统在执行程序过程中出现一些问题。常见的预定义变量见表 2-3。

表 2-3　常见的预定义变量

常量	含义	常量	含义
ans	计算结果的默认赋值	realmax/ realmin	最大/最小正实数
pi	圆周率 π 的近似值	nargin	函数输入参数个数
eps	机器零阈值	nargout	函数输出参数个数
inf	无穷大，如 1/0 的结果	lasterr	存放最新的错误信息
NaN	非数，如 0/0、inf/inf 的结果	lastwarn	存放最新的警告信息

2.4.3　MATLAB 语言的数据类型

MATLAB 语言中有 15 种基本数据类型，主要是无符号整数型（uint）、有符号整数型（int）、单精度浮点型（single）、双精度浮点型（double）、字符串型（char）、结构体型（struct）、函数句柄型（function_handle）、逻辑型（logical）和单元数组型（cell）等。

整数型数据是不带小数的数据，包括有符号整数型和无符号整数型，其中分别包含 8 位、16 位、32 位和 64 位，表示形式为 uint 8、uint16、uint32、uint64、int 8、int16、int32 和 int64，将位数用 n 表示，其无符号 n 位整数型取值范围为 $0 \sim 2^{n}-1$，有符号 n 位整数型取值范围为 $-2^{n-1} \sim 2^{n-1}-1$。

浮点型数据包括单精度和双精度类型，分别在内存中占用 4 字节和 8 字节，双精度型的数据精度更高。在默认状态下，MATLAB 将所有的数据都看作是双精度类型。single 函数可以将其他类型的数据转换为单精度型，double 函数可以将其他类型的数据转换为双精度型。

例 2.3 输入下面程序指令，键入 whos 后运行结果。

解 程序如下：

```
>> al=uint8(5);a2=uint16(30);a3=uint32(88);a4=uint64(101);
>> whos
Name   Size   Bytes Class   Attributes

 al    1x1    1     uint8
 a2    1x1    2     uint16
 a3    1x1    4     uint32
 a4    1x1    8     uint64
```

例 2.4 输入下面程序指令，键入 whos 后运行结果。

解 程序如下：

```
>> b1=int8(5);b2=int16(30);b3=int32(-50);b4=int64(-80);
>> whos
Name   Size   Bytes Class   Attributes

 b1    1x1    1     int8
 b2    1x1    2     int16
 b3    1x1    4     int32
 b4    1x1    8     int64


>> c1=int8(132)
c1 =
  int8
  127
>> c2=int16(132)
c2 =
  int16
  132
>> whos
Name   Size   Bytes Class   Attributes

 c1    1x1    1     int8
 c2    1x1    2     int16
```

注：带符号 8 位整数型数据最大值为 127，因此 int8 函数转换时只输出最大值。

例 2.5 输入下面程序指令，键入 whos 后运行结果。

解 程序如下：

```
>> d=single(-2.34);e=double(-2.3456);f='OK';g.name='wang';h=@fun;i=true;
j{1,2}=3;
>> whos
```

```
Name   Size   Bytes Class   Attributes

d      1x1       4 single
e      1x1       8 double
f      1x2       4 char
g      1x1     184 struct
h      1x1      32 function_handle
i      1x1       1 logical
j      1x2     128 cell
```

class 函数可以用来获取某个数据的类型。

例 2.6　输入下面程序指令，键入 class 函数后运行结果。

解　程序如下：

```
>> k1 = 9;k2 = 'zidonghua';
>> class (k1)
ans =
    'double'
>> class (k2)
ans =
    'char'
```

2.4.4　MATLAB 语言的特殊运算符号

在 MATLAB 语言中，常用的标点符号及功能见表 2-4。

表 2-4　常见的标点符号及功能

名称	符号	功能
空格		输入变量之间的分隔符以及数组行元素之间的分隔符
逗号	,	区分列，函数参数分隔符等
分号	;	区分行，取消运行显示等
冒号	:	在数组中应用较多，后面会重点讲解
圆括号	( )	引用矩阵或数组元素，用于函数输入变量列表，确定算术运算的先后次序
方括号	[ ]	构成向量和矩阵，用于函数输出列表
花括号	{ }	构成元胞数组
点号	.	小数点及其域访问等
单引号	' '	字符串的标识符号
续行号	…	用于语句行尾端表示该行未完
百分号	%	注释语句的标识
下划线	_	一个变量、函数或文件名中的连字符
"at"	@	放在函数名前形成函数句柄，用于放在目录名前形成用户对象类目录
感叹号	!	调用操作系统运算

2.5　MATLAB 矩阵

2.5.1　一般矩阵的创建

矩阵是 MATLAB 中最为简单的数据对象，在 MATLAB 强大的计算功能中，主要以矩阵运算为基础，并且不需要对矩阵的维数、大小和类型进行说明，因此使用起来十分简单和方便。

1. 直接输入法建立矩阵

直接输入法的具体步骤就是直接将矩阵的每个元素用方括号括起来，元素之间用空格或者逗号隔开即可，用分号指定一行的结束，也可以多行输入，用回车符代替分号。

例 2.7　在命令窗口中生成矩阵 $A = \begin{bmatrix} 1 & 3 & 5 \end{bmatrix}$ 和 $B = \begin{bmatrix} 1 & 2 & 3 \\ 4 & 5 & 6 \\ 7 & 8 & 9 \end{bmatrix}$。

解　由下面的语句直接输入：

```
>>A=[1 3 5]
A =

    1   3   5
>>B=[1 2 3;4 5 6;7 8 9]
B =

    1   2   3
    4   5   6
    7   8   9
```

注：如果不想显示中间结果，则可以在语句末尾加一个分号，如>>A=[1　3　5]；%不显示结果，但进行赋值

例 2.8　在命令窗口中生成复数矩阵 $C = \begin{bmatrix} 1+i & 2+4i & 3+7i \\ 4+2i & 5+5i & 8+6i \\ 3+7i & 6+8i & 9+9i \end{bmatrix}$。

解　由下面的语句直接输入：

```
>> C=[1+i,2+4i,3+7i;4+2i,5+5i,8+6i;3+7i,6+8i,9+9i]

C =

    1.0000 + 1.0000i   2.0000 + 4.0000i   3.0000 + 7.0000i
    4.0000 + 2.0000i   5.0000 + 5.0000i   8.0000 + 6.0000i
    3.0000 + 7.0000i   6.0000 + 8.0000i   9.0000 + 9.0000i
```

注：利用 MATLAB 语言定义的 i 和 j，可以直接输入复数矩阵。

2. 利用已建立好的矩阵建立更大的矩阵

在实际系统中，往往会出现维数较大的矩阵，这时可以根据已建立好的小矩阵将其组合成大的矩阵。

例 2.9　$A = \begin{bmatrix} 1 & 2 \\ 3 & 4 \end{bmatrix}$，在命令窗口输入指令 B=[A,A,A]和 C=[A;A;A]，执行结果。

解   程序如下：

```
>> A=[1 2;3 4];
>> B=[A,A,A]
B=
    1  2  1  2  1  2
    3  4  3  4  3  4
>> C=[A;A;A]
C=
    1  2
    3  4
    1  2
    3  4
    1  2
    3  4
```

2.5.2   特殊矩阵的创建

在 MATLAB 语言中，有一些特殊矩阵函数，典型函数见表 2-5。

表 2-5   特殊矩阵函数

函数名	含义	函数名	含义
zero(m,n)	$m×n$ 零矩阵	rand(m,n)	$m×n$ 均匀分布的随机矩阵
zero(n)	$n×n$ 零矩阵	randa(m,n)	$m×n$ 正态分布的随机矩阵
ones(m,n)	$m×n$ 全一矩阵	company(m,n)	$m×n$ 伴随矩阵
ones(n)	$n×n$ 全一矩阵	hilb(n)	$n×n$ 希尔伯特矩阵
eye(m,n)	$m×n$ 单位矩阵	magic(n)	$n×n$ 魔方阵
eye(m)	$m×m$ 单位矩阵	pascal(n)	$n×n$ 帕斯卡矩阵

例 2.10   在命令窗口中生成 3×3 的全 1 矩阵，3×4 的均匀分布的随机矩阵，4×4 的希尔伯特矩阵、魔方阵和帕斯卡矩阵。

解   程序如下：

```
>> ones(3,3)
ans =
    1  1  1
    1  1  1
    1  1  1
>> rand(3,4)
ans =
    0.8147  0.9134  0.2785  0.9649
    0.9058  0.6324  0.5469  0.1576
    0.1270  0.0975  0.9575  0.9706
>> hilb(4)
ans =
```

```
    1.0000  0.5000  0.3333  0.2500
    0.5000  0.3333  0.2500  0.2000
    0.3333  0.2500  0.2000  0.1667
    0.2500  0.2000  0.1667  0.1429
>> magic(4)
ans =
    16   2   3  13
     5  11  10   8
     9   7   6  12
     4  14  15   1
>> pascal(4)
ans =
    1  1   1   1
    1  2   3   4
    1  3   6  10
    1  4  10  20
```

2.5.3 冒号的作用

1. 用冒号产生行向量

在 MATLAB 中，冒号是一个重要的运算符号。利用冒号表达式可以建立一个行向量，具体格式为

$$a{:}b{:}c$$

其中，a 为初始值，b 为步长，即两个元素的间隔，可正可负，c 不一定是最终值。冒号表达式可产生一个由 a 开始，以步长 b 增加或减小的行向量。当 $b=1$ 时，步长可以忽略。

例 2.11　输入指令 a=10:3:30,b=10: -1:0,c=10:15，显示执行结果。

解　程序如下：

```
>> a=10:3:30
a =
    10  13  16  19  22  25  28
>> b=10:-1:0
b =
    10  9  8  7  6  5  4  3  2  1  0
>> c=10:15
c =
    10  11  12  13  14  15
```

2. 利用冒号生成子矩阵

利用冒号能够从向量、矩阵中选出指定元素的行和列。

1）A(m,n)表示获取 **A** 矩阵第 m 行，第 n 列的元素；A(m,:)表示获取 **A** 矩阵第 m 行的全部元素；A(:,n)表示获取 **A** 矩阵第 n 列的全部元素，end 表示某一维的末尾元素下标。

例 2.12　输入指令 A=[1 2 3;4 5 6;7 8 9];B=A(1:2,3)，显示执行结果。

解　程序如下：

```
>> A=[1 2 3;4 5 6;7 8 9];
>> B=A(1:2,3)
B=
    3
    6
```

例 2.13　输入指令 A=[1 2 3;4 5 6;7 8 9];B=A(2:3,:)，显示执行结果。

解　程序如下：

```
>> A=[1 2 3;4 5 6;7 8 9];
>> B=A(2:3,:)
B=
    4  5  6
    7  8  9
```

例 2.14　输入指令 A=[1 2 3;4 5 6;7 8 9];B=A(end,:)，显示执行结果。

解　程序如下：

```
>> A=[1 2 3;4 5 6;7 8 9];
>> B=A(end,:)
B=
    7  8  9
```

2）A(:)将矩阵 A 每一列元素堆叠起来，形成一个列向量，这也是 MATLAB 变量的内部存储方式。

例 2.15　输入指令 A=[1 2 3;4 5 6];B=A(:)，显示执行结果。

解　程序如下：

```
>> A=[1 2 3;4 5 6];
>> B=A(:)
B=
    1
    4
    2
    5
    3
    6
```

3. 利用空矩阵删除矩阵的元素

在 MATLAB 中，空矩阵是指无任何元素的矩阵，表示形式为 [ ]。

例 2.16　输入指令 A=magic(4);A(:,3)=[ ];B=A，显示执行结果。

解　程序如下：

```
>> A=magic(4);
>> A(:,3)=[];
>> B=A
B=
```

```
    16    2   13
     5   11    8
     9    7   12
     4   14    1
```

4. 矩阵元素进行操作

1）MATLAB 语言可以对一个矩阵的某个元素进行操作，这时只改变该元素的数值，其他元素不发生变化。

例 2. 17　输入指令 A=[1 2 3;4 5 6;7 8 9];A(3,3)=15，显示执行结果。

解　程序如下：

```
>>A=[1 2 3;4 5 6;7 8 9];
>>A(3,3)=15
A=
     1    2    3
     4    5    6
     7    8   15
```

若 A(m,n)给出的行、列下标值 m 和 n 大于原来矩阵的行数和列数，则 MATLAB 语言将使矩阵的位数自动发生变化，扩展后的矩阵元素均置为 0。

例 2. 18　输入指令 A=[1 2 3;4 5 6;7 8 9];A(5,6)=30，显示执行结果。

解　程序如下：

```
>>A=[1 2 3;4 5 6;7 8 9];
>>A(5,6)=30
A=
     1   2   3   0   0   0
     4   5   6   0   0   0
     7   8   9   0   0   0
     0   0   0   0   0   0
     0   0   0   0   0  30
```

2）在 MATLAB 中，可以采用矩阵元素的序号来引用矩阵元素，矩阵元素的序号就是相应元素在内存中的排列。矩阵元素按列编号，先第一列，再第二列，然后第 n 列。

例 2. 19　输入指令 A=[1 2 3;4 5 6;7 8 9];B=A(3)，显示执行结果。

解　程序如下：

```
>>A=[1 2 3;4 5 6;7 8 9];
>>B=A(3)
B=
     7
```

3）利用函数 reshape(A,m,n)可以将矩阵总元素保持不变的前提下，将矩阵 A 重新排成 $m×n$ 的二维矩阵。

例 2. 20　输入指令 A=[1 2 3 4 5 6 7 8 9 10 11 12],B=reshape(A,4,3),C=reshape(A,6,2)，显示执行结果。

解　程序如下：

```
>> A=[1 2 3 4 5 6 7 8 9 10 11 12];
>> B=reshape(A,4,3)
B =
    1   5   9
    2   6   10
    3   7   11
    4   8   12
>> C=reshape(A,6,2)
C =
    1   7
    2   8
    3   9
    4   10
    5   11
    6   12
```

2.6 基本运算

MATLAB 运算主要包括算术运算、关系运算和逻辑运算。这三种运算中算术运算优先级最高，关系运算次之，逻辑运算的优先级最低。

2.6.1 算术运算

算术运算符号见表 2-6。

表 2-6   算术运算符号

运算符号	说明	运算符号	说明
+	加法	./	点右除
-	减法	\	左除
*	乘法	.\	点左除
.*	点乘	^	乘方
/	右除	.^	点乘方

1. 矩阵的加减运算

矩阵的加减运算规则：若 **A** 和 **B** 矩阵的维数相同，则可以执行矩阵的加减运算，若维数不一致，则给出错误信息。但如果其中一个是标量，则可以与不同维数的矩阵进行加减运算。

例 2.21   输入指令 A=[1 2;3 4];B=[3 4;5 6];C=[1 2 3;4 5 6];D=1，执行 A+B，A+C,A+D 的结果。

解   程序如下：

```
>> A=[1 2;3 4];
>> B=[3 4;5 6];
>> C=[1 2 3;4 5 6];
>> D=1;
```

```
>> A+B
ans =
     4    6
     8   10
>> A+C
矩阵维度必须一致。
>> A+D
ans =
     2    3
     4    5
```

2. 矩阵的乘法运算

矩阵的乘法运算规则：假定有两个矩阵 A 和 B，若 A 为 $m×n$ 矩阵，B 为 $n×p$ 矩阵，则 $C=A×B$ 为 $m×p$ 矩阵。即矩阵 A 和 B 进行乘法运算，要求 A 的列数与 B 的行数相等，则 A、B 矩阵是可乘的，但是如果两者的维数不相容，则给出错误信息。在 MATLAB 中，如果矩阵与标量相乘，则矩阵中的每个元素均与此标量相乘。

例 2.22 输入指令 A=[1 2 3;4 5 6];B=[1 2 3;4 5 6;7 8 9]，执行 C=A＊B 和 D=B＊A的结果。

解 程序如下：

```
>> A=[1 2 3;4 5 6];
>> B=[1 2 3;4 5 6;7 8 9];
>> C=A＊B
C =
    30   36   42
    66   81   96
>> D=B＊A
错误使用 ＿＊
用于矩阵乘法的维度不正确。请检查并确保第一个矩阵中的列数与第二个矩阵中的行数匹配。
```

3. 矩阵的除法运算

在 MATLAB 中，矩阵除法包含左除和右除，符号为 \ 和 /。A\B 等于 A 的逆矩阵乘以 B 矩阵，即 inv(A)＊B，而 B/A 等于 B 矩阵乘以 A 的逆矩阵，即 B＊inv(A)。由于矩阵乘法不能满足交换律，所以两种运算的执行结果一般不相等。

例 2.23 输入指令 A=[5 3 6;7 5 2;8 6 3];B=[1 2 3;4 5 6;7 8 9]，执行 C=A\B 和 D=B/A 的结果。

解 程序如下：

```
>> A=[5 3 6;7 5 2;8 6 3];
>> B=[1 2 3;4 5 6;7 8 9];
>> C=A\B
C =
    -4.7500   -4.2500   -3.7500
     7.2500    6.7500    6.2500
     0.5000    0.5000    0.5000
```

```
>>D=B/A
D=
    -0.0833   -4.7500    4.3333
    -0.0833   -7.7500    7.3333
    -0.0833  -10.7500   10.3333
```

4. 矩阵的乘方运算

矩阵乘方的运算规则：一个矩阵的乘方运算 A^p 中 A 为方阵，p 为标量，可以为正数、0 和负数，其中当 $p=0$ 时，可以得到一个与 A 矩阵维数相同的单位矩阵。

例 2.24　输入指令 A=[1 2 3;4 5 6;7 8 10]，执行 B=A^2，C=A^0 和 D=A^(-1) 的结果。

解　程序如下：

```
>>A=[1 2 3;4 5 6;7 8 10];
>>B=A^2
B=
     30    36    45
     66    81   102
    109   134   169
>>C=A^0
C=
     1     0     0
     0     1     0
     0     0     1
>>D=A^(-1)
D=
    -0.6667   -1.3333    1.0000
    -0.6667    3.6667   -2.0000
     1.0000   -2.0000    1.0000
```

5. 点运算

在 MATLAB 中，有一种特殊的运算叫作点运算，其运算规则是两个矩阵进行点运算时需要它们的维数相同，对应元素进行相关运算。

例 2.25　输入指令 A=[1 3 5];B=[2 4 6]，执行 C1=A.^B，C2=2.^[A,B] 和 C3=2.^[A;B] 的结果。

解　程序如下：

```
>>A=[1 3 5];
>>B=[2 4 6];
>>C1=A.^B
C1=
    1   81   15625
>>C2=2.^[A,B]
C2=
    2    8   32    4   16   64
>>C3=2.^[A;B]
C3=
```

```
    2   8   32
    4  16   64
```

2.6.2 关系运算

关系运算符号见表 2-7。

表 2-7 关系运算符号

运算符号	说明	运算符号	说明
<	小于	>=	大于或等于
<=	小于或等于	==	等于
>	大于	~ =	不等于

关系运算符号的书写方法与数学中的符号不太相同，其运算法则如下：

1）当两个比较量全部是标量时，可以直接比较两个数的大小。若关系正确，则表达式结果为 1；若关系错误，则表达式结果为 0。

2）当两个比较量全部是矩阵时，首先两个矩阵的维数必须是相同的，然后对两个矩阵中相同位置的元素按标量关系运算规则逐个进行比较，并给出结果。最终的结果是一个维数与原矩阵相同的矩阵，它的元素由 0 或 1 组成。

3）当参与比较的一个是标量，而另一个是矩阵时，将标量与矩阵的每一个元素按标量关系运算规则逐个比较，给出结果。最终的结果是一个维数与原矩阵相同的矩阵，它的元素由 0 或 1 组成。

例 2.26 输入指令 A=[1 2;3 4];B=[2 1;3 3];C=2，执行 D1=A>B，D2=A>=B 和 D3=C>B 的结果。

解 程序如下：

```
>> A=[1 2;3 4];
>> B=[2 1;3 3];
>> C=2;
>> D1=A>B
D1 =
    2×2 logical 数组
     0   1
     0   1
>> D2=A>=B
D2 =
    2×2 logical 数组
     0   1
     1   1
>> D3=C>B
D3 =
    2×2 logical 数组
     0   1
     0   0
```

2.6.3　逻辑运算

逻辑运算符号见表 2-8。

表 2-8　逻辑运算符号

运算符号	说明
&	逻辑与
│	逻辑或
~	逻辑非

在逻辑运算中，非零元素为真，用 1 表示，零元素为假，用 0 表示。逻辑运算的规则如下。

1）当两个比较量全部是标量时，可以直接对两个数进行逻辑运算。如两个标量 a 和 b，执行 a&b 的结果，a，b 全为非零时，运算结果为 1，否则为 0。a│b 的结果，a，b 中只要有一个非零，运算结果为 1。~a 的结果，当 a 为零时，运算结果为 1；当 a 非零时，运算结果为 0。

2）当两个比较量全部是矩阵时，首先两个矩阵的维数必须是相同的，然后对两个矩阵中相同位置的元素按标量逻辑运算规则逐个比较，给出结果。最终的结果是一个维数与原矩阵相同的矩阵，它的元素由 0 或 1 组成。

3）当参与比较的一个是标量，而另一个是矩阵时，将标量与矩阵的每一个元素按标量逻辑运算规则逐个比较，给出结果。最终的结果是一个维数与原矩阵相同的矩阵，它的元素由 0 或 1 组成。

例 2.27　输入指令 A=[1 0;8 3];B=[2 0;5 7];C=6;D=[4 0 6;0 8 0]，执行 E1 = A&B 和 E2 = C│D 的结果。

解　程序如下：

```
>>A=[1 0;8 3];B=[2 0;5 7];C=6;D=[4 0 6;0 8 0];
>>E1=A&B
E1 =
    2×2 logical 数组
    1   0
    1   1
>>E2=C│D
E2 =
    2×3 logical 数组
    1   1   1
    1   1   1
```

在 MATLAB 语言中，算术、关系、逻辑三种运算中，算术运算优先级最高，逻辑运算优先级最低。

例 2.28　输入指令 A=[15 26 -32 41];B=[3 -50 39 76]，执行 C1=A>20 & B<40 的结果。

解 程序如下：

```
>> A=[15 26 -32 41];
>> B=[3 -50 39 76];
>> C1=A>20 & B<40
C1=
    1×4 logical 数组
    0    1    0    0
```

2.7 程序设计

2.7.1 M 文件

M 文件就是由 MATLAB 语言编写的可在 MATLAB 语言环境下运行的程序源代码文件。由于商用 MATLAB 软件是用 C 语言编写而成的，因此，M 文件的语法与 C 语言十分相似。

1. M 文件的建立

1）菜单操作。从 MATLAB 主窗口的主页菜单中选择新建脚本，屏幕上将出现 MATLAB 文本编辑器窗口。

2）命令操作。在 MATLAB 命令窗口输入命令 edit，启动 MATLAB 文本编辑器后，输入 M 文件的内容并存盘。

3）命令按钮操作。单击 MATLAB 主窗口编辑器工具栏上的新建命令按钮，启动脚本后，输入 M 文件的内容并存盘。

2. M 文件的打开

1）菜单操作。从 MATLAB 主窗口的主页菜单中选择打开命令，则屏幕出现 Open 对话框，在 Open 对话框中选中所需打开的 M 文件。在文档窗口可以对打开的 M 文件进行编辑修改，编辑完成后，将 M 文件存盘。

2）命令操作。在 MATLAB 命令窗口输入命令：edit 文件名，则打开指定的 M 文件。

3）命令按钮操作。单击 MATLAB 主窗口编辑器工具栏上的打开命令按钮，再从弹出的对话框中选择所需打开的 M 文件。

3. M 文件的分类

M 文件可以根据调用方式的不同分为两类，即脚本文件和函数文件，它们的扩展名均为 .m。

1）脚本文件。命令文件就是简单的 M 文件，实际上是多条命令的综合体，与在命令窗口逐行执行文件中的所有指令结果是一样的，没有输入输出参数被调用，而且所有变量均使用 MATLAB 基本工作空间，没有函数声明行。

例 2.29 编写一个脚本文件，求边长为 4 的正方体的体积。

解 脚本文件如下：

```
>> V=4*4*4
V=
    64
```

2) 函数文件。函数文件常用于扩充 MATLAB 函数库，有其特有的调用格式。

函数 M 文件的格式如下：

```
function  返回变量=函数名(输入变量)
注释说明语句段
程序语句段
```

特定规则：

函数 M 文件第一行必须以单词 function 作为引导词，必须遵循以下形式：

$$function [返回变量列表]=<函数名>(<自变量>)$$

M 文件的文件名必须是<函数名>.m。

程序中的变量均为局部变量，不保存在工作空间中，其变量只在函数运行期间有效。

例 2.30　编写一个函数文件，求边长为 4 的正方体的体积。

解　函数文件如下：

```
function V=tiji(a)
% a 为边长
% V 为体积
V=a*a*a;
```

将上面函数以文件名 tiji.m 存盘，然后在 MATLAB 命令行窗口调用该函数。

```
>>V=tiji(4)
V=
    64
```

2.7.2　程序控制结构

按照程序设计的思想，MATLAB 提供了四种程序控制结构，即顺序结构、选择结构、循环结构和试探结构。除了试探结构为 MATLAB 特有的，其他结构及用法与其他高级语言是一致的。

1. 顺序结构

顺序结构是最简单的一种程序结构，即按照程序中的语句顺序依次执行，直到程序的最后一条语句，一般涉及数据输入、数据计算或处理、数据输出等内容。

（1）数据的输入　数据的输入可以使用 input 函数，其调用格式为

$$A=input(提示信息,选项)$$

其中，提示信息为一个字符串，用于提示用户输入什么样的数据，例如：

```
a=input('输入数值 a:')
```

执行该语句时，会在 MATLAB 命令窗口中显示信息"输入数值 a:"，然后等待编程人员按 MATLAB 规定的格式输入 a 的值。

选项用于决定用户的输入是表达式还是一个普通的字符串，例如：

```
A=input('输入一个矩阵:')
输入一个矩阵:ones(3)
A=
```

```
    1  1  1
    1  1  1
    1  1  1
B=input('输入一个矩阵:','s')
输入一个矩阵:ones(3)
B=
    'ones(3)'
```

两种情况下，用户输入的同样是 ones(3)，但在前一种条件下，ones(3) 被理解成一个表达式，所以返回一个 3 阶的全 1 矩阵，而后一种情况下，则直接返回这个字符串。

（2）数据的输出 在 MATLAB 中，输出函数主要使用 disp 函数，其调用格式为

```
                              disp(输出项)
```

其中，输出项可以是字符串，也可以是矩阵，例如：

```
>> B='Hello,students!';
>> disp(B)
```

输出为

```
Hello,students!
```

又如：

```
D=[3 3 3;2 2 2;1 1 1];
disp(D)
    3  3  3
    2  2  2
    1  1  1
```

注：用 disp 函数显示矩阵时将不显示矩阵的名字。

2. 选择结构

选择结构就是程序将根据条件来执行特定的分支，某些分支中的语句将不被执行。MATLAB 用于实现选择结构的语句有 if 语句和 switch 语句。

（1）if 语句 if 语句能够实现单分支、双分支和多分支结构，具体格式如下：

1）单分支 if 语句。

```
if  条件
    指令语句组
end
```

执行规则：当条件表达式成立时，执行相应的指令语句组，否则，跳出该指令组。

2）双分支 if 语句。

```
if  条件
    指令语句组 1
else
指令语句组 2
end
```

执行规则：当条件成立时，执行指令语句组 1，否则执行语句组 2。

3）多分支 if 语句

```
if    条件 1
    指令语句组 1
else if 条件 2
指令语句组 2
…    …
else if 条件 n
指令语句组 n
else
指令语句组 n+1
end
```

执行规则：MATLAB 将依次判断条件表达式是否成立，当前面所有的条件表达式都不成立时，MATLAB 执行指令语句组 $n+1$，并结束该结构。

例 2.31　计算分段函数

$$y = \begin{cases} \dfrac{x+\sqrt{\pi}}{e^2} & ,x \le 0 \\[3mm] \dfrac{\ln(x+\sqrt{x^2+1})}{2} & ,x>0 \end{cases}$$

解　程序如下：

```
x=input('请输入 x 的值:');
if x<=0
    y=(x+sqrt(pi))/exp(2);
else
    y=log(x+sqrt(x*x+1))/2;
end
disp(y)
```

（2）switch 语句　switch 语句根据表达式的取值不同，分别执行不同的语句，其语句具体格式如下：

```
switch    表达式
      case    表达式 1
          语句组 1
      case    表达式 2
          语句组 2
        …    …
      case    表达式 n
          语句组 n
      otherwise
          语句组 n+1
    end
```

当表达式的值等于表达式 1 的值时，执行语句组 1，当表达式的值等于表达式 2 的值时，执行语句组 2……当表达式的值等于表达式 n 的值时，执行语句组 n，当表达式的值不等于 case 所列的表达式的值时，执行语句组 $n+1$。当任意一个分支的语句执行完毕后，直接执行 switch 语句的下一句。

例 2.32 某商场对顾客所购买的商品实行打折销售，标准如下（商品价格用 price 来表示）：

price<100，没有折扣

100≤price<500，2%折扣

500≤price<1000，4%折扣

1000≤price<3000，8%折扣

3000≤price<5000，10%折扣

5000≤price，15%折扣

输入所售商品的价格，求其实际销售价格。

解 程序如下：

```
price=input('请输入商品价格');
switch fix(price/100)
    case {0}                     %价格小于100
        rate=0;
    case {1,2,3,4}               %价格大于等于100但小于500
        rate=2/100;
    case num2cell(5:9)          %价格大于等于500但小于1000
        rate=4/100;
    case num2cell(10:29)        %价格大于等于1000但小于3000
        rate=8/100;
    case num2cell(30:49)        %价格大于等于3000但小于5000
        rate=10/100;
    otherwise                    %价格大于等于5000
        rate=15/100;
end
price=price*(1-rate)            %输出商品实际销售价格
```

3. 循环结构

循环结构是指按照给定的条件，重复执行指定的语句。MATLAB 用于实现循环结构的语句有 for 语句和 while 语句。

（1）for 语句　for 语句是一种基本的实现循环结构的语句，能够以确定的次数执行某一段程序。for 语句的格式为

```
for 循环变量=表达式
        循环体指令语句组
end
```

其中，循环变量从表达式中的第一个值开始，然后一直循环到表达式的最后一个值。执行规则：若循环变量的值介于表达式初值和终值之间，则执行循环体语句，否则结束循环的执行，继续执行 for 语句后面的语句。

例 2.33 用 for 循环结构计算 $\sum_{i=1}^{100} i$ 的值。

解　程序如下：

```
S1=0;
for  i=1:100
S1=S1+i;
end
S1
```

例 2. 34　用 for 循环结构计算 $y = 1 + \dfrac{1}{2^2} + \dfrac{1}{3^2} + \cdots + \dfrac{1}{50^2}$ 的值。

解　程序如下：

```
y=0;
n=50;
for i=1:n
y=y+1/(i^2);
end
disp(y)
```

（2）while 语句　while 语句是另一种基本的实现循环结构的语句，能够以不定的次数重复执行某一段程序。while 语句的格式为

```
while 逻辑表达式
    指令语句组
end
```

执行规则：若逻辑表达式成立，则执行循环体语句，执行后再判断条件是否成立，如果不成立则跳出循环。

例 2. 35　用 while 循环结构计算 $\displaystyle\sum_{i=1}^{100} i$ 的值。

解　程序如下：

```
S2=0;
i=1;
while(i<=100),
S2=S2+i;
i=i+1;
end
S2
```

例 2. 36　求出满足 $\displaystyle\sum_{i=1}^{m} i > 10000$ 的最小 m 值。

解　程序如下：

```
%tic
S=0;
m=0;
while(S<=10000),
m=m+1;
S=S+m;
```

```
end
S
m
% toc
```

注：加入 tic，toc 命令测出仿真执行时间。

4. 试探结构

try 语句是一种试探性执行语句，其调用格式为

```
try
    语句组 1
catch
    语句组 2
end
```

执行规则：try 语句先试探性执行语句组 1，如果语句组 1 在执行过程中出现错误，则将错误信息赋给保留的 lasterr 变量，并转去执行语句组 2。

例 2.37 输入指令 A=[1 3 5;2 4 6];B=[5 3 1;6 4 2]，先求两个矩阵的乘积，若出错，则自动转去求两个矩阵的点乘。

解 程序如下：

```
A=[1 3 5;2 4 6];B=[5 3 1;6 4 2];
try
    C=A*B;
catch
    C=A.*B;
end
C
lasterr          %显示出错原因
```

2.8 本章小结

本章主要介绍了 MATLAB 语言程序设计的基础知识，包括 MATLAB 产生与发展、工作环境、语言基础、数值运算和程序设计等。通过一些实例对 MATLAB 语言功能做了详细的介绍。本章内容是 MATLAB 语言的基础，也是应用 MATLAB 进行控制系统仿真的基础。本章的知识为后面章节的学习奠定了基础。

3

第 3 章

MATLAB 图形处理

3.1 引言

MATLAB 语言除了能够提供强大的计算功能外，还能提供极其方便的绘图功能。图形可以帮助人们从杂乱无章的数据中观察到数据间的内在关系，获得数据的内在本质。MATLAB 可以绘制二维曲线、三维曲线，并可以进行动画演示。

3.2 二维图形绘制

3.2.1 绘制二维曲线

二维曲线的绘制是其他绘图操作的基础。绘制二维曲线，首先要确定坐标系，MATLAB 提供了不同坐标系下的绘图指令，包括直角坐标系、极坐标系、对数坐标系等。其次，在对应坐标系中将数据点连接起来形成平面图形。

1. plot 函数

利用 plot 函数可以绘制直角坐标系下的二维曲线，该函数是最基本、应用最广泛的绘图函数，其调用格式有以下几种形式。

（1）plot(x) 其中，x 可以为实向量、实矩阵和复数矩阵。当 x 为实向量时，以该向量元素的下标作为横坐标，x 元素值作为纵坐标绘制一条曲线；当 x 为实矩阵时，按照列绘制每列元素值相对其下标的曲线，曲线条数等于输入参数矩阵的列数；当 x 为复数矩阵时，按列分别以元素的实部和虚部为横、纵坐标绘制多条曲线。

例 3.1 根据下面给出的 x 形式，利用 plot(x) 函数绘制曲线。

（a）$x=[1\ 10\ 3\ 7]$ （b）$x=[1\ 2;3\ 4;5\ 6]$ （c）$x=[1+0.5i\ 2;3+2i\ 4;5\ 6+5i]$。

解 程序结果如图 3-1 所示。

（2）plot(x,y) 其中，x 和 y 可以是向量和矩阵。当 x 和 y 为长度相同的向量时，以 x 元素值为横坐标，y 元素值为纵坐标绘制二维曲线；当 x 是向量，y 是有一维与 x 同维的矩阵时，绘制出多条二维曲线，条数等于 y 矩阵的另一维数；当 x 和 y 是同维矩阵时，以 x 对

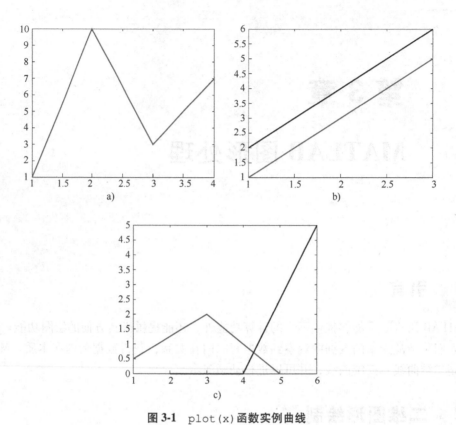

图 3-1 plot(x)函数实例曲线

应列元素为横坐标，y 对应列元素为纵坐标，曲线等于矩阵的列数。

例 3.2 根据下面给出的 x 和 y 形式，利用 plot(x,y) 函数绘制曲线。

(a) $x=[1\ 3\ 5\ 7]$；$y=[2\ 3\ 6\ 4]$ (b) $x=[1\ 3\ 4\ 6]$；$y=[2\ 1\ 4\ 6;\ 3\ 5\ 8\ 9]$ (c) $x=[1\ 3\ 5$ $7;\ 1\ 3\ 4\ 6]$；$y=[2\ 1\ 4\ 6;\ 3\ 5\ 8\ 9]$

解 程序结果如图 3-2 所示。

(3) plot(x1,y1,x2,y2,…,xn,yn) 该函数能够在同一个坐标系中同时绘制 n 条曲线。

例 3.3 在同一坐标系下，利用 plot(x1,y1,x2,y2,…,xn,yn) 函数绘制曲线 $y_1=\sin(x)$ 和 $y_2=\cos(x)$。

解 程序如下：

```
x=0:0.001*pi:3*pi;
y1=sin(x);
y2=cos(x);
plot(x,y1,x,y2)
```

程序结果如图 3-3 所示。

2. 双纵坐标绘图指令 plotyy(x1,y1,x2,y2)

该函数可以利用不同的标度在同一个坐标系中绘制两条曲线。其中 x_1 和 y_1 对应一条曲线，x_2 和 y_2 对应另一条曲线。

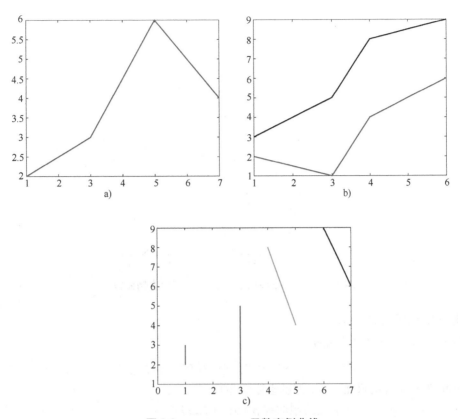

图 3-2　plot(x,y)函数实例曲线

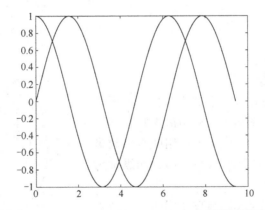

图 3-3　plot(x1,y1,x2,y2,…,xn,yn)函数实例曲线

　　例 3.4　在同一坐标系下，利用 plotyy(x1,y1,x2,y2) 函数绘制曲线 $y_1 = \sin(x)$ 和 $y_2 = 5\cos(x)$。

　　解　程序如下：

```
x=0:0.001*pi:3*pi;
y1=sin(x);
```

```
y2=5*cos(x);
plotyy(x,y1,x,y2)
```

程序结果如图 3-4 所示。

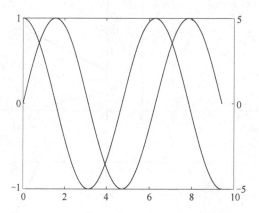

图 3-4 plotyy(x1,y1,x2,y2) 函数实例曲线

3. 极坐标绘图指令 polar()

函数 polar() 的调用格式为

```
polar(theta,rho)
```

其中，theta 为极坐标的极角，rho 为极坐标的半径。

例 3.5 利用 polar() 函数绘制曲线 $\rho=5(1+2\sin\theta)$。

解 程序如下：

```
theta=0:0.01:50;
rho=5*(1+2*sin(theta));
polar(theta,rho)
```

程序结果如图 3-5 所示。

4. 对数坐标绘图指令

MATLAB 除了采用直角坐标系和极坐标系，还可提供半对数和全对数系绘图指令，调用格式如下：

（1）semilogx(x,y) 该函数使用的半对数坐标，横轴为以 10 为底的对数坐标 $\log(x)$，而纵轴为线性坐标 y。

（2）semilogy(x,y) 该函数使用的半对数坐标，横轴为线性坐标 x，而纵轴为以 10 为底的对数坐标 $\log(y)$。

（3）loglog(x,y) 该函数使用的全对数坐标，横轴和纵轴分别为以 10 为底的对数坐标 $\log(x)$ 和 $\log(y)$。

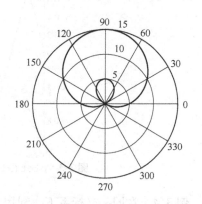

图 3-5 polar(theta,rho) 函数实例曲线

例 3.6 利用 semilogy(x,y) 和 loglog(x,y) 函数绘制曲线 $y=x^2+e^x+5$。

解　程序 1 如下：

```
x=0:0.01:100;
y=x.^2+exp(x)+5;
semilogy(x,y)
```

程序 2 如下：

```
x=0:0.01:100;
y=x.^2+exp(x)+5;
loglog(x,y)
```

程序结果如图 3-6 所示。

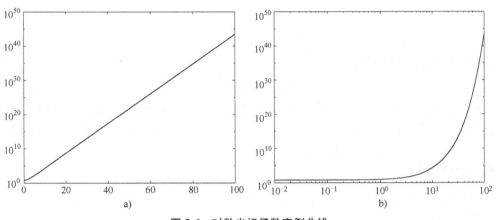

a)　　　　　　　　　　　　　　　　　　　b)

图 3-6　对数坐标函数实例曲线
a) semilogy(x,y)　　b) loglog(x,y)

3.2.2　图形修饰

在 MATLAB 中，如果在同一个坐标系中绘制多条曲线，那么将无法区分，因此需要对曲线进行修饰，增强图形的可读性。MATLAB 提供一些绘图选项，用于确定所绘制曲线的线型、颜色和数据点标记符号，它们可以组合使用，具体见表 3-1~表 3-3。

表 3-1　线型控制符

控制符	线型	控制符	线型
-	实线（默认值）	:	虚线
-.	点画线	--	双画线

表 3-2　颜色控制符

控制符	颜色	控制符	颜色
r(red)	红色	m(magenta)	品红色
b(blue)	蓝色	g(green)	绿色
k(black)	黑色	c(cyan)	青色
w(white)	白色	y(yellow)	黄色

表 3-3 数据点标记控制符

控制符	数据点标记符号	控制符	数据点标记符号
.	点	X	叉号符
+	十字形	O	圆圈
*	星号	v	下三角形
d	菱形符	^	上三角形
s	方块符	>	右三角
p	五角星	<	左三角
h	六边形		

1. 基本的绘图命令

基本的绘图命令调用格式为

```
plot(x,y,'s')
```

其中，x 和 y 数据为横、纵坐标值，s 为选项参数，定义图形的线型、颜色和数据点标记符。

例 3.7 在同一坐标系下，利用 plot(x1,y1,x2,y2,…,xn,yn) 函数绘制曲线 $y_1 =$ $\sin(x)$ 和 $y_2 = \cos(x)$，并设置图形格式。

解 程序如下：

```
x=0:0.1*pi:3*pi;
y1=sin(x);
y2=cos(x);
plot(x,y1,'b+:',x,y2,'rs-')
```

程序结果如图 3-7 所示。

2. 坐标轴相关命令

在默认情况下，MATLAB 会自动选择图形的横、纵坐标。axis 函数能够用来标注输出图形的坐标范围，其调用格式如下：

（1）axis([xmin xmax ymin ymx]) 分别给出横、纵坐标的最小值和最大值。

（2）axis equal 将横、纵坐标设为相等。

（3）axis square 将坐标系呈正方形。

（4）axis on(off) 显示（关闭）坐标轴。

（5）axis auto 将坐标轴设置为默认值。

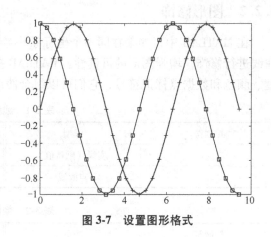

图 3-7 设置图形格式

3. 图形标注命令

在绘图过程中，需要对图形名称、坐标轴以及图形某一部分进行说明，这些操作称为添加图形标注，其调用格式如下：

（1）title('字符串')　在所绘制图形的最上端显示该字符串内容。

（2）xlable('字符串')　设置 x 轴的名称，输入字符串内容，当输入特殊的文字需要用反斜杠（\）开头。

（3）ylable('字符串')　设置 y 轴的名称，输入字符串内容，当输入特殊的文字需要用反斜杠（\）开头。

（4）text(x,y,'字符串')　在图形的指定位置（x，y）处标注字符串内容。

（5）legend('字符串 1','字符串 2',…,'字符串 n')　在屏幕中开启一个小视窗，然后依据绘图命令的先后次序，用对应的字符串区分图形的线。

4. 在图形上添加或删除栅格命令

（1）grid　给图形加上栅格线。

（2）grid on　给当前坐标系加上栅格线。

（3）grid off　从当前坐标系中删去栅格线。

5. 图形保持或覆盖命令

（1）hold on　把当前图形保持在屏幕上不变，同时允许在这个坐标内绘制另外一个图形。

（2）hold off　新图覆盖旧图。

hold 命令是一个交替转换命令，执行一次转变一个状态。

例 3.8　在一个周期的正弦曲线上，标示出函数名称、横坐标、纵坐标、横坐标的半周期、横坐标的周期、函数极大值与极小值。

解　程序如下：

```
clear;
t=0:pi/100:2*pi;
y=sin(t);
plot(t,y);
axis([0,2*pi,-1.2,1.2])
title('\fontsize{18}\bf\it y=sin(t)')                %为图形加标题
text(pi/2,1,'\fontsize{18}\leftarrow\itsin(t)\fontname{极大}极大值\it')
text(3*pi/2,-1,'\fontsize{18}\leftarrow\itsin(t)\fontname{隶书}极小值\it')
text(pi,0,'\fontsize{18}\leftarrow\it\pi')   %text 在指定位置添加文本字符串
text(2*pi,-0.2,'\fontsize{18}\uparrow\it2\pi')
xlabel('\fontsize{15}\bft\rightarrow')
ylabel('\fontsize{15}\bfy\rightarrow')
```

程序结果如图 3-8 所示。

3.2.3　多图形绘制

MATLAB 使用 subplot 函数将一个图形窗口分割成若干个独立的绘图区域，每个小区域代表一个独立的子图，每个子图可以使用不同的坐标系，其调用格式为

```
subplot(m,n,p)
```

该函数将当前图形窗口分成 $m×n$ 个区域，其中 m 代表行数，n 代表列数，p 代表当前活动区。

例 3.9　在图形窗口中，以子图的形式同时绘制多条曲线。

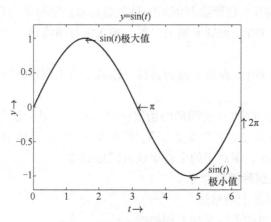

图 3-8　图形修饰后的正弦曲线

解　程序如下：

```
x=linspace(0,2*pi,30);
y=sin(x);
z=cos(x);
u=2*sin(x).*cos(x);
v=sin(x)./cos(x);
subplot(2,2,1),plot(x,y),title('sin(x)');
subplot(2,2,2),plot(x,z),title('cos(x)');
subplot(2,2,3),plot(x,u),title('2*sin(x).*cos(x)');
subplot(2,2,4),plot(x,v),title('sin(x)./cos(x)')
```

程序结果如图 3-9 所示。

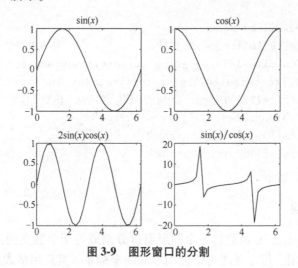

图 3-9　图形窗口的分割

3.2.4　其他二维图形绘制

在 MATLAB 中，还能绘制很多二维图形，如直方图、饼图、离散杆状图、离散阶梯图、散点图、矢量类图形、实心图等。

1. 直方图

直方图的绘图指令为 bar() 和 barh()，其调用格式与 plot 函数相似，格式如下：

```
bar(x,y,width,'style')              %绘制垂直直方图
```

其中，x 为横坐标向量，y 可以是向量或矩阵。y 是向量时，每一个元素对应一个竖条；y 是 $m×n$ 矩阵时，将绘制含有 m 组，每组 n 个宽度为 width 的垂直直方图，默认值为 0.8。参数 style 有两种选择：grouped 为绘制垂直的分组直方图，stacked 为垂直累积直方图，默认情况为 grouped。向量 x 缺省时，横坐标取向量 y 的序号。

```
barh(x,y,width,'style')             %绘制水平直方图
```

参数含义同函数 bar()。

例 3.10　利用函数 bar() 和 barh() 绘制直方图。

解　程序如下：

```
y=fix(rand(4,3)*6);
subplot(1,4,1)
bar(y,'grouped')
title('垂直分组式')
legend('first','second','three')
axis([0,5,0,8])
xlabel('x')
ylabel('y')
subplot(1,4,2)
bar(y,'stacked')
title('垂直累积式')
axis([0,5,0,14])
xlabel('x')
ylabel('y')
subplot(1,4,3)
barh(y,0.4)
title('水平分组式')
axis([0,5,0,5])
xlabel('x')
ylabel('y')
subplot(1,4,4)
barh(y,'stacked')
title('水平累积式')
axis([0,15,0,5])
xlabel('x')
ylabel('y')
```

程序结果如图 3-10 所示。

2. 饼图

饼图能够反应每一数值占总数值的比例。饼图的绘制指令为 pie()，其调用格式如下：

```
pie(x,explode)
```

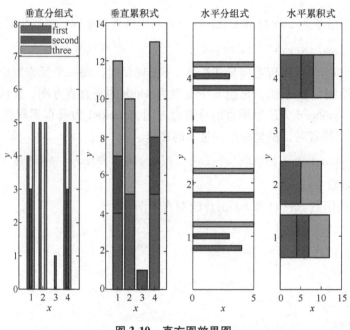

图 3-10　直方图效果图

其中，x 可以是向量或矩阵，explode 是与 x 同等大小的向量和矩阵，其中不为零的元素对应的相应部分从饼图中独立出来。

例 3.11　利用函数 pie() 绘制饼图。

解　程序如下：

```
x=[5 8 12 30];
explode=[0 1 0 0];
pie(x,explode)
```

程序结果如图 3-11 所示。

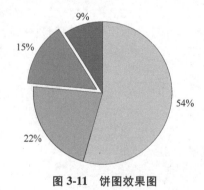

图 3-11　饼图效果图

3. 离散杆状图

离散杆状图的绘制指令为 stem()，其调用格式如下：

```
stem(x,y,'filled')
```

其中，x 为横坐标，y 为纵坐标。y 可以为向量或矩阵，如果 y 为向量，则长度必须与 x 相同；如果 y 为矩阵，则 y 的行数必须和 x 的长度相同。参数 filled 为绘制实心杆图，该参数缺省时为绘制空心杆图。

例 3.12　利用函数 stem() 绘制 $y=x^2 e^{-2x}$ 经采样开关后的离散杆状图。

解　程序如下：

```
x=0:0.1:5;
y=x.^2.*exp(-2*x);
stem(x,y,'filled')
title('离散杆状图')
xlabel('x')
ylabel('y')
```

程序结果如图 3-12 所示。

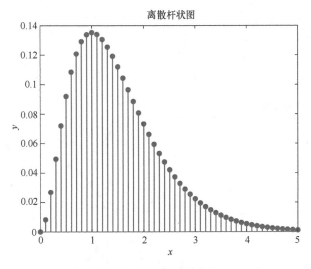

图 3-12　离散杆状效果图

4. 离散阶梯图

离散阶梯图的绘制指令为 stairs()，其调用格式如下：

```
stairs(x,y,'s')
```

其中，x 为横坐标，y 为纵坐标。y 可以为向量或矩阵，如果 y 为向量，则长度必须与 x 相同；如果 y 为矩阵，则 y 的行数必须和 x 的长度相同。参数 s 为设置颜色、线型和数据点标记符号。

例 3.13　利用函数 stairs() 绘制 $y=x^2 e^{-2x}$ 经采样开关后的离散阶梯图。

解　程序如下：

```
x=0:0.1:5;
y=x.^2.*exp(-2*x);
stairs(x,y,'b--')
title('离散阶梯图')
```

```
xlabel('x')
ylabel('y')
```

程序结果如图 3-13 所示。

5. 散点图

散点图的绘制指令为 scatter()，其调用格式如下：

```
scatter(x,y,'s','filled')
```

其中，x 和 y 为同等长度的向量，用于定位数据点，参数 s 为设置颜色、线型和数据点标记符号。如果数据点标记是圆圈、方块等，则可以用 filled 填充数据点标记。省略 filled 时，数据点标记是空心的。

例 3.14 利用函数 scatter() 绘制函数 $x = 2\cos t - \cos 2t$，$y = 2\sin t - \sin 2t$ 曲线。

解 程序如下：

```
t=0:0.1:10;
x=2*cos(t)-cos(2*t);
y=2*sin(t)-sin(2*t);
scatter(x,y,'bd','filled')
```

程序结果如图 3-14 所示。

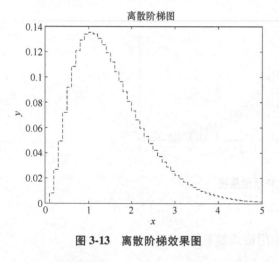

图 3-13　离散阶梯效果图

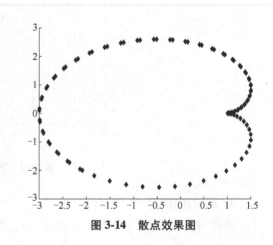

图 3-14　散点效果图

6. 矢量类图形

MATLAB 中除了用 plot 函数绘制复数向量图外，还可使用 compass、feather 和 quiver 函数分别绘制罗盘图、羽毛图和箭头图，其调用格式如下：

（1）compass(x,y) 或 compass(z)　其中，x 和 y 分别为复数向量的实部和虚部，z 为复数向量。

（2）feather(x,y) 或 feather(z)　用法与 compass 类似。

例 3.15 利用函数 compass() 和 feather() 绘制矢量图。

解 程序如下：

```
theta=(-90:10:90)*pi/180;
r=4*ones(size(theta));
```

```
[u,v]=pol2cart(theta,r);      %把极坐标或圆柱坐标转换为笛卡儿坐标
subplot(1,2,1);
compass(u,v);
title('compass');
subplot(1,2,2);
feather(u,v);
title('feather')
```

程序结果如图 3-15 所示。

（3）quiver(x,y,u,v)　其中，(x, y) 指定矢量的起点，(u, v) 指定矢量的终点。x，y，u，v 是同长度的向量或者同型的矩阵。若省略 x 和 y，则在 xy 平面上均匀地取若干个点作为矢量的起点。

例 3.16　已知向量 $A = [1\ 4]$，$B = [6\ 3]$，$C = A + B$，利用函数 quiver 绘制矢量图。

解　程序如下：

```
A=[1 4];
B=[6 3];
C=A+B;
hold on
quiver(0,0,A(1),A(2));
quiver(0,0,B(1),B(2));
quiver(0,0,C(1),C(2));
text(A(1),A(2),'A');
text(B(1),B(2),'B');
text(C(1),C(2),'C');
axis([0,8,0,8]);
```

程序结果如图 3-16 所示。

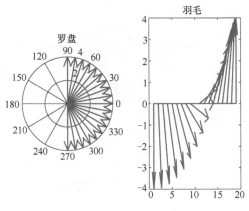

图 3-15　罗盘和羽毛效果图

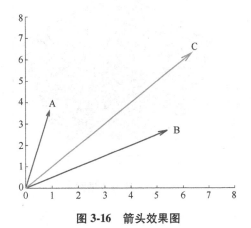

图 3-16　箭头效果图

7. 实心图

实心图是将数据的起点和终点连成多边形，并填充颜色。实心图的绘制指令为 fill()，其调用格式与 plot 类似，其调用格式如下：

```
fill(x,y,'s')
```

其中, x 和 y 分别为横、纵坐标值, 参数 s 为设置颜色、线型和数据点标记符号。

例 3.17 利用函数 fill() 绘制实心图。

解 程序如下:

```
n=5;
st=0:2*pi/n:2*pi;
t=[st,st(1)];%数据向量的首尾重合,使图形封闭
x=sin(t);
y=cos(t);
fill(x,y,'r')
```

程序结果如图 3-17 所示。

例 3.18 利用函数 fill() 绘制五角星。

解 程序如下:

```
n=1:2:11;
x=sin(0.4*n*pi);
y=cos(0.4*n*pi);
fill(x,y,'r')
hold on
t=1:2:11;
x=cos(0.4*pi)/cos(0.2*pi)*sin(0.2*t*pi);
y=cos(0.4*pi)/cos(0.2*pi)*cos(0.2*t*pi);
fill(x,y,'r')
```

程序结果如图 3-18 所示。

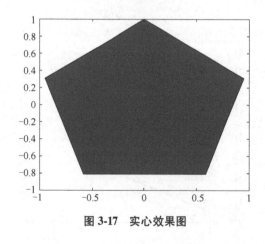

图 3-17 实心效果图

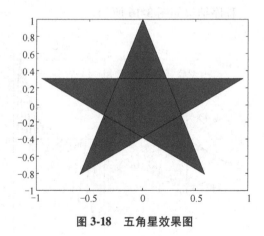

图 3-18 五角星效果图

3.3 三维图形绘制

与二维图形相比, 三维图形具有更强的数据表现能力。三维图形的绘制是在二维图形绘制的基础上扩展而来的, 有三维曲线和三维曲面之分。

3.3.1　三维曲线绘制

三维曲线的绘图指令为 plot3()，该函数与 plot 函数用法十分相似，其调用格式如下：

```
plot3(x,y,z,'s')
```

其中，x，y，z 组成一组曲线的坐标参数，当它们为同维向量时，x，y，z 对应元素绘制一条三维曲线，当它们为同维矩阵时，x，y，z 对应列元素绘制三维曲线，曲线条数等于矩阵列数。参数 s 为设置颜色、线型和数据点标记符号。

例 3.19　绘制三维曲线

$$\begin{cases} x = \sin(t) \\ y = \cos(t) \\ z = t\sin(t)\cos(t) \end{cases}, 0 \leqslant t \leqslant 10\pi$$

解　程序如下：

```
t=0:pi/100:20*pi;
x=sin(t);
y=cos(t);
z=t.*sin(t).*cos(t);
plot3(x,y,z);
title('Line in 3-D Space');
xlabel('x');ylabel('y');zlabel('z');
grid on
```

程序结果如图 3-19 所示。

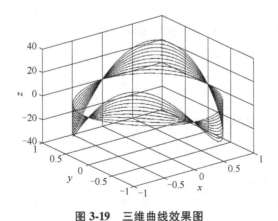

图 3-19　三维曲线效果图

3.3.2　三维曲面绘制

1. 创建网格矩阵

MATLAB 绘制三维曲面时，需要先在 xy 平面区域内生成网格坐标矩阵（X，Y），再根据每一个网格点上的 x、y 坐标由函数关系求出函数值 z，然后绘制图形。meshgrid 函数能够实现上面的功能，将向量转换成矩阵，其调用函数如下：

$$[X,Y]=meshgrid(x,y)$$

其中，*x* 和 *y* 为向量。

语句执行后，矩阵 *X* 的每一行都是向量 *x*，行数等于向量 *y* 元素的个数，矩阵 *Y* 的每一列都是向量 *y*，列数等于向量 *x* 元素的个数。

例 3.20 向量 *x* 和 *y* 满足 *x* = [1 2]，*y* = [3 4 5]，利用指令 meshgrid() 创建网格矩阵。

解 程序如下：

```
x=[1 2];
y=[3 4 5];
[X,Y]=meshgrid(x,y)
```

执行结果如下所示：

```
X=
    1   2
    1   2
    1   2
Y=
    3   3
    4   4
    5   5
```

2. 绘制三维网格线

MATLAB 提供了 mesh 函数和 meshc 函数来绘制三维网格图。函数 mesh 的调用格式为

$$mesh(X,Y,Z)$$

其中，*X*、*Y* 由网格坐标创建函数 meshgrid() 产生，*Z* 是网格点上的高度矩阵。

函数 meshc() 绘制的是带有轮廓线的三维网格图，调用格式与 mesh() 函数相同。

例 3.21 利用 mesh 函数绘制三维网格图 $z = \sin[x+\sin(y)]-0.1x$，其中 $x \in [0,4\pi]$，$y \in [0,4\pi]$。

解 程序如下：

```
[x,y]=meshgrid(0:0.25:4*pi);
z=sin(x+sin(y))-x/10;
mesh(x,y,z);
```

程序结果如图 3-20 所示。

例 3.22 利用 meshc 函数绘制三维网格图 $z = \sin[x+\sin(y)]-0.1x$，其中 $x \in [0,4\pi]$，$y \in [0,4\pi]$。

解 程序如下：

```
x=0:0.25:4*pi;
y=0:0.25:4*pi;
[x,y]=meshgrid(x,y);
z=sin(X+sin(Y))-X/10;
meshc(X,Y,Z)
```

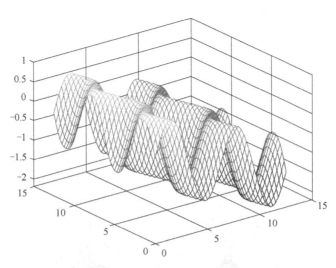

图 3-20　三维网格线效果图

程序结果如图 3-21 所示。

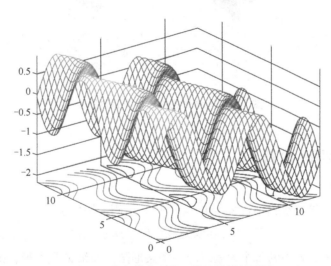

图 3-21　带有轮廓线的三维网格线效果图

3. 绘制三维曲面图

MATLAB 提供了 surf 函数和 surfc 函数来绘制三维网格图。调用格式为

```
surf(X,Y,Z)    %用于绘制曲面图
surfc(X,Y,Z)   % 用来绘制带有轮廓的三维曲面图
```

用法与 mesh() 函数用法相同。

例 3.23　利用 surf 和 surfc 函数绘制三维曲面图 $z = x\mathrm{e}^{-(x^2+y^2)}$，其中 $x \in [-2\pi, 2\pi]$，$y \in [-2\pi, 2\pi]$。

解　程序如下：

```
[x,y]=meshgrid(-2*pi:0.1:2*pi);
z=x.*exp(-x.^2-y.^2);
subplot(1,2,1)
surf(x,y,z)
title('surf(x,y,z)')
subplot(1,2,2)
surfc(x,y,z)
title('surfc(x,y,z)')
```

程序结果如图 3-22 所示。

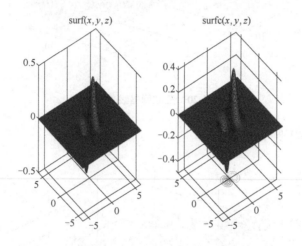

图 3-22　两种形式的三维曲面效果图

3.3.3　其他三维图形绘制

1. 三维直方图

三维直方图的绘图指令是 bar3() 和 bar3h()，调用格式为

$$\text{bar3}(Z,\text{width},'\text{style}')$$

绘制三维条形图，**Z** 中的每个元素对应一个条形图。如果 **Z** 是向量，则 y 轴的刻度范围是 $1\sim\text{length}(y)$。如果 **Z** 是矩阵，则 y 轴的刻度范围是 $1\sim Z$ 的行数。

$$\text{bar3}(Y,Z,\text{width},'\text{style}')$$

在 **Y** 指定的位置绘制 **Z** 中各元素的条形图，其中 **Y** 是垂直条形定义 y 值的向量。y 值可以是非单调的，但不能包含重复值。如果 **Z** 是矩阵，则 **Z** 中位于同一行内的元素将出现在 y 轴上的相同位置。其中，width 为设置条形宽度并控制组中各个条形的间隔。默认 width 为 0.8，条形之间有细小间隔。如果 width 为 1，则组内的条形将紧挨在一起。参数 style 为指定条形的样式，有 detached、grouped 和 stacked 三种选择，显示的默认模式为 detached。

bar3h 为绘制水平直方图函数，其参数含义同函数 bar3()。

例 3.24　用三维直方图表现矩阵 $A = \begin{bmatrix} 13 & 19 & 34 & 29 \\ 27 & 54 & 24 & 42 \\ 59 & 57 & 71 & 27 \end{bmatrix}$。

解　程序如下：

```
A=[13 19 34 29;27 54 24 42;59 57 71 27];
subplot(1,2,1)
bar3(A)
xlabel('x')
ylabel('y')
zlabel('z')
title('垂直直方图')
subplot(1,2,2)
bar3h(A)
xlabel('x')
ylabel('y')
zlabel('z')
title('水平直方图')
```

程序结果如图 3-23 所示。

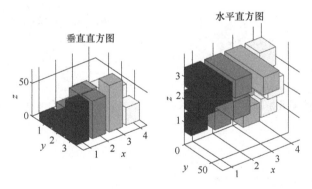

图 3-23　三维直方图绘制效果图

2. 三维饼图

三维饼图的绘制指令为 pie3()，其调用格式为

```
pie3(x,explode)
```

其中，x 是向量，explode 是与 x 同等维数的向量，其中不为零的元素所对应的相应部分从饼图中独立出来。

例 3.25　利用函数 pie3()绘制三维饼图。

解　程序如下：

```
x=[5 8 12 30];
explode=[0 1 0 0];
pie3(x,explode)
```

程序结果如图 3-24 所示。

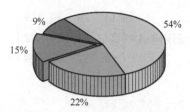

图 3-24　三维饼图绘制效果图

3. 三维离散杆状图

三维离散杆状图的绘制指令为 stem3()，其调用格式为

```
stem3(x,y,z,'filled')
```

其中，x 为横坐标，y 为纵坐标。该函数的功能是在三维坐标轴下（x,y）处绘制长度为 z 且平行于 z 轴的三维离散杆状图。参数 filled 表示顶端填充标志，缺省时为绘制顶端空心杆状图。

例 3.26　利用函数 stem3() 绘制如下函数的三维离散杆状图。

$$\begin{cases} x = t \\ y = t^2 \sin 3t, & 0 \leq t \leq 8\pi \\ z = t\cos t \end{cases}$$

解　程序如下：

```
t=0:8*pi;
x=t;
y=t.^2.*sin(3*t);
z=t.*cos(t);
stem3(x,y,z,'filled')
title('三维离散杆状图')
xlabel('x')
ylabel('y')
zlabel('z')
```

程序结果如图 3-25 所示。

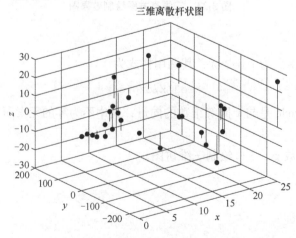

图 3-25　三维离散杆状图绘制效果图

3.4 隐函数图形绘制

如果函数用隐函数形式给出，则很难用前面的方法绘制出图形。MATLAB 提供了一些隐函数绘图指令，如 ezplot，ezpolar，ezplot3 和 ezmesh 等。

1. ezplot 函数

ezplot 函数的调用格式为

$$ezplot(f,[xmin,xmax,ymin,ymax])$$

该函数的功能是在区间 $[xmin,xmax]$ 和 $[ymin,ymax]$ 绘制隐函数 $f(x,y)=0$ 的图形。如果输入变量中没有变量区间，MATLAB 则将区间默认为 $(x,y)\in[-2\pi,2\pi]$。

例 3.27 利用函数 ezplot 绘制以下隐函数的图形：

$$x^2+y^2-5=0$$

解 程序如下：

```
subplot(1,2,1)
ezplot('x^2+y^2-5',[-3,3],[-3,3])
xlabel('x')
ylabel('y')
subplot(1,2,2)
ezplot('sqrt(5) * cos(t)','sqrt(5) * sin(t)',[0,2 * pi])
xlabel('x')
ylabel('y')
```

程序结果如图 3-26 所示。

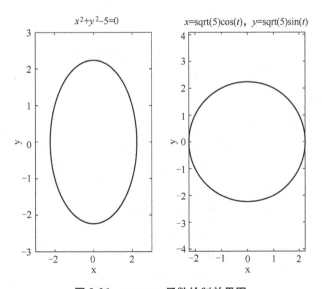

图 3-26 ezplot 函数绘制效果图

2. ezpolar 函数

ezpolar 函数的调用格式为

```
ezpolar(f,[a,b])
```

该函数的功能是绘制极坐标曲线 rho=f(theta)，其中 theta $\in [a,b]$，默认值 theta 的取值范围为 $[0,2\pi]$。

例 3.28 利用函数 ezpolar 绘制以下函数的图形：

$$y = 4\sin5t + e^t$$

解 程序如下：

```
syms t
y=4*sin(5*t)+exp(t);
ezpolar(y)
```

程序结果如图 3-27 所示。

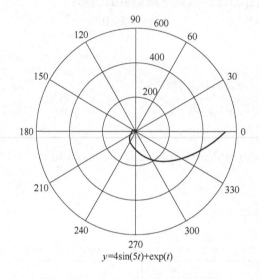

$$y = 4\sin(5t) + \exp(t)$$

图 3-27 ezpolar 函数绘制效果图

3. ezplot3 函数

ezplot3 函数的调用格式为

```
ezplot3('x','y','z',[a,b])
```

该函数的功能是绘制在区间 $a \leq t \leq b$ 内 $x=x(t)$，$y=y(t)$ 和 $z=z(t)$ 的三维曲线。区间缺省时，默认值 t 的取值范围为 $[0,2\pi]$。

例 3.29 利用函数 ezplot3 绘制以下函数的图形：

$$\begin{cases} x(t) = \sin t \\ y(t) = t\sin t + \cos t \\ z(t) = \cos t \end{cases}$$

解 程序如下：

```
ezplot3('sin(t)','t*sin(t)+cos(t)','cos(t)',[0,8*pi])
```

程序结果如图 3-28 所示。

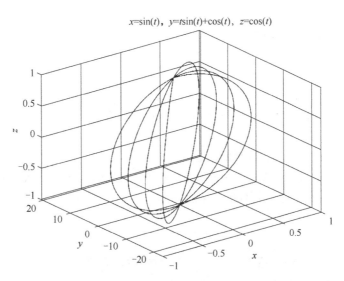

图 3-28　`ezplot3` 函数绘制效果图

4. ezmesh 函数

ezmesh 函数的调用格式为

```
ezmesh('f',[xmin,xmax,ymin,ymax],)
```

该函数的功能是绘制在区间 $[xmin,xmax]$ 和 $[ymin,ymax]$ 内绘制 f 函数的三维曲线。区间缺省时，默认值取值范围为 $[0,2\pi]$。

例 3.30　利用函数 ezmesh 绘制函数 $z=(x+y)\,\mathrm{e}^{x^2+y^2}$ 的图形。

解　程序如下：

```
ezmesh('(x+y) * exp(x^2+y^2)',[-4,4,-4,4])
```

程序结果如图 3-29 所示。

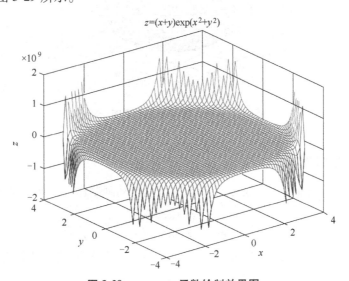

图 3-29　`ezmesh` 函数绘制效果图

3.5 动态图形绘制

3.5.1 创建逐帧动画

MATLAB 提供了 getframe、moviein 和 movie 函数进行逐帧动画制作。创建逐帧动画包括以下两个步骤：

1）利用 getframe 函数截取画面信息；

2）利用 movie(M,n) 函数播放由矩阵 M 所定义的画面 n 次，默认时播放一次。

例 3.31 编写程序播放一个不断变化的球体。

解 程序如下：

```
n=20;
[x,y,z]=sphere %调用格式为[x,y,z]=sphere(N),缺省值N=20
m=moviein(n);
for j=1:n
    surf(j*x,j*y,j*z)
    m(:,j)=getframe;
end
movie(m,20);
```

程序结果如图 3-30 所示。

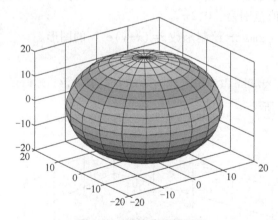

图 3-30　逐帧动画效果图

3.5.2 创建轨迹动画

MATLAB 提供了 comet 和 comet3 函数进行轨迹动画制作，其调用格式为

```
comet(x,y,p)
comet3(x,y,z,p)
```

其用法与 plot 和 plot3 函数相同。选项 p 用于设置彗星尾巴的长度，在 0~1 之间，默认值为 0.1。

例 3.32　利用函数 comet3 绘制如下函数的图形。

$$\begin{cases} x=\sqrt{t}+\sin t \\ y=t\cos t \end{cases}, 0\leqslant t\leqslant 8\pi$$

解　程序如下：

```
t=0:0.01:8*pi;
x=sqrt(t)+sin(t);
y=t.*cos(t);
comet3(x,y,t)
```

程序结果如图 3-31 所示。

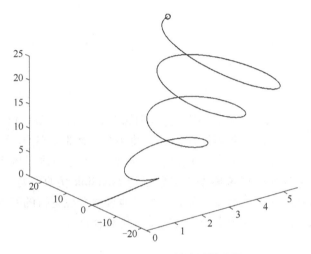

图 3-31　comet3 函数绘制效果图

3.6　本章小结

　　本章主要介绍了一些 MATLAB 图形处理的基础知识，包括二维图形绘制、三维图形绘制、隐函数图形绘制以及动态图形绘制等相关知识。本章内容为实际控制系统的特性分析提供帮助，为系统仿真研究奠定基础。

4

第 4 章

Simulink 仿真环境

4.1 引言

　　Simulink 是一个对动态系统进行建模、仿真和综合分析的集成软件包，是 MATLAB 的重要组成部分。它可以处理的系统包括线性、非线性系统；离散、连续及混合系统；单任务、多任务离散事件系统。Simulink 提供了许多现成的模块，将它们适当地连接起来构成系统的模型，即所谓的可视化建模，以该模型为对象运行 Simulink 仿真程序，可以对模型进行仿真，用户还可以在仿真过程中调整模块参数，实时地观察系统运行的变化。由于 Simulink 摆脱了烦琐的编程语句，因此已成为十分广泛的动态仿真软件。

4.2 Simulink 操作基础

　　如果用户在安装 MATLAB 过程中选择了 Simulink 组件，则在 MATLAB 安装完成之后，Simulink 也同时安装完毕。但是要注意，Simulink 不能独立运行，只能在 MATLAB 环境中运行。

4.2.1 Simulink 的启动与退出

1. Simulink 的启动

启动 Simulink 有以下两种方法：

1）在 MATLAB 命令窗口中输入 Simulink 命令。

2）点击 MATLAB 主窗口上的"Simulink"按钮 。

启动后会显示图 4-1 所示 Simulink 浏览器窗口，然后单击"Blank Model"显示图 4-2 所示新建模型窗口。单击图 4-2 中按钮 ，即可显示图 4-3 所示的 Simulink 模块库浏览器窗口。

2. Simulink 的退出

关闭 Simulink 模块库以及所有模型窗口，即可退出 Simulink 界面。

4.2.2 Simulink 常用模块库

　　模块是构成系统仿真模型的基本单元。Simulink 模块库分为基本模块库和专业模块库。基

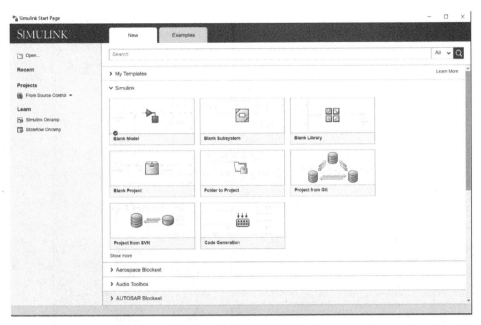

图 4-1　Simulink 浏览器窗口

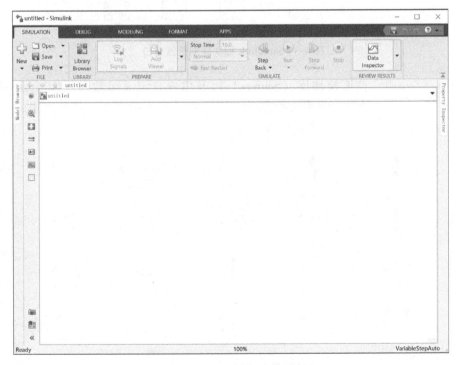

图 4-2　Simulink 的新建模型窗口

本模块库中有 20 个子模块库，通常使用比较多的是常用模块库（Commonly Used Block）、连续系统模块库（Continuous）、离散系统模块库（Discrete）、数学运算模块库（Math Operations）、

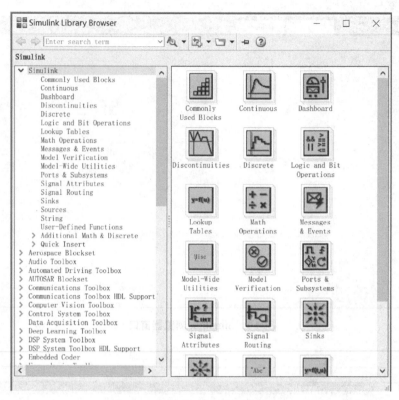

图 4-3　Simulink 模块库浏览器窗口

信宿模块库（Sinks）、信源模块库（Sources）以及用户自定义函数模块库（User-Defined Functions）等。下面给出各个子模块的窗口，如图 4-4～图 4-10 所示。模块左边的"〉"为信号的输入端口，右边的"▷"为信号输出端口。

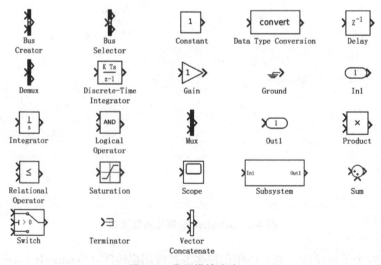

图 4-4　常用模块库窗口

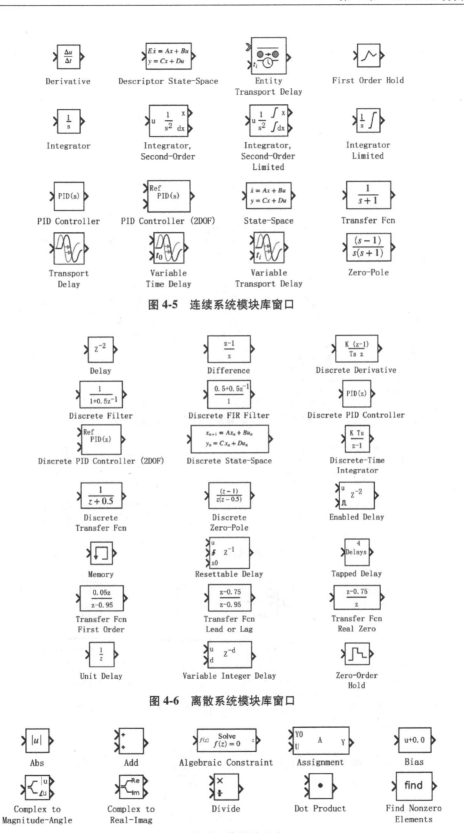

图 4-5　连续系统模块库窗口

图 4-6　离散系统模块库窗口

图 4-7　数学运算模块库窗口

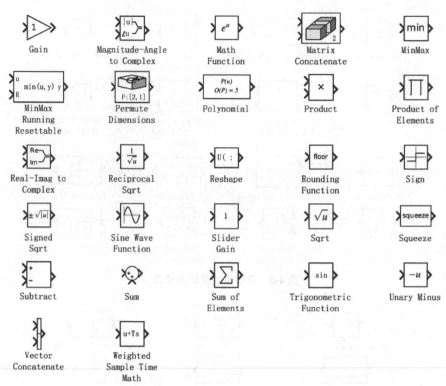

图 4-7　数学运算模块库窗口（续）

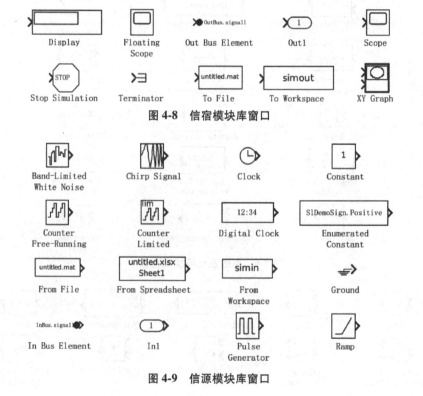

图 4-8　信宿模块库窗口

图 4-9　信源模块库窗口

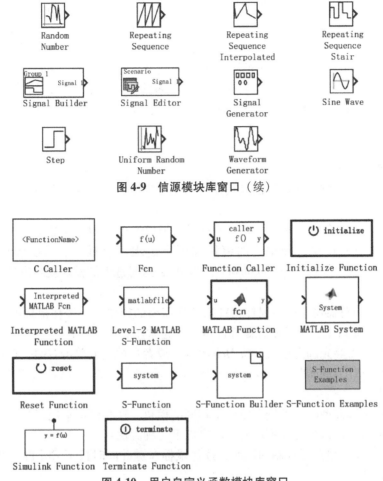

图 4-9   信源模块库窗口（续）

图 4-10   用户自定义函数模块库窗口

4.3   仿真模型的建立

Simulink 模块库建模仿真步骤如下：

1）打开一个空白的编辑窗口，如图 4-2 所示；

2）打开 Simulink 模块库浏览器，将模块库中模块复制到编辑窗口里；

3）将各个模块按给定的系统框图连接起来；

4）按照给定的框图修改编辑窗口中模块的参数；

5）用菜单选择或命令窗口键入命令进行仿真分析，在仿真的同时，观察仿真结果，如果发现有不正确的地方，则可以停止仿真，对模块参数和仿真参数的设置进行检查并修正；

6）如果对结果满意，则可以将模型进行保存。

4.3.1   模块库的选择

Simulink 模块库提供了丰富的模块库，用户可以根据这些模块建立仿真模型。一个典型的仿真模型建立需要包括三大组件：

（1）信源模块（Source） 信源模块包括产生各种信号的模块，如白噪声（Band-Limited White Noise）、时钟（Clock）、常量（Constant）、正弦波（Sine Wave）、阶跃信号（Step）等。

（2）系统模块 该部分是系统模型的主要部分，模块需要根据实际情况进行选择，如连续系统模块（Continuous）、离散系统模块（Discrete）、数学运算模块（Math Operations）等。

（3）信宿模块（Sinks） 信宿模块包括显示或将输出回写的模块，如示波器（Scope）、图形记录仪（XY Graph）、导出到工作空间（To Workspace）等。

4.3.2 模块的操作

1. 添加和删除模块

针对具体的系统模型，将需要的模块从模型库中提取出来，并放到空白的模型编辑窗口中。有以下两种方法：

1）打开模块库浏览器窗口，从中选出需要的子模块库（鼠标单击），从图中的右边窗口选中模块，选中后模块会反显，即模块周围会出现深色框，表示已经选中，然后在"Edit"菜单栏下选择"Add block to model untitled"，这时选中的模块就会出现在 Simulink 模型编辑窗口中。

2）在模块库浏览器窗口中将鼠标指针移动到需要的模块上，按住鼠标左键将模块拖到 Simulink 模型编辑窗口上，然后松开鼠标即可，这是常用的快捷方式。

要删除模块，需要先选定模块，按 Delete 键，或者在模块上单击右键，在弹出的快捷菜单中选择"Cut"或"Delete"命令。

2. 复制模块

在建立系统仿真模型时，可能需要多个相同的模块，这时候可采用复制的方法。

在同一模型编辑窗口中复制模块的方法有以下三种方法：

1）利用鼠标左键单击要复制的模块，按住鼠标左键并同时按下 Ctrl 键，然后将鼠标移动至适当位置放开。

2）利用鼠标左键单击要复制的模块，按住鼠标右键直接拖拽到指定位置，释放右键即可。

3）还可以使用"Copy"和"Paste"命令进行复制和粘贴。

在不同的模型编辑窗口中复制模块的方法有以下三种方法：

1）利用鼠标左键单击要复制的模块，按住鼠标左键（不用按下 Ctrl 键），然后将鼠标移动至适当位置放开。

2）与上面同一模型编辑窗口复制方法相同。

3）与上面同一模型编辑窗口复制方法相同。

3. 模块大小和方向的调整

1）调整模块的大小。首先选中要改变的模块，用鼠标左键点住模块的任何一角并进行拖动，到指定大小后释放鼠标即可。

2）调整模块的方向。首先选中要改变的模块，然后单击右键中的"Rotate&Flip"，该命令右边会出现以下四种旋转方式：

```
Counter clockwise        %顺时针旋转 90°
Counter clockwise        %逆时针旋转 90°
Flip Block               %旋转 180°
Flip Block Name          %将模块名称从下面移动至上面
```

4. 模块名的处理

首先选中该模块，然后将鼠标单击至模块名处，输入空格即可显示模块名称。当出现多个相同模块时，Simulink 会默认在原名称的基础上加上编号，以保证每一个模块有不同的名称。另外，可以根据实际需要，自己设置名称。

4.3.3 模块的连接

在仿真模型建立的过程中，将全部模块选取之后，还需要把它们按照要求连接起来才能构成一个完整的系统模型。

Simulink 仿真模型最基本的连接规则：从一个模块的输出端连接到另一个模块的输入端。操作方法是先移动鼠标指针到输出端位置，当指针变成十字形光标时按住鼠标左键，然后移动指针至另一个模块的输入端，当十字形光标出现重影时，释放鼠标左键，当连接线由虚线变成实线时，即完成了两个模块之间的连接。

当两个模块不在一个水平线上时，连线是一条折线。如果想用斜线来表示，则需要选中连接的折线，再按住 Shift 键进行拖动。如果需要调整连线的位置，则可以使用鼠标指针选中待移动的线段位置，按住左键，移动鼠标到指定位置，释放鼠标左键即可。

除此之外，在仿真过程中经常会出现从一个模块的输出端连接许多个模块的输入端的情况，这时候就需要从一个连线分出多根线。具体操作办法是在已经连接好的一条线上，将鼠标指针移动到分支点的位置，按下 Ctrl 键，然后按住鼠标拖拽到指定模块的输出端，最后释放鼠标和 Ctrl 键。

为了使仿真模型更加直观，可读性更强，可以在连线的上方加入标注，即双击指定位置，出现一个文本编辑框，在其中输入标注文本即可。

4.3.4 模块的参数设置

Simulink 模块库中的几乎所有模块都允许用户进行参数设置，操作方法是双击打开模块，弹出模块参数对话框。该对话框包括上下两个部分：上面的部分主要是对模块功能的介绍，下面的部分主要是对模块进行参数的设置。用户可以根据实际情况对参数进行调整。

4.4 系统仿真实例

例 4.1 系统的输入为一个正弦信号 $u(t)=\sin t$，系统的输出为 $y(t)=2\sin t-\sin 3t$，创建该系统仿真模型。

解 1）首先打开一个空白的模型编辑窗口，将需要的模块拖拽到窗口中。

本例中需要使用的模块有信源模块库（Source）中的正弦波（Sine Wave）、常用模块库（Commonly Used Block）中的比例增益（Gain）、数学运算模块库（Math Operations）中的加法器（Add）、信宿模块（Sinks）中的示波器（Scope）。将其全部选中，然后拖拽到模型编辑窗口中。

2）根据连线规则，将各个模块连接起来组成系统的仿真模型，如图 4-11 所示。

3）设置参数。模型中使用的所有模块，需要设置一个正弦波、增益和加法器模块。具体操作如下：

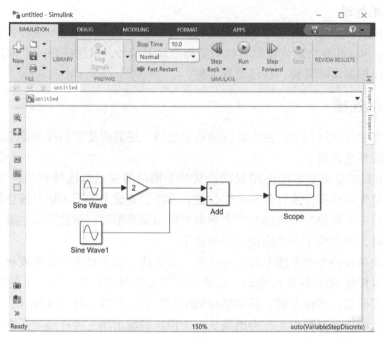

图 4-11 $y(t)$ 的仿真模型

① 首先打开正弦波模块，如图 4-12 所示。将"Frequency"处的 1 设置为 3，其余参数不变。
② 打开增益模块，如图 4-13 所示。然后将"Gain"处的 1 设置为 2。

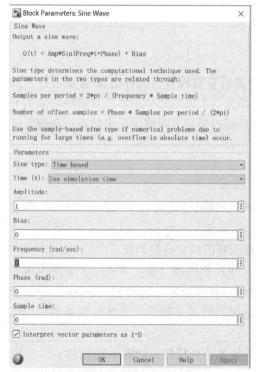

图 4-12 正弦波模块参数设置

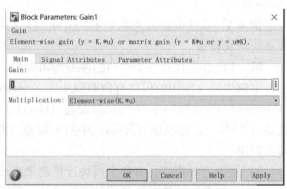

图 4-13 增益模块参数设置

③ 打开加法器模块，如图 4-14 所示。将"List of signs"处的第二个"+"号改成"-"号。

图 4-14 加法器模块参数设置

4）设置系统仿真参数。单击模型编辑窗口中右下角"Variable Step Auto"命令，单击 ◎（View solver settings）按钮，打开仿真参数设置对话框。在"Start time"和"Stop time"两处分别设置开始时间为 0，停止时间为 10。算法选择中的"Type"设置为 Fixed-step 算法，并在其右栏"Solver"处选择"ode5（Dormand-Prince）"，再把"Fixed step size"设置为 0.01，如图 4-15 所示。

图 4-15 仿真参数设置

5）仿真操作。单击界面"Run"按钮，然后双击示波器图标，如图 4-16 所示。

例 4.2 已知二阶微分方程 $\ddot{x}+0.2\,\dot{x}+0.4x=0.2u(t)$，初始状态 $x(0)=0$，$\dot{x}(0)=0$，其中 $u(t)$ 为单位阶跃函数，试利用积分器建立系统模型并进行仿真。

解 1）利用 Simulink 模块库中的基本模块建立系统模型，如图 4-17 所示。

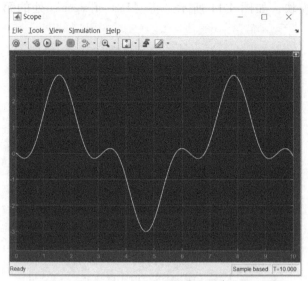

图 4-16　$y(t)$ 的仿真结果图

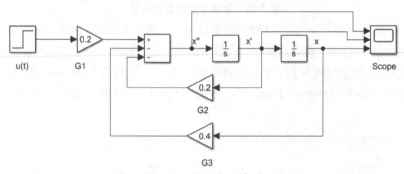

图 4-17　微分方程模型

各个模块说明如下：

① u(t) 模块：该模块为单位阶跃响应模块，除了设置 Step time 为 0，其他参数不变，模块名称由原来的 Step 改为 u(t)。

② G1、G2 和 G3 模块：该模块为增益模块，增益参数分别设置为 0.2，0.2 和 0.4。

③ 加法器模块：该模块为求和模块，参数 Icon shape 选择 rectangular，List of signs 设置为+--。

④ 积分模块：参数设置均不变。

⑤ Scope 模块：示波器模块，可在该模块中看到仿真结果。

2）设置仿真时间参数。模型编辑窗口中默认的 Stop time 为 10。

3）仿真操作。单击模型窗口中的"Run"按钮进行仿真运行，然后双击 Scope 示波器模块，观察仿真结果，如图 4-18 所示。

例 4.3　已知非线性函数形式如下：

$$\begin{cases} \dot{x} = x(1-0.1y) \\ \dot{y} = y(-0.5+0.02x) \end{cases}$$

初始值为 $x(0)=20$，$y(0)=5$，试建立系统模型并进行仿真。

解　首先将非线性函数改写成以下形式：

$$\begin{cases} \dot{x} = x - 0.1xy \\ \dot{y} = -0.5y + 0.02xy \end{cases}$$

1）利用 Simulink 模块库中的基本模块建立系统模型如图 4-19 所示。

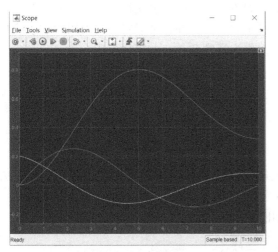

图 4-18　仿真曲线 1

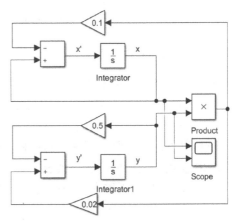

图 4-19　非线性函数模型

典型模块说明如下：

① Product 模块：该模块为乘法模块，完成输入变量的乘积运算。

② Integrator 和 Integrator1 模块：该模块为积分模块，在该模型中两个模块参数 Initial condition 分别设置为 20 和 5，代表的是两个状态的初始数值。

2）设置仿真时间参数。模型编辑窗口中默认的 Stop time 为 10。

3）仿真操作。单击模型窗口中的"Run"按钮进行仿真运行，然后双击 Scope 示波器模块，观察仿真结果，如图 4-20 所示。

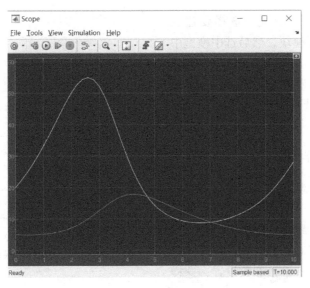

图 4-20　仿真曲线 2

4.5 子系统的创建与封装

上述例子使用的均为 Simulink 中现有的模块进行仿真，但是在实际的系统中，模型的规模相对较大，用户可以把几个模型组合成一个新的模块，这样的模块称之为子系统。建立子系统的优点是减少系统中的模块数目，使系统易于调试。另外，可以将一些常用的子系统封装成一个模块，这些模块可以在其他模型中直接作为标准 Simulink 模块使用。

4.5.1 子系统的创建

建立子系统有两种方法：

1）通过 Subsystem 模块建立子系统。

2）将已有的模块转换成子系统。

这两种方法的主要区别是：第一种方法先建立子系统，然后添加功能模块；第二种方法是先选择模块，然后再建立子系统。

例 4.4 PID 控制器在自动控制中经常使用的模块，在工程应用中的数学模型为

$$G(s) = K_\mathrm{p} + \frac{K_\mathrm{i}}{s} + K_\mathrm{d}s$$

其中，K_p、K_i 和 K_d 分别为控制器的比例系数、积分系数和微分系数，参数分别设置为 2、10 和 1，分别利用上述两种方法建立 PID 控制器模型并建立子系统。

解 （1）第一种方法 首先，新建一个仿真模型，将 Simulink 模块库中的 Subsystem 模块添加到模型编辑窗口中。然后，双击 Subsystem 模块打开子系统编辑窗口，窗口中已经自动添加了相互连接的一个输入模块和输出模块，表示子系统的输入端口和输出端口。最后将要组合的 PID 控制器模块插入输入模块和输出模块中间，即子系统建立完成，如图 4-21 所示。

（2）第二种方法 首先，选择要建立的子系统 PID 控制器模块，然后选中模型中所有模块，右键单击，选择 Create Subsystem from Selection 命令（或者按 Ctrl+G 组合键）建立子系统，即所选模块被一个 Subsystem 模块取代，如图 4-22 所示。

4.5.2 子系统的封装

所谓子系统的封装就是为子系统定制一个对话框和图标，使子系统本身有一个独立的操作界面，将子系统中各模块的参数设置合成在一个参数设置对话框内，在应用时不必打开每个模块而进行单独参数设置，这样使子系统的应用更加方便快捷。

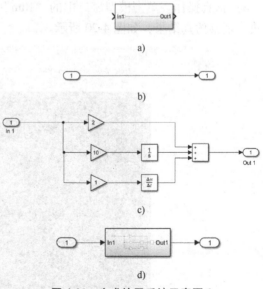

a)

b)

c)

d)

图 4-21 生成的子系统示意图 1

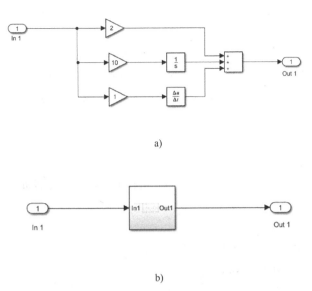

a)

b)

图 4-22　生成的子系统示意图 2

子系统的封装就是首先选中要封装的子系统，然后在模型编辑窗口中选择 Diagram 菜单项中的 Mask→Create Mask 命令（或按 Ctrl+M 组合键），这时将出现封装编辑器（Mask Editor）窗口，如图 4-23 所示。该窗口共包括四个选项卡，即 Icon & Ports、Parameters & Dialog、Initialization 和 Documentation。

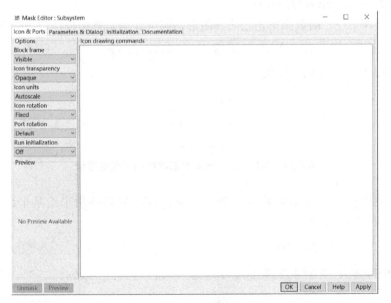

图 4-23　Mask Editor 窗口

1. Icon & Ports 选项卡的参数设置

该选项卡用于设置被封装模块的图标。该选项卡中包括 Icon drawing commands 编辑框和几个设置封装图标特性的弹出式列表框。

（1）Icon drawing commands 编辑框　该编辑框主要用于输入命令以建立封装图标，可以在封装图标中显示文本、图形图像和传递函数。

1）显示文本。在封装图标中显示文本的函数可以使用以下几个函数：disp、text、fprintf 和 port_label。下面以 port_label 函数为例介绍其用法，该函数调用格式为

```
port_label('port_type','port_num','label')
```

① port_type：端口类型；

② port_num：端口号；

③ label：端口添加标记。

下面以图 4-22 所示的子系统为例，在 Icon drawing commands 编辑框中输入以下命令：

```
disp('PID')
port_label('input',1,'IN')
port_label('output',1,'OUT')
```

则生成如图 4-24 所示的子系统。

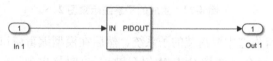

图 4-24　显示文本的子系统图标

2）显示图形图像。在封装图标中显示图形图像可以使用以下几个函数：plot、patch 和 image。下面分别介绍函数的用法。

在图标上使用 plot 函数画出正弦曲线图形，则可在编辑框中使用以下命令：

```
plot(0:0.1:2*pi,sin(0:0.1:2*pi));
```

则生成如图 4-25 所示的子系统。

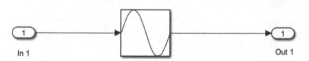

图 4-25　利用 plot 函数显示图形的子系统图标

在图标上使用 patch 函数画出正弦曲线图形，该函数能够用来给某个区域填充颜色，则可在编辑框中使用以下命令：

```
patch(0:0.1:2*pi,sin(0:0.1:2*pi));
```

则生成如图 4-26 所示的子系统。

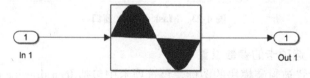

图 4-26　利用 patch 函数显示图形的子系统图标

如果将当前文件夹的图片文件 xiaohui.jpg 显示在子系统图标上，则可使用以下命令：

```
image(imread('xiaohui.jpg'))
```

则生成如图 4-27 所示的子系统。

图 4-27　利用 image 函数显示图像的子系统图标

3）显示传递函数。在封装图标中显示传递函数可以使用以下两个函数：dpoly 和 droots，其中 dpoly 显示的传递函数形式为分子和分母为多项式形式，droots 显示的传递函数为零极点增益形式，其函数调用格式为

```
dpoly(num,den)
dpoly(num,den,'character')
droots(z,p,k)
droots(z,p,k,'character')
```

① num：传递函数分子系数行向量；
② den：传递函数分母系统行向量；
③ z：传递函数零点向量；
④ p：传递函数极点向量；
⑤ k：传递函数增益；
⑥ character：指定传递函数变量的名称，如果取值为 x，则生成的传递函数变量为 x，其默认变量为 s。

如在图标上使用 dpoly 函数显示传递函数，则可在编辑框中使用以下命令：

```
num=[1 1];
den=[1 0 1];
dpoly(num,den,'x')
```

则生成如图 4-28 所示的子系统。

图 4-28　利用 dpoly 函数显示传递函数的子系统图标

（2）设置封装图标特性　在 Icon & Ports 选项卡界面的左侧 Options 区域有一些下拉式列表，可以对指定图标的属性进行设置。

1）Block frame。设置图标的边框，在下拉的列表中有两个选项，即 Visible 和 Invisible，分别表示显示和隐藏外框线。

2）Icon transparency。设置图标的透明度，在下拉的列表中有三个选项，即 Opaque、Transparent 和 Opaque with ports。Opaque 表示隐藏输入/输出的标签；Transparent 表示显示输

入/输出的标签；Opaque with ports 表示对于子系统模块，端口标签将可见。

3）Icon units。设置在 Icon drawing commands 编辑框中使用指令 plot 和 text 时的坐标系，在下拉的列表中有三个选项，即 Autoscale、Pixels 和 Normalized。Autoscale 表示规定的图标的左下角的坐标为（0,0），右上角的坐标为（1,1），要显示的文本等必须把坐标限制在［0,1］之间才能显示，当模块大小改变时，图标也随之改变；Pixels 表示图标以像素为单位，当模块大小改变时，图标不随之改变；Normalized 表示根据设定的坐标点自动选取坐标系，使设置中的最小坐标位于图标左下角，最大坐标位于图标右上角。当模块大小改变时，图标也随之改变。

4）Icon rotation。设置图标旋转模块，在下拉的列表中有两个选项，即 Fixed 和 Rotates。Fixed 表示不旋转；Rotates 表示旋转。

5）Port rotation。设置端口旋转方式，在下拉的列表中有两个选项，即 Default 和 Physical。Default 表示图形旋转时，端口信号流向从由上向下变为由左至右；Physical 表示信号流向相对位置不做变化。

6）Run initialization。设置模块运行初始化，在下拉的列表中有三个选项，即 Off、On 和 Analyze。Off 表示不执行封装初始化命令；On 表示执行封装初始化命令；Analyze 表示仅在存在工作区依存关系的情况下才执行封装初始化命令。

2. Parameters & Dialog 选项卡的参数设置

Parameters & Dialog 选项卡主要用来设置参数和对话框，该选项卡主要分为三部分：左侧区域为控制工具箱（Controls），中间区域显示对话框中的控件（Dialog box），右侧区域用于显示和修改控件的属性（Property editor）。

首先，可以单击控制工具箱中的 Edit 按钮，每按下一次按钮可以添加一个变量，如前面设计的 PID 控制器，则可以按下三次按钮，为输入三个参数做准备，得到如图 4-29 所示的对话框。然后在中间区域的 Prompt 栏中输入 PID 控制器的参数 Kp，Ki 和 Kd，得到如图 4-30 所示的对话框。最后单击 OK 按钮确认设置。

图 4-29　参数输入对话框示意图

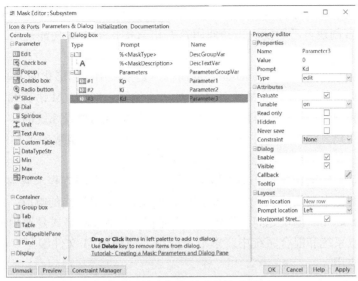

图 4-30　输入参数名称后的对话框

在图标界面双击 PID 控制器封装子系统，则可弹出如图 4-31 所示的对话框，用户可以在该对话框中输入 PID 控制器的具体参数值。

3. Initialization 选项卡的参数设置

Initialization 选项卡用于设置初始化命令，初始化命令需要在 Initialization commands 编辑框中进行。初始化的命令由 MATLAB 中的表达式组成，其中包括 MATLAB 函数、操作符和封装子系统工作区定义的变量，但这些变量不包括基本工作区中的变量。对于封装子系统工作区中定义的变量，通过初

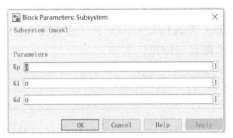

图 4-31　PID 控制器封装子
系统参数输入对话框

始化命令与模块参数相联系，也就是说模块参数在获取数据时，先读取封装子系统工作区的变量值，再通过初始化命令来取值。

4. Documentation 选项卡的参数设置

Documentation 选项卡用于定义封装模块的类型（Type）、描述（Description）和帮助（Help）文本。Type 编辑框中输入的字符串作为封装模块的名称显示在封装模块参数对话框顶部；Description 编辑框中输入的字符串作为封装模块的注释将显示在封装模块参数对话框的上部；Help 编辑框中输入的字符串作为封装模块的帮助信息，当单击模块参数对话框的 Help 按钮时，将在 MATLAB 浏览器中显示。

4.6　S 函数设计与应用

Simulink 为用户提供了许多内置的基本库模块，如连续系统模块库（Continuous）、离散系统模块库（Discontinuous）、数学运算模块库（Math Operations）等，通过这些模块的连接可构成系统的模型。但是这些内置的模块库是有限的，在某些情况下，需要用到一些特殊的模块，这些模块可以由基本模块构成，即由基本模块扩展而来。Simulink 提供了一个功能强

大的对模块库进行扩展的新工具，即 S 函数，该函数可以采用 MATLAB 语言、C、C++、Fortran 或 Ada 语言创建自己的模块，并使用这些语言提供的强大功能，用户只需要遵守一些简单的规则即可。

S 函数是系统函数（System Function）的简称，是指采用非图形化的方式描述一个模块。在 MATLAB 中，用户可以选择用 M 文件或者 C 语言编写，例如，M 语言编写的 S 函数可以充分调用工具箱和图形函数；C 语言编写的 S 函数可以实现对操作系统的访问。用户还可以在 S 函数中实现用户算法，编写完 S 函数之后，用户可以把 S 函数的名称放在 S 函数模块中，并利用 Simulink 中的封装功能自定义模块的用户接口。

S 函数使用特定的调用语法，这种语法可以与 Simulink 中的方程求解器相互作用，S 函数中的程序从求解器中接收信息，并对求解器发出的命令做出适当的响应。这种作用方式与求解器和内嵌的 Simulink 模块之间的作用方式很相似。S 函数的格式是通用的，它们可以用在连续系统、离散系统和混合系统中。本节只介绍如何使用 M 文件编写 S 函数，并通过实例介绍 S 函数的应用。

4.6.1 S 函数的基本结构

MATLAB 提供了一个模板文件，以方便 S 函数的编写，该模板位于 MATLAB 根目录 toolbox/Simulink/blocks 下（或者在 MATLAB 命令窗口中输入 edit sfuntmpl），去除注释部分后的模板程序结构如下：

```
function [sys,x0,str,ts,simStateCompliance]=sfuntmpl(t,x,u,flag)
switch flag,
    case 0,
        [sys,x0,str,ts,simStateCompliance]=mdlInitializeSizes;%初始化子函数
    case 1,
        sys=mdlDerivatives(t,x,u);%微分计算子函数
    case 2,
        sys=mdlUpdate(t,x,u);%状态更新子函数
    case 3,
        sys=mdlOutputs(t,x,u);%结果输出子函数
    case 4,
        sys=mdlGetTimeOfNextVarHit(t,x,u);%计算下一个采样点的绝对时间的子函数
    case 9,
        sys=mdlTerminate(t,x,u);%仿真结束子函数
    otherwise
        DAStudio.error('Simulink:blocks:unhandledFlag',num2str(flag));
end
```

其中，t、x、u、flag 分别为仿真时间、状态向量、输入向量和子程序调用标志；sys、x0、str、ts、simStateCompliance 是 S 函数的返回参数。

模板文件中的 S 函数结构十分简单，只是标志位取值不同时，S 函数执行的任务是不同的。

1）当 flag = 0 时。将启动 S 函数所描述系统的初始化过程，此时调用 mdlInitializeSizes( ) 子函数，该函数定义了 S 函数模块的基本特性，包括采样时间、连续或者离散状态的初始条件和 sizes 数组。

首先通过 sizes＝simsizes 语句获得默认的系统参数变量 sizes，得到的 sizes 数组是 S 函数信息的载体，其内部字段意义描述如下：

① sizes. NumContStates：连续状态的个数。

② sizes. NumDiscStates：离散状态的个数。

③ sizes. NumOutputs：输出变量的个数。

④ sizes. NumInputs：输入变量的个数。

⑤ sizes. DirFeedthrough：直通标志，即输入信号是否直接在输出端出现的标志，是否设定为直通取决于输出是否为输入的函数，或者采样时间是否为输入的函数。该值是一个布尔变量，取值只有 0 和 1 两种。0 表示没有直通，此时用户在编写 mdlOutputs 子函数时就要确保子函数的代码里不出现输入变量 u；1 代表有直通。

⑥ sizes. NumSampleTimes：采样周期的个数，一般取 1。

按照要求设置好的结构体 sizes 用 sys＝simsizes（sizes）语句赋给 sys 参数。除了 sys 外，还应该设置系统的初始状态变量 x0，说明变量 str 和采样周期和偏移量 ts。

2）当 flag＝1 时。对连续状态变量进行更新，调用 mdlDerivatives（）函数，更新后的连续状态变量将由 sys 变量返回。

3）当 flag＝2 时。对离散状态变量进行更新，调用 mdlUpdate（）函数，更新后的离散状态变量将由 sys 变量返回。

4）当 flag＝3 时。求取系统的输出信号，调用 mdlOutputs（）函数，将计算得出的输出信号由 sys 变量返回。

5）当 flag＝4 时。计算下一步的仿真时刻，调用 mdlGetTimeOfNextVarHit（）函数，计算下一步的仿真时间，并将计算得出的下一步仿真时间由 sys 变量返回。

6）当 flag＝9 时。终止仿真过程，调用 mdlTerminate（）函数，这时不返回任何变量。

目前，S 函数不支持其他的 flag 选择。形成 S 函数的模块后，就可以将其嵌入系统的仿真模型中进行仿真。

4.6.2　S 函数设计举例

下面通过完整的实例讲述 M 文件 S 函数的创建。

例 4.5　利用 MATLAB 中 S 函数模板实现 $y＝a（x^2＋2）$，即将一个输入信号进行二次方加 2 后放大 a 倍，并给出仿真结果。

解　1）编写 S 函数。

```
% S 函数 timesa.m
Function [sys,x0,str,ts]=timesa(t,x,u,flag,a)
switch flag
    case 0
        [sys,x0,str,ts]=mdlInitializeSizes;%初始化
    case 3
        sys=mdlOutputs(t,x,u,a);%计算输出量
    case {1,2,4,9}
        sys=[];
```

```
        otherwise
            DAStudio.error('Simulink:blocks:unhandledFlag',num2str(flag));%出错处理
end
function [sys,x0,str,ts]=mdlInitializeSizes()
%调用函数 simsizes 创建结构 sizes
sizes=simsizes;
sizes.NumContStates=0;%无连续状态
sizes.NumDiscStates=0;%无离散状态
sizes.NumOutputs=1;% 输出量一个
sizes.NumInputs=1;% 输入量一个
sizes.DirFeedthrough=1;%输出量中含有输入量
sizes.NumSampleTimes=1;%单个采样周期
%根据上面的设置设定系统的初始化参数
sys=simsizes(sizes);
%给其他返回参数赋值
x0=[];%设置初始状态为零
str=[];%设置为空字符串
ts=[-1 0];%假定继承输入信号的采样周期
simStateCompliance='UnknownSimState';
function sys=mdlOutputs(t,x,u,a)
sys=a*(u^2+2);
```

2）模块的封装与测试。将上述程序以文件名 timesa.m 存盘，接下来创建 S 函数模块。

首先，打开 Simulink，在 Simulink 中新建一个空白的模型窗口，向模型编辑器中添加 User-Desined Functions 模块库中的 S-Function 模块、Sources 模块库中的 Step 模块和 Sinks 模块库中的 Scope 模块，建立如图 4-32 所示的仿真模型。

然后在模型窗口中双击 S-Function 模块，打开界面如图 4-33 所示，在 S-function name 编辑框中输入 S 函数名"timesa"，在 S-function parameters 编辑框中输入外部参数"a"。a 可以在 MATLAB 工作空间中用命令定义。如果有多个外部参数，则参数之间用逗号分隔。

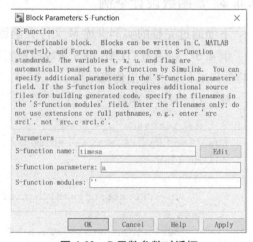

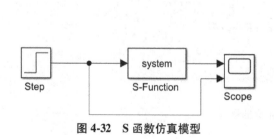

图 4-32　S 函数仿真模型　　　　　　　　　　　图 4-33　S 函数参数对话框

最后对模型进行封装。具体步骤如下：在模型编辑窗口选中 S-Function 模块，再选择 Diagram→ Mask → Creat Mask 命令（或者按 Ctrl + M 键），打开封装编辑器，选择 Parameters&Dialog 选项卡，单击左侧控件工具箱 Edit，在中间的 Dialog box 区域的控件列表中选中编辑框控制#1，在 Prompt 列表中输入"系数"，在 Name 列表中输入"a"，在右侧 Property editor 区域勾选 Evaluate 复选框，如图 4-34 所示，设置完之后依次单击 Apply 和 OK 按钮。

图 4-34　S 函数模块的封装

封装完 S 函数模块后，双击该模块，得到如图 4-35 所示的参数对话框。将系数 a 的值设置为 5 时，运行图 4-32 中的仿真框图，得到仿真结果如图 4-36 所示。

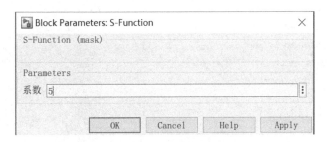

图 4-35　S 函数模块参数对话框

例 4.6　利用 S 函数来建立分段函数，并给出仿真结果。

$$y = \begin{cases} x^2+1 & ,0 \leqslant x < 3 \\ \sqrt{x}+e^x & ,3 \leqslant x < 7 \\ 5+2x & ,x \geqslant 7 \end{cases}$$

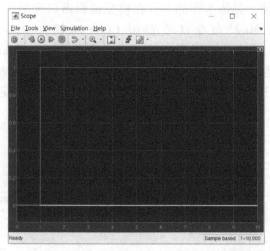

图 4-36　S 函数模块的仿真结果

解　1）编写 S 函数。

```
function [sys,x0,str,ts]=fdhs(t,x,u,flag)
switch flag
    case 0
        [sys,x0,str,ts]=mdlInitializeSizes;
    case 3
        sys=mdlOutputs(t,x,u);
    case {1,2,4,9}
        sys=[];
    otherwise
        DAStudio.error('Simulink:blocks:unhandledFlag',num2str(flag));
end
function [sys,x0,str,ts]=mdlInitializeSizes()
sizes=simsizes;
sizes.NumContStates  =0;
sizes.NumDiscStates  =0;
sizes.NumOutputs  =1;
sizes.NumInputs  =1;
sizes.DirFeedthrough=1;
sizes.NumSampleTimes=1;
sys=simsizes(sizes);
x0=[];
str=[];
ts=[0 0];
function sys=mdlOutputs(t,x,u)
if  u<3
    sys=u^2+1;
elseif  u>=3&u<7
```

```
sys=sqrt(u)+exp(u);
else
sys=5+2*u;
end
```

2）模块的封装与测试。基于上述例题的方法，在模型编辑窗口中添加 S-Function 模块、Clock 模块和 Scope 模块，并在 S-Function 模块中 S-Function name 编辑框中输入 S 函数名 fdhs，建立如图 4-37 所示的仿真模型，运行结果如图 4-38 所示。

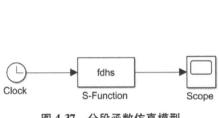

图 4-37　分段函数仿真模型

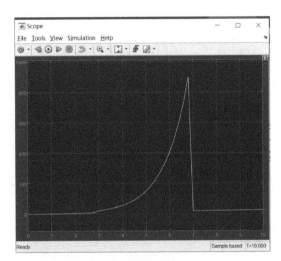

图 4-38　分段函数的仿真结果

例 4.7　某系统的传递函数为 $G(s)=\dfrac{1}{s^2+2s+1}$，试利用 S 函数编写绘制该系统的单位阶跃响应曲线。

解　1）编写 S 函数。

```
function [sys,x0,str,ts]=cdhs2(t,x,u,flag,x_initial)
switch flag
    case 0
        [sys,x0,str,ts]=mdlInitializeSizes(x_initial);
    case 1
        sys=mdlDerivatives(t,x,u);
    case 3
        sys=mdlOutputs(t,x,u);
    case 4
        sys=mdlGetTimeOfNextVarHit(t,x,u);
    case {2,9}
        sys=[];
    otherwise
        DAStudio.error('Simulink:blocks:unhandledFlag',num2str(flag));
end
```

```
function [sys,x0,str,ts]=mdlInitializeSizes(x_initial)
sizes=simsizes;
sizes.NumContStates  =2;
sizes.NumDiscStates  =0;
sizes.NumOutputs  =1;
sizes.NumInputs  =1;
sizes.DirFeedthrough=0;
sizes.NumSampleTimes=1;
sys=simsizes(sizes);
x0=x_initial;
str=[];
ts=[0 0];
function sys=mdlDerivatives(t,x,u)
x_1=x(1);
x_2=x(2);
dx_1=x_2;
dx_2=-x_1-2*x_2+u;
sys=[dx_1,dx_2];
function sys=mdlOutputs(t,x,u)
sys=x(1);
function sys=mdlGetTimeOfNextVarHit(t,x,u)
sampleTime=1;
sys=t+sampleTime;
```

2）模块的封装与测试。基于上述例题的方法，在模型编辑窗口中添加 S-Function 模块、Step 模块和 Scope 模块，并在 S-Function 模块中 S-Function name 编辑框中输入 S 函数名 cdhs2，建立如图 4-39 所示的仿真模型，运行结果如图 4-40 所示。

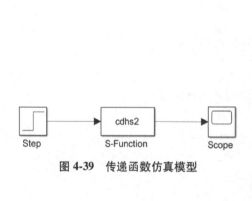

图 4-39　传递函数仿真模型

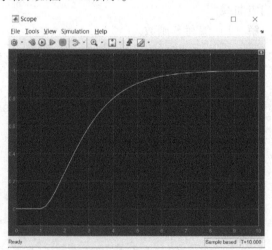

图 4-40　单位阶跃响应曲线

为了验证图 4-40 仿真结果的正确性，在 Simulink 中搭建如图 4-41 所示的仿真框图，启动仿真，输出的结果与图 4-40 的完全相同，验证了 S 函数程序编写的正确性。

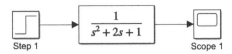

图 4-41　直接利用传递函数搭建的仿真框图

从以上研究可知，对于复杂的系统，可以通过 S 函数对系统进行建模，这样将大大扩展 MATLAB 的系统仿真功能。

4.7　本章小结

本章主要介绍了 Simulink 的仿真环境，包括 Simulink 操作基础、常用模块介绍、模块的操作、模块的连接、模块参数的设置、子系统的封装、S 函数的设计与应用等。本章内容能够为控制系统仿真应用提供坚实的基础。

5

第5章

控制系统数学模型

5.1 引言

控制系统的数学模型是指描述系统内部各物理量之间相互关系的数学表达式及其派生的系统动态结构图。由于控制系统各物理量之间存在着控制与被控制的关系，所以描述它们的数学表达式应能体现出这种控制关系，并且方便求解。数学模型有多种形式，比如，描述连续系统的微分方程及由微分方程派生出来的状态方程；描述离散系统的差分方程及由差分方程派生出来的状态方程；描述连续系统的拉氏变换象函数表达式，描述离散系统的 Z 变换象函数表达式，以及由象函数表达式派生出来的系统动态结构图等。尽管形式不同，但实质都一样。不过，由动态结构图观察系统内部各物理量之间的函数关系更直观细致。一般说来，系统中人们最为关心的物理量是输出量，由数学表达式描述的数学模型通常是指输入量作用下的输出量数学方程。类似于自变量与函数的关系式，在写输入量作用下的输出量表达式时，将输入量写在方程的右侧，输出量写在左侧，以方便求解输出量。

建立控制系统的数学模型（简称系统建模）是系统分析和设计的基础工作。没有数学模型就无法定量了解输出量的变化情况，更无法提出改进的措施（一些先进的智能控制方法可以不依赖于数学模型）。控制系统的数学建模在控制系统的研究中有着重要的地位，要对系统进行仿真处理，首先应当知道系统的数学模型，然后才可以对系统进行模拟。同样，只有知道了系统的模型，才可以在此基础上设计一个合适的控制器，使得系统响应达到预期的效果，从而符合工程实际的需要。

5.2 微分方程建立及其 MATLAB 描述

微分方程是控制系统模型的基础，一般来讲，利用电学、运动学、热学、力学等相关定理和定律便可以得到控制系统的动态微分方程。动态微分方程描述的是被控制量与给定量或扰动量之间的函数关系，其中给定量和扰动量为控制系统的输入量，被控制量为系统的输出量。建立微分方程时，一般从系统的单个环节着手，分别建立各个环节输入量与输出量之间的关系，然后消去中间变量，最后得到控制系统的微分方程。

例 5.1 图 5-1 所示电路是由三个理想电路元件组成的简单电路网络单元。

1）试建立该网络在输入量 $u_r(t)$ 作用下，输出量为电容电压 $u_c(t)$ 的微分方程；

2）已知 $R = 2\Omega$，$L = 1\text{H}$，$C = 0.25\text{F}$，初始状态是电感电流为零，电容电压为 0.1V，$t = 0$ 时加入 5V 的电压，试绘制 $0 < t < 10\text{s}$ 时，电容电压、电感电流与时间的关系曲线，以及电容电压与电感电流之间的关系曲线。

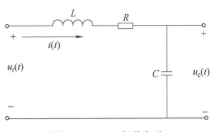

图 5-1 RLC 串联电路

解 1）在关联的参考方向下三个元件的电流和电压应分别满足电磁感应定律、欧姆定律和库仑定律。基耳霍夫电压定律和电流定律如下：

$$L \frac{\mathrm{d}i(t)}{\mathrm{d}t} + Ri(t) + u_c(t) = u_r(t) \tag{5-1}$$

$$i(t) = C \frac{\mathrm{d}u_c(t)}{\mathrm{d}t} \tag{5-2}$$

消去中间变量 $i(t)$，得到输出量关于输入量的二阶微分方程

$$LC \frac{\mathrm{d}^2 u_c(t)}{\mathrm{d}t^2} + RC \frac{\mathrm{d}u_c(t)}{\mathrm{d}t} + u_c(t) = u_r(t) \tag{5-3}$$

2）程序代码如下：

```
主函数代码
clear all                          %清除工作空间变量
t0=0;                              %初始时间
ts=10;                             %终止时间
x0=[0.1;0];                        %电容电压和电感电流的初值
[t,x]=ode45('rlc',[t0,ts],x0);     %系统微分方程的描述函数
figure(1);
subplot(2,1,1);
plot(t,x(:,1));
grid                               %添加栅格
title('电容电压/V');
xlabel('时间/s');
subplot(2,1,2);
plot(t,x(:,2));
grid
title('电感电流/A');
xlabel('时间/s');
figure(2);
vc=x(:,1);
i=x(:,2);
plot(vc,i);
grid
```

```
title('电感电流与电容电压的关系曲线');
xlabel('电容电压/V');
ylabel('电感电流/A');
微分方程代码
function xdot=rlc(t,x)                    %微分方程函数
Vr=5;
R=2;
L=1;
C=0.25;
xdot=[x(2)/C;1/L*(Vr-x(1)-R*x(2))];       %导数关系式
```

程序运行后结果如图 5-2 和图 5-3 所示。

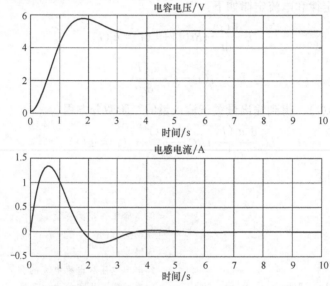

图 5-2 电容电压、电感电流与时间的关系曲线

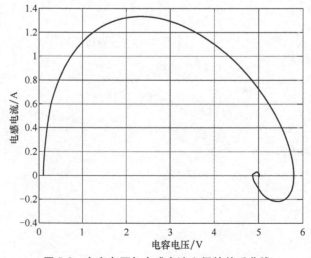

图 5-3 电容电压与电感电流之间的关系曲线

5.3 拉氏变换及其 MATLAB 描述

拉氏变换是工程数学中常用的一种积分变换，可将系统求解问题从时域转换成复频域，即将一个有参数实数 t 的函数转换为一个参数为 s 的函数。拉氏变换在许多工程技术和科学研究领域中都有着广泛的应用，特别是在电学系统、力学系统、机械系统等系统科学中起着重要的作用。

所谓拉氏变换是指对定义在时域区间 $[0,\infty)$ 上的时间函数 $f(t)$ 完成以下积分运算：

$$F(s) = \int_{0_-}^{\infty} f(t)\,e^{-st}\,dt \tag{5-4}$$

式中，e^{-st} 为拉氏变换因子，又称收敛因子。s 为复数，$s = \sigma + j\omega$。由于积分区间为 $0_- \to \infty$，故积分的结果不再是时间函数，而是复变量 s 的复变函数。事实上，式（5-4）完成了将时域函数 $f(t)$ 转换成复频域（S 域）函数 $F(s)$ 的积分变换。$f(t)$ 和 $F(s)$ 之间在满足式（5-4）的条件下有一一对应的关系，给定一个 $f(t)$，可以求得一个 $F(s)$，反之，对已知的 $F(s)$ 亦可找到形成它的 $f(t)$。于是，将 $f(t)$ 称为拉氏变换的原函数，$F(s)$ 称为拉氏变换的象函数。由 $f(t)$ 求 $F(s)$ 的过程称为拉氏变换，由 $F(s)$ 求 $f(t)$ 的过程称为拉氏反变换。

例 5.2 求函数 $\cos\omega t$、$e^{\alpha t}\sin\omega t$、$At^2 + Bt^3$ 的拉氏变换。

解 程序代码如下：

```
syms s t alpha omega A B;
F1=laplace(cos(omega*t))
F2=laplace(exp(alpha*t)*sin(omega*t))
F3=laplace(A*t^2+B*t^3)
```

程序运行后的结果为

```
F1=s/(omega^2+s^2)
F2=omega/(omega^2+(alpha - s)^2)
F3=(2*A)/s^3+(6*B)/s^4
```

例 5.3 求下面函数的反拉氏变换。

（1）$\dfrac{2s+2}{s^2+4s+5}$；　（2）$\dfrac{1}{s^3+21s^2+120s+100}$

解 程序代码如下：

```
syms s t;
F1=(2*s+2)/(s^2+4*s+5);
f1=ilaplace(F1)
F2=1/(s^3+21*s^2+120*s+100);
f2=ilaplace(F2)
```

程序运行后的结果为

```
f1=2*exp(-2*t)*(cos(t)- sin(t))
f2=exp(-t)/81 - exp(-10*t)/81 -(t*exp(-10*t))/9
```

5.4 传递函数建立及其 MATLAB 描述

将系统输出量对于输入量的微分方程在零初始条件下取拉普拉斯变换（简称拉氏变换），变换后的输出量象函数与输入量象函数之比定义为控制系统的传递函数。这里的零初始条件是指输入量和输出量的初始值及其次高阶以下（含次高阶）各阶导数的初始值均为 0。

5.4.1 多项式传递函数模型

1. 常规系统传递函数

一般地，设描述系统或单元运动状态的微分方程为

$$a_0\frac{d^n}{dt^n}c(t)+a_1\frac{d^{n-1}}{dt^{n-1}}c(t)+\cdots+a_{n-1}\frac{d}{dt}c(t)+a_nc(t)$$

$$=b_0\frac{d^m}{dt^m}r(t)+b_1\frac{d^{m-1}}{dt^{m-1}}r(t)+\cdots+b_{m-1}\frac{d}{dt}r(t)+b_mr(t) \tag{5-5}$$

式中，$c(t)$ 为输出量；$r(t)$ 为输入量。线性定常系统或单元的微分方程的系数 a_0，a_1，$\cdots$ a_n；b_0，b_1，$\cdots$，b_m 都是常数。式（5-5）在零初始条件下的拉氏变换为

$$(a_0s^n+a_1s^{n-1}+\cdots+a_{n-1}s+a_n)C(s)$$

$$=(b_0s^m+b_1s^{m-1}+\cdots+b_{m-1}s+b_m)R(s)$$

传递函数为

$$T(s)=\frac{C(s)}{R(s)}=\frac{b_0s^m+b_1s^{m-1}+\cdots+b_{m-1}s+b_m}{a_0s^n+a_1s^{n-1}+\cdots+a_{n-1}s+a_n}=\frac{N(s)}{D(s)} \tag{5-6}$$

式中

$$N(s)=b_0s^m+b_1s^{m-1}+\cdots+b_{m-1}s+b_m$$

为传递函数的分子多项式。

$$D(s)=a_0s^n+a_1s^{n-1}+\cdots+a_{n-1}s+a_n$$

为传递函数的分母多项式。

从式（5-6）可以看出，传递函数可以表示成两个多项式的比值，在 MATLAB 语言中，多项式可以用向量表示。将多项式的系统按 s 的降幂次序表示就可以得到一个数值向量，分别表示分子和分母多项式，再利用控制系统工具箱的 $tf()$ 函数就可以用一个变量表示传递函数 $G(s)$。

```
num=[b_0,b_1,…,b_m];
den=[a_0,a_1,…,a_n];
G(s)=tf(num,den)
```

MATLAB 还支持另一种特殊的传递函数的输入格式，在这样的输入方式下，应该用 s=tf('s')定义传递函数的算子，然后用类似数学表达式的形式直接输入系统的传递函数模型，下面通过例子演示这两种输入方式。

例 5.4 考虑传递函数模型 $G(s)=\dfrac{8s^2+4s+1}{12s^3+9s^2+6s+3}$，用下面的语句就可以将该数学模型输入 MATLAB 的工作空间。

解 程序编写如下：

```
num=[8 4 1];%分子多项式
den=[12 9 6 3];%分母多项式
G=tf(num,den)%获得系统的数学模型,并得出如下显示
```

程序运行后的结果为

```
G=
    8 s^2+4 s+1
----------------------
12 s^3+9 s^2+6 s+3
Continuous-time transfer function.
```

如果采用后一种输入方法,则同样可以输入系统的传递函数模型,两者是完全一致的。

```
s=tf('s');%先定义 Laplace 算子 s
G=(8*s^2+4*s+1)/(12*s^3+9*s^2+6*s+3)
```

程序运行后的结果为

```
G=
    8 s^2+4 s+1
----------------------
12 s^3+9 s^2+6 s+3
Continuous-time transfer function.
```

如果有了传递函数,则还可以由 tfdata() 函数来提取系统的分子和分母多项式,即

```
[num,den]=tfdata(G,'v')% 'v'表示想获得数值
```

利用上述命令执行例 5.4 的传递函数 $G(s)$,等到以下结果:

```
num=
    0  8  4  1
den=
    12  9  6  3
```

更简单的,还可以通过下面的语句提取传递函数的分子和分母多项式:

```
num=G.num{1}
den=G.den{1}
```

2. 延时系统传递函数

上述是建立常规系统 $G(s)$ 的传递函数,下面调用格式建立带时间延迟的系统的传递函数 $G(s)\mathrm{e}^{-\tau s}$主要用两种方法:

1)第一种方法。

```
num=[b_0,b_1,…,b_m];
    den=[a_0,a_1,…,a_n];
    G(s)=tf(num,den);
    G(s).ioDelay=τ % τ 为系统延迟时间
```

2)第二种方法。

```
num=[b_0,b_1,…,b_m];
 den=[a_0,a_1,…,a_n];
 sys=tf(num,den,'InputDelay',tao)% tao 为系统延迟时间
```

例 5.5 考虑时延的系统模型 $G(s) = \dfrac{s^2+5}{2s^4+5s^3+8s+1}e^{-5s}$，试编写程序生成该传递函数。

解 程序编写如下：

```
num=[1 0 5];
den=[2 5 0 8 1];
G=tf(num,den);
G.ioDelay=5
```

程序运行后的结果为

```
G=
                          s^2+5
   exp(-5*s) * --------------------
                2 s^4+5 s^3+8 s+1
Continuous-time transfer function.
```

利用第二种方法编写程序如下：

```
num=[1 0 5];
den=[2 5 0 8 1];
G=tf(num,den,'InputDelay',5)
```

得到与第一种方法一样的结果。

3. 多输入多输出系统传递函数

多输入多输出系统的传递函数是由基本的单输入单输出传递函数所组成的二维数组。同样有两种方法来创建多输入多输出系统模型：一种是将组成该多输入多输出系统的多个单输入单输出传递函数进行组合；另一种方法是使用带元胞数组参数的 tf 命令。

例 5.6 考虑下面的传递函数矩阵

$$G(s) = \begin{bmatrix} \dfrac{s-1}{s+1} \\[2mm] \dfrac{s+2}{s^2+4s+5} \end{bmatrix}$$

试编写程序生成该矩阵。

解 程序编写如下：

```
G11=tf([1 -1],[1 1]);
G21=tf([1 2],[1 4 5]);
G=[G11;G21]
```

程序运行后的结果为

```
G=
    From input to output...
         s - 1
    1:-----
         s+1
              s+2
    2:  -------------
         s^2+4 s+5
Continuous-time transfer function.
```

如果使用 tf 命令方式，则必须先定义两个元胞数组 N 和 D

```
N={[1 -1];[1 2]};
D={[1 1];[1 4 5]};
G=tf(N,D)
```

得到与第一种方法一样的结果。

4. 其他传递函数模型

例 5.7　建立传递函数 $G(s) = \dfrac{(8s^2+4s+1)(s^2+1)}{(12s^3+9s^2+6s+3)(s+1)^2}$，试编写程序。

解　程序编写如下：

```
num=conv([8 4 1],[1 0 1]);
den=conv([12 9 6 3],conv([1 1],[1 1]));
G=tf(num,den)
```

程序运行后的结果为

```
G=

    8 s^4+4 s^3+9 s^2+4 s+1
  ---------------------------------------
   12 s^5+33 s^4+36 s^3+24 s^2+12 s+3
Continuous-time transfer function.
```

5.4.2　零极点传递函数模型

零极点增益模型是传递函数的另一种表达形式，格式如下：

$$G(s) = k\frac{(s-z_1)(s-z_2)\cdots(s-z_m)}{(s-p_1)(s-p_2)\cdots(s-p_n)} \tag{5-7}$$

在 MATLAB 中，用以下语句表示：

```
G(s)=zpk(z,p,k)
G(s)=zpk(z,p,k,'InputDelay',tao)% tao 为系统延迟时间
```

其中，$z=[z_1,z_2,\cdots,z_m]$，$p=[p_1,p_2,\cdots,p_n]$，$k=[k]$。

例 5.8　建立零极点传递函数 $G(s) = \dfrac{2(s+4)(s+5)}{(s+1)(s+2)(s+3)}$，试编写程序。

解　程序编写如下：

```
z=[-4,-5];
p=[-1,-2,-3];
k=2;
G=zpk(z,p,k)
```

程序运行后的结果为

```
G=

     2(s+4)(s+5)
   -----------------
    (s+1)(s+2)(s+3)
Continuous-time zero/pole/gain model.
```

如果有了零极点传递函数，则还可以由 `zpkdata()` 函数来提取系统的零极点和增益，即

```
[z,p,k]=zpkdata(G,'v')% 'v'表示想获得数值
```

利用上述命令执行例 5.8 的传递函数 $G(s)$，等到以下结果：

```
z =
    -4
    -5
p =
    -1
    -2
    -3
k =
    2
```

5.4.3　状态空间模型

状态方程是描述控制系统的另一种重要方式，在引进相应的状态变量后，可将系统表示成状态方程的形式。状态空间模型的标准形式为

$$\begin{cases} \dot{x}=Ax+Bu \\ y=Cx+Du \end{cases} \tag{5-8}$$

式中，系数矩阵 A，B，C，D 表示状态空间模型。

在 MATLAB 中，建立状态空间模型用以下语句表示：

```
G=ss(A,B,C,D)%由系数矩阵生成状态空间模型
```

由传递函数获取系数矩阵使用以下语句：

```
[A,B,C,D]=ssdata(G)%由传递函数获取状态模型的系数矩阵
```

例 5.9　建立状态空间方程 $\dot{x}=\begin{bmatrix} 1 & -5 & 3 \\ 0 & 2 & 5 \\ 6 & 5 & -9 \end{bmatrix}x+\begin{bmatrix} 1 \\ 2 \\ 3 \end{bmatrix}u$, $y=\begin{bmatrix} 1 & 0 & 3 \end{bmatrix}x$。

解　程序编写如下：

```
A=[1 -5 3;0 2 5;6 5 -9];
B=[1;2;3];
C=[1 0 3];
D=0;
G=ss(A,B,C,D)
```

程序运行后的结果为

```
G =
A =
       x1  x2  x3
   x1   1  -5   3
   x2   0   2   5
   x3   6   5  -9
  B =
```

```
          u1
     x1    1
     x2    2
     x3    3
  C =
          x1  x2  x3
     y1    1   0   3
  D =
          u1
     y1    0
Continuous-time state-space model.
```

针对上面建立的状态空间模型，使用命令[A,B,C,D]=ssdata(G)能够获得系统状态空间的矩阵。

5.4.4 Simulink 中的控制系统模型表示

上述几种数学模型均可以在 Simulink 中实现，基本操作是在 Simulink 中选择"Continuous"后，单击便可看到其中的模块，见表 5-1。

表 5-1 模块名称及功能

图标	模块名	功能
$\dfrac{1}{s+1}$	Transfer Fcn	传递函数模型
$\dfrac{(s-1)}{s(s+1)}$	Zero-Pole	零极点增益模型
$\dot{x}=Ax+Bu$ $y=Cx+Du$	State-Space	状态空间模型
	Transport Delay	固定时间传输延迟
	Variable Time Delay	可变时间传输延迟

1. 建立传递函数模型

在 Simulink 窗口中建立例 5.4 中的传递函数为 $G(s)=\dfrac{8s^2+4s+1}{12s^3+9s^2+6s+3}$。

首先将"Transfer Fcn"图标拖拽到模型窗口中，然后双击传递函数模块，打开其属性设置对话框，将其中的 Numerator coefficients 设置为 [8 4 1]，Denominator coefficients 设置为

[12 9 6 3]，如图 5-4 所示。最后单击 OK 按钮，便得到系统的传递函数，如图 5-5 所示。

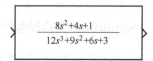

图 5-4　传递函数模块参数设置对话框　　　　　图 5-5　传递函数对话框

2. 建立零极点增益模型

在 Simulink 窗口中建立例 5.8 中的零极点增益函数 $G(s)=\dfrac{2(s+4)(s+5)}{(s+1)(s+2)(s+3)}$。

首先将"Zero-Pole"图标拖拽到模型窗口中，然后双击传递函数模块，打开其属性设置对话框，将其中的 Zeros 设置为 [-4 -5]，Poles 设置为 [-1 -2 -3]，Gain 设置为 [2]，如图 5-6 所示。最后单击 OK 按钮，便得到系统的零极点增益函数，如图 5-7 所示。

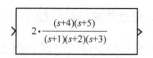

图 5-6　零极点增益模块参数设置对话框　　　　图 5-7　零极点增益函数对话框

3. 建立状态空间模型

在 Simulink 窗口中建立例 5.9 中的状态空间方程 $\dot{x} = \begin{bmatrix} 1 & -5 & 3 \\ 0 & 2 & 5 \\ 6 & 5 & -9 \end{bmatrix} x + \begin{bmatrix} 1 \\ 2 \\ 3 \end{bmatrix} u$，$y =$

$[1 \quad 0 \quad 3] x$。

首先将"State-Space"图标拖拽到模型窗口中，然后双击传递函数模块，打开其属性设置对话框，将矩阵 A 设置为 $[1\,-5\,3;\,0\,2\,5;\,6\,5\,-9]$，矩阵 B 设置为 $[1;\,2;\,3]$，矩阵 C 设置为 $[1\,0\,3]$，矩阵 D 设置为 $[0]$，如图 5-8 所示。最后单击 OK 按钮，便得到系统的状态空间模型。

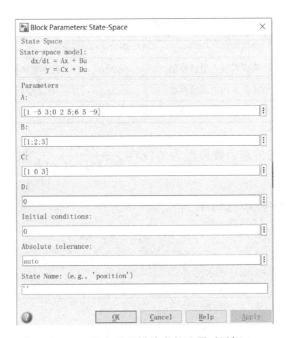

图 5-8　状态空间模块参数设置对话框

5.5　系统模型的相互转换

MATLAB 能够为系统提供以上几种模型，在不同情况下对系统的分析和设计可能会用到某种数学模型，这就需要对模型进行转换，MATLAB 实现模型转换有两种不同的方式。

（1）方式 1　简单的模型转换。

首先生成任一指定的模型对象(tf,ss,zpk)，然后将该模型对象类作为输入，调用欲转换的模型函数即可。

```
例:G=tf(num,den);      %生成传递函数模型
   GS=ss(G);          %将传递函数模型作为状态模型的输入
```

（2）方式 2　直接调用模型转换函数。

它们之间的转换关系如图 5-9 所示，模型转换函数见表 5-2。

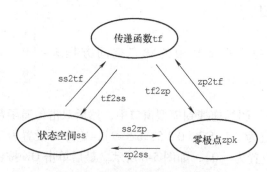

图 5-9　模型转换关系图

表 5-2　模型转换函数

函数名	功能	函数名	功能
tf2zp	传递函数模型转换成零极点增益模型	ss2zp	状态空间模型转换成零极点增益模型
zp2tf	零极点增益模型转换成传递函数模型	ss2tf	状态空间模型转换成传递函数模型
zp2ss	零极点增益模型转换成状态空间模型	tf2ss	传递函数模型转换成状态空间模型

例 5.10　给定某系统传递函数模型为 $G(s) = \dfrac{2s+1}{2s^3+5s^2+4s+1}$，试求其零极点增益模型和状态空间模型。

解　(1) 方式 1　程序编写如下:

```
num=[2 1];
den=[2 5 4 1];
G=tf(num,den);
G1=zpk(G)
G2=ss(G)
```

程序运行后的结果为

```
G1 =
      (s+0.5)
    ---------------
  (s+1)^2 (s+0.5)
Continuous-time zero/pole/gain model.
G2 =
  A =
          x1    x2    x3
    x1  -2.5   -2   -0.5
    x2    1     0     0
    x3    0     1     0
  B =
          u1
    x1    1
    x2    0
    x3    0
```

```
C =
        x1   x2   x3
    y1   0    1   0.5
 D =
        u1
    y1   0
Continuous-time state-space model.
```

（2）方式 2　程序编写如下：

```
num=[2 1];
den=[2 5 4 1];
[z,p,k]=tf2zp(num,den)
[A,B,C,D]=tf2ss(num,den)
```

程序运行后的结果为

```
z =
    -0.5000
p =
  -1.0000+0.0000i
  -1.0000-0.0000i
  -0.5000+0.0000i
k =
    1
A =
  -2.5000  -2.0000  -0.5000
   1.0000        0        0
        0   1.0000        0
B =
    1
    0
    0
C =
        0   1.0000   0.5000
D =
    0
```

5.6　系统模型间的连接

　　实际系统中，整个自动控制系统是由多个单一的模型组合而成的。模型之间基本的连接方式有串联、并联和反馈。假设系统中的传递函数表达形式如下：

$$G(s) = \frac{\text{num}(s)}{\text{den}(s)}, \quad G_1(s) = \frac{\text{num1}(s)}{\text{den1}(s)}, \quad G_2(s) = \frac{\text{num2}(s)}{\text{den2}(s)}$$

5.6.1 串联结构

单输入单输出系统的串联结构如图 5-10 所示。

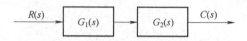

图 5-10 串联连接结构示意图

其中，$G_1(s)$ 和 $G_2(s)$ 串联连接，计算两个环节串联的传递函数为

$$G(s) = G_1(s)G_2(s) \tag{5-9}$$

在 MATLAB 中可用串联函数 series 来求，其调用格式为

```
G=G1*G2
[nums,dens]=series(num1,den1,num2,den2)    %两个子系统串联连接,也可直接写成
                                            [num,den]=series(G1,G2)
```

5.6.2 并联结构

单输入单输出系统的并联结构如图 5-11 所示。

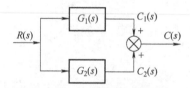

图 5-11 并联连接结构示意图

其中，$G_1(s)$ 和 $G_2(s)$ 并联连接，计算两个环节并联的传递函数为

$$G(s) = G_1(s) + G_2(s) \tag{5-10}$$

在 MATLAB 中可用并联函数 parallel 来求，其调用格式为

```
[nump,denp]=parallel(num1,den1,num2,den2)    %两个子系统并联连接
```

5.6.3 反馈结构

单输入单输出系统的反馈结构如图 5-12 所示。

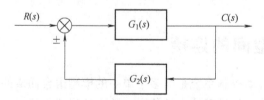

图 5-12 反馈连接结构示意图

其中，$G_1(s)$ 为前向通道传递函数，$G_2(s)$ 为反馈通道传递函数。

当正反馈连接时，计算系统传递函数为

$$G(s) = \frac{G_1(s)}{1 - G_1(s) G_2(s)} \tag{5-11}$$

当负反馈连接时，计算系统传递函数为

$$G(s) = \frac{G_1(s)}{1 + G_1(s) G_2(s)} \tag{5-12}$$

在 MATLAB 中可用反馈函数 feedback 来求解，其调用格式为

```
[numf,demf]=feedback(num1,den1,num2,den2, sign)    %两个子系统反馈连接。参数
                                                   sign =-1 表示负反馈,可省
                                                   略;sign=1 表示正反馈
```

当反馈通道传递函数 $G_2(s) = 1$ 时，系统为单位反馈系统，在 MATLAB 中可用反馈函数 feedback 来求解，其调用格式为

```
[numc,demc]=feedback(num1,den1, sign)
```

例 5.11 已知两个系统传递函数 $G_1(s) = \dfrac{5}{(s+2)(s+8)}$，$G_2(s) = \dfrac{3s^2+9}{s^3+6s^2+2s+4}$，试分别计算系统串联、并联和负反馈连接的传递函数。

解 程序编写如下：

```
z=[];
p=[-2,-8];
k=5;
[num1,dem1]=zp2tf(z,p,k);
num2=[3 0 9];
dem2=[1 6 2 4];
[nums,dems]=series(num1,dem1,num2,dem2);
[nump,demp]=parallel(num1,dem1,num2,dem2);
[numf,demf]=feedback(num1,dem1,num2,dem2);
tfs=tf(nums,dems)          %串联连接传递函数
tfp=tf(nump,demp)          %并联连接传递函数
tff=tf(numf,demf)          %反馈连接传递函数
```

程序运行后的结果为

```
tfs=
          15 s^2+45
   -------------------------------------
   s^5+16 s^4+78 s^3+120 s^2+72 s+64
Continuous-time transfer function.
tfp=
     3 s^4+35 s^3+87 s^2+100 s+164
   -------------------------------------
   s^5+16 s^4+78 s^3+120 s^2+72 s+64
Continuous-time transfer function.
```

```
tff=
        5 s^3+30 s^2+10 s+20
-----------------------------------------
s^5+16 s^4+78 s^3+135 s^2+72 s+109
Continuous-time transfer function.
```

5.6.4　复杂结构

例 5.12　系统动态结构图如图 5-13 所示，试求系统的闭环传递函数，其中传递函数为 $G_1(s) = 10$，$G_2(s) = \dfrac{2}{3s+1}$，$G_3(s) = \dfrac{3}{s+4}$，$G_4(s) = \dfrac{1}{2s+3}$，$G_5(s) = 2$。

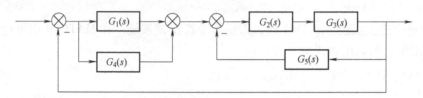

图 5-13　反馈连接结构示意图

解　程序编写如下：

```
num1=[10]; den1=[1];
num2=[2]; den2=[3 1];
num3=[3]; den3=[1 4];
num4=[1]; den4=[2 3];
num5=[2]; den5=[1];
[numa,dena]=parallel(num1,den1,num4,den4);
[numb,denb]=series(num2,den2,num3,den3);
[numc,denc]=feedback(numb,denb,num5,den5);
[numd,dend]=series(numa,dena,numc,denc);
[num,den]=feedback(numd,dend,1,1);
printsys(num,den)
```

程序运行后的结果为

```
num/den=
              120 s+186
          ----------------------------
          6 s^3+35 s^2+191 s+234
```

5.7　本章小结

本章主要介绍了控制系统数学模型的建立以及 MATLAB 函数的应用，详细阐述了系统模型之间的相互转换，并应用实例进行分析研究，利用 MATLAB 函数求解不同结构控制系统的闭环传递函数，为分析和设计控制系统打下坚实基础。

6

第 6 章

时域分析法

6.1 引言

数学模型的建立为分析系统性能及提出改进性能的措施做了必要的基础工作。分析控制系统的响应性能问题称为系统分析，时域分析法是对响应的时间函数进行分析，具有直观简捷、结果精确的特点。然而，时域分析需要求解微分方程，分析高阶系统有时较为困难，尤其是寄期望于靠改变数学模型来获得好的响应性能时，需要反复求解微分方程，使得时域分析在计算技术不甚发达的过去几乎是无法采用的。随着计算机软硬件技术的发展，MATLAB软件下的 Simulink 时域仿真技术，或者应用 MATLAB 语言中求解时域响应的函数命令，使得时域分析不仅容易而且快捷准确。

6.2 时域分析函数及性能指标

6.2.1 时域分析函数

要获得控制系统的响应特性不仅需要建立微分方程，还要有输入函数和初始条件。系统工作时，输入函数是不确定的。比如，一个恒速电力拖动控制系统要求输入函数是一个恒值电压，系统起动时，电压从 0V 上升到给定值的过程可能是突变的，也可能是缓慢波动的，响应特性自然不同。问题是如果系统的结构和参数好（它们决定输出量对于输入量微分方程的阶次和系数），那么在不同输入函数作用下的输出响应变化得很快、很平稳；如果系统的结构和参数不好，那么随输入变化的输出响应都会有大幅度的振荡或反应迟钝。这说明系统的品质是由系统的结构和参数决定的，与输入函数无关。系统分析关心的是系统内在的品质，涉及输入量时总是用典型函数来描述。典型函数要求能够描述输入量的性质并且方便计算。至于初始条件，同样不影响系统的固有性能，分析系统品质时将它们都取为 0。动态系统的性能常用典型输入作用下的响应来描述，常用的输入函数有单位阶跃函数和脉冲函数。

在 MATLAB 中，提供了典型的时域分析函数，如单位阶跃响应函数 step()，单位脉冲响应函数 impulse()，零输入响应函数 initial()和任意输入函数 lsim()。接下来分别介绍各函数的功能。

1. 单位阶跃响应函数 step()

该函数的调用格式如下：

1）step(sys,t)	% sys 为控制系统函数,t 为选定的仿真时间向量
2）[y,t]=step(sys)	% step 返回输出响应 y
3）[y,t]=step(sys,Tfinal)	% Tfinal 为截止时间
4）[y,t,x]=step(sys)	% y 为响应的输出,t 为仿真的时间,x 为系统的状态变量
5）step(sys1,sys2,…,sysn)	% 在同一个图中显示多个图像

2. 单位脉冲响应函数 impulse()

该函数的调用格式如下：

1）impulse (sys,t)	% sys 为控制系统函数,t 为选定的仿真时间向量
2）[y,t]=impulse (sys)	% step 返回输出响应 y
3）[y,t]=impulse (sys,Tfinal)	% Tfinal 为截止时间
4）[y,t,x]=impulse (sys)	% y 为响应的输出,t 为仿真的时间,x 为系统的状态变量
5）impulse (sys1,sys2,…,sysn)	% 在同一个图中显示多个图像

3. 零输入响应函数 initial()

该函数的调用格式如下：

1）initial(sys,x0)	% sys 为控制系统函数,x0 为初始状态
2）initial(sys,x0,t)	% t 为指定的响应时间
3）initial(sys,x0,Tfinal)	% Tfinal 为截止时间
4）[y,t,x]=initial(sys,x0)	% y 为响应的输出,t 为仿真的时间,x 为系统的状态变量
5）[y,t,x]=initial(sys,x0,t)	
6）[y,t,x]=initial(sys,x0,t, Tfinal)	
7）initial (sys1,sys2,…,sysn,x0)	% 在同一个图中显示多个图像

4. 任意输入函数 lsim()

该函数的调用格式如下：

1）lsim(sys,u,t)	% sys 为控制系统函数,u 为输入信号,t 为指定的响应时间
2）lsim(sys,u,t,x0)	% x0 为初始状态
3）[y,t,x]=lsim(sys,u,t)	% y 为响应的输出,t 为仿真的时间,x 为系统的状态变量
4）[y,t,x]=lsim(sys,u,t,x0)	
5）lsim (sys1,sys2,…,sysn,u, t)	% 在同一个图中显示多个图像

例 6.1 已知系统的闭环传递函数为 $G(s)=\dfrac{25}{s^2+2s+25}$，试绘制系统在单位脉冲、单位阶跃和单位斜坡函数作用下的响应曲线。

解 程序编写如下：

```
num=[25];
den=[1 2 25];
t=[0:0.1:10];
u=t;
y1=impulse(num,den,t);
y2=step(num,den,t);
y3=lsim(num,den,u,t);
plot(t,y1,'b-',t,y2,'k--',t,y3,'r-.')
xlabel('时间/秒')
ylabel('y')
legend('单位脉冲响应曲线','单位阶跃响应曲线','单位斜坡响应曲线')
```

程序运行后结果如图 6-1 所示。

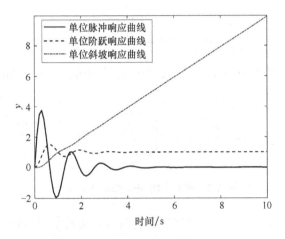

图 6-1　例 6.1 的响应曲线

例 6.2　已知单位负反馈系统，其开环传递函数为 $G(s) = \dfrac{2s+1}{s^2+3s+5}$，系统输入信号 $r(t) =$ $\sin(t)$，试绘制系统的输出响应曲线。

该例题利用 MATLAB 编写程序和 Simulink 搭建框图两种方法。

解　（1）第一种方法　程序编写如下：

```
numk=[2 1];
denk=[1 3 5];
[num,den]=cloop(numk,denk);
t=0:0.1:10;
u=sin(t);
[y,x]=lsim(num,den,u,t);
plot(t,y,'b-',t,u,'r-.')
xlabel('时间/s')
ylabel('y')
title('正弦输入下的响应曲线')
```

程序运行后结果如图 6-2 所示。

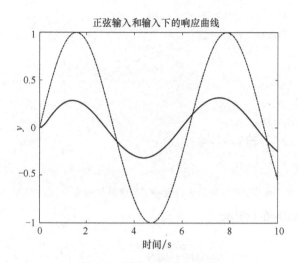

图 6-2　例 6.2 的响应曲线

（2）第二种方法　利用 Simulink 对系统进行建模和仿真，模型如图 6-3 所示。

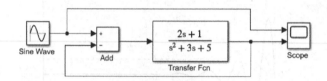

图 6-3　例 6.2 的 Simulink 仿真模型

对各模块参数进行设置，模型连接好后进行仿真，仿真结束后输出的图形与图 6-2 完全一样。

6.2.2　性能指标

稳定控制系统在零初始条件下输入单位阶跃函数时，由于系统惯性的原因，输出响应跟随输入的变化需要一个过渡过程。一种情形是跟随得比较快，以至于超过稳态值后需经几次振荡衰减趋于稳态值。另一种情形是跟随得比较慢，整个过渡过程是单调的。时域响应分析的是系统对输入在时域内的瞬态行为，系统特征均能从时域响应上反映出来。利用 MATLAB 可以很方便地绘制控制系统的响应曲线，并在曲线上求取响应性能指标。

（1）稳态值　控制系统的稳态值可以使用下面函数获得，其格式为

```
yw=dcgain(sys)    % sys 为控制系统函数，yw 为系统的稳态值
```

（2）峰值时间　调用格式为

```
[Y,k]=max(y)     %Y 和 k 为系统的峰值及相应的时间
tp=t(k)          %获得峰值时间
```

（3）超调量　调用格式为

```
yw=dcgain(sys)
[Y,k]=max(y)
```

$$overshoot = \frac{Y-yw}{yw} \times 100\% \quad \%计算超调量$$

（4）上升时间 上升时间可利用 MATLAB 语言编写 M 文件来实现，具体程序如下：

```
yw=dcgain(sys)
n=1;
while y(n)<yw      %求取输出第一次到达终值时的时间
n=n+1;
end
tr=t(n)
```

（5）调节时间 调节时间可利用 MATLAB 语言编写 M 文件来实现，具体程序如下：

```
yw=dcgain(sys)
i=length(t)
while(y(i)>0.95*yw)&(y(i)<1.05*yw) %求取±5%误差带的调节时间
i=i-1
end
ts=t(i)
```

上面程序中将语句 while(y(i)>0.95*yw)&(y(i)<1.05*yw)改成 while(y(i)>0.98*yw)&(y(i)<1.02*yw)，即可以求取±2%误差带的调节时间。

例 6.3 已知系统的闭环传递函数 $G(s) = \dfrac{100}{s^2+10s+100}$，绘制其单位阶跃响应曲线，并求出系统的稳态值、峰值时间、超调量、上升时间和调节时间（±5%误差带）。

解 程序编写如下：

```
num=[100];
den=[1 10 100];
sys=tf(num,den);
yw=dcgain(sys);              %计算稳态值
disp(['稳态值:yw=',num2str(yw)])
[y,t]=step(sys);
plot(t,y)
[Y,k]=max(y);
tp=t(k);                     %计算峰值时间
disp(['峰值时间:tp=',num2str(tp)])
overshoot=((Y-yw)/yw);    %计算超调量
disp(['超调量:overshoot=',num2str(overshoot)])
%计算上升时间
n=1;
while y(n)<yw               %求取输出第一次到达终值时的时间
n=n+1;
end
tr=t(n);
disp(['上升时间:tr=',num2str(tr)])
%计算调节时间
```

```
i=length(t);
while(y(i)>0.95*yw)&(y(i)<1.05*yw) %求取±5%误差带的调节时间
i=i-1;
end
ts=t(i);
disp(['调节时间:ts=',num2str(ts)])
```

程序运行后结果如图 6-4 所示。

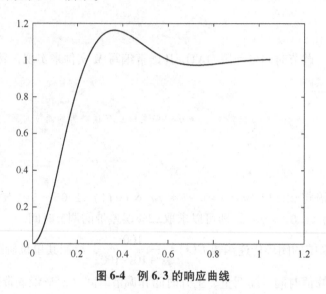

图 6-4　例 6.3 的响应曲线

```
稳态值:yw=1
峰值时间:tp=0.3592
超调量:overshoot=0.16293
上升时间:tr=0.24868
调节时间:ts=0.52499
```

除了编写程序外，也可以直接在求取响应曲线后，用鼠标左键单击时域响应曲线任意一点，系统会自动出现一个小方框，方框里面显示这一点的横坐标和纵坐标。按住鼠标左键在曲线上移动，可找到曲线幅值最大的点，即该点的横坐标为峰值时间，纵坐标为峰值，然后根据观测到的稳态值，即可求出系统的超调量，系统的上升时间和调节时间可以此类推。但是利用鼠标求取性能指标或多或少会出现一些误差，但并不会影响分析控制系统。

6.3　系统阶跃响应

6.3.1　标准二阶系统模型及 MATLAB 描述

典型二阶系统结构图如图 6-5 所示。

开环传递函数为

$$G(s)=\frac{K}{s(Ts+1)} \tag{6-1}$$

式中，K 为二阶系统的开环放大系数；T 为惯性时间常数。

闭环传递函数为

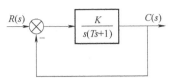

$$T(s) = \frac{G(s)}{1+G(s)} = \frac{K}{Ts^2+s+K} = \frac{\dfrac{K}{T}}{s^2+\dfrac{1}{T}s+\dfrac{K}{T}} \qquad (6\text{-}2)$$

图 6-5　单位负反馈二阶
系统动态结构图

令

$$\begin{cases} \omega_n^2 = \dfrac{K}{T} \\ 2\zeta\omega_n = \dfrac{1}{T} \end{cases} \qquad (6\text{-}3)$$

得到由振荡参数描述的单位负反馈闭环传递函数为

$$T(s) = \frac{\omega_n^2}{s^2+2\zeta\omega_n s+\omega_n^2} \qquad (6\text{-}4)$$

式中，$\omega_n = \sqrt{\dfrac{K}{T}}$ 称为二阶系统无阻尼自然振荡角频率；$\zeta = \dfrac{1}{2\sqrt{KT}}$ 称为二阶系统的阻尼比。

在 MATLAB 中，计算自然振荡角频率和阻尼比的调用格式如下：

```
[wn,zeta]=damp(sys)        %wn 为自然振荡角频率,zeta 为阻尼比
[wn,zeta,p]=damp(sys)      %p 为极点
```

此外，MATLAB 也提供了用自然振荡角频率和阻尼比生成连续系统的函数 ord2，其调用格式为

```
[num,den]=ord2(wn,zeta) % ord2 是建立标准二阶控制系统模型的函数
[A,B,C,D]=ord2(wn,zeta)
```

例 6.4　已知式（6-4）中的自然振荡角频率 $\omega_n = 5\text{rad/s}$，阻尼比 $\zeta = 0.4$，试求出系统的闭环传递函数。

解　程序编写如下：

```
wn=5;
zeta=0.4;
[num1,den]=ord2(wn,zeta);   %分子系数都是1
num=5^2 * num1;
sys=tf(num,den)
```

程序运行后结果为

```
sys =

         25
    --------------
    s^2+4 s+25
Continuous-time transfer function.
```

此外，也可根据二阶系统闭环传递函数求出自然振荡角频率和阻尼比。

程序编写如下：

```
num=[25];
den=[1 4 25];
sys=tf(num,den);
[wn,zeta,p]=damp(sys)
```

程序运行后结果为

```
wn=5.0000
zeta=0.4000
p=
    -2.0000+4.5826i
    -2.0000-4.5826i
```

6.3.2 二阶系统时域分析

1. 单位阶跃响应曲线

二阶系统的单位阶跃响应的象函数可表示如下：

$$C(s)=T(s)R(s)=\frac{\omega_n^2}{s(s^2+2\zeta\omega_n s+\omega_n^2)} \tag{6-5}$$

运用部分分式法求解式（6-5）的拉氏反变换，需要将分母多项式进行因式分解。其中的 s 因子是阶跃输入量象函数的 s 因子，拉氏反变换后决定响应的稳态输出量；闭环传递函数分母多项式的根是反变换后各 e 指数项的指数系数，决定着响应的动态过程。

将反变换后的各 e 指数项称为二阶响应的自然模式；闭环传递函数的分母多项式称为二阶系统的特征多项式；特征多项式等于零的方程称为二阶系统的特征方程；求解特征方程得到的 s 值称为二阶系统的特征根。二阶系统的特征方程为

$$s^2+2\zeta\omega_n s+\omega_n^2=0 \tag{6-6}$$

解出的特征根为

$$s_{1,2}=-\zeta\omega_n\pm\omega_n\sqrt{\zeta^2-1} \tag{6-7}$$

由判别式的不同情况，将二阶系统的响应分成以下几种情形，即无阻尼的情形（$\zeta=0$）、欠阻尼情形（$0<\zeta<1$）、临界阻尼情形（$\zeta=1$）和过阻尼情形（$\zeta>1$）。

例6.5 已知二阶系统闭环传递函数 $G(s)=\dfrac{\omega_n^2}{s^2+2\zeta\omega_n s+\omega_n^2}$，试绘制 $\omega_n=1$，$\zeta=0$，0.4，1，2.5 时二阶系统单位阶跃响应曲线。

解 程序编写如下：

```
num=1;
den1=[1 0 1];        % zeta=0 时分母系数
den2=[1 0.8 1];      % zeta=0.4 时分母系数
den3=[1 2 1];        % zeta=1 时分母系数
den4=[1 5 1];        % zeta=2.5 时分母系数
t=0:0.01:10;
sys1=tf(num,den1);
step(sys1,t);
```

```
hold on;   %保持曲线
text(2.5,1.8,'无阻尼')   %标注曲线
sys2 = tf(num,den2);
step(sys2,t);
hold on;
text(2.5,1.1,'欠阻尼')
sys3 = tf(num,den3);
step(sys3,t);
hold on;
text(2.5,0.65,'临界阻尼')
sys4 = tf(num,den4);
step(sys4,t);
hold on;
text(2.5,0.3,'过阻尼')
```

程序运行后结果如图 6-6 所示。

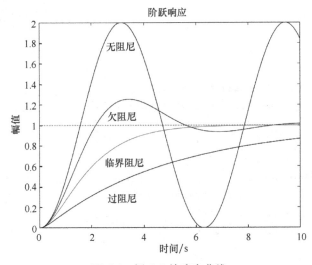

图 6-6　例 6.5 的响应曲线

2. 二阶系统性能指标

实际控制系统通常工作在欠阻尼状态下，因此，下面计算欠阻尼二阶系统单位阶跃的性能指标。利用定义法可得到以下公式：

（1）峰值时间

$$t_p = \frac{\pi}{\omega_d} = \frac{\pi}{\omega_n\sqrt{1-\zeta^2}} \tag{6-8}$$

（2）超调量

$$\sigma\% = \mathrm{e}^{-\frac{\zeta\pi}{\sqrt{1-\zeta^2}}} \times 100\% \tag{6-9}$$

（3）上升时间

$$t_r = \frac{\pi-\theta}{\omega_d} = \frac{\pi-\theta}{\omega_n\sqrt{1-\zeta^2}} \tag{6-10}$$

式中，$\theta = \arctan \dfrac{\sqrt{1-\zeta^2}}{\zeta} = \arccos \zeta = \arcsin \sqrt{1-\zeta^2}$。

（4）调节时间

$$t_s \approx \begin{cases} \dfrac{3}{\zeta \omega_n}, & \Delta = 0.05 \\[3mm] \dfrac{4}{\zeta \omega_n}, & \Delta = 0.02 \end{cases} \tag{6-11}$$

例 6.6 根据例 6.3 的系统闭环传递函数 $G(s) = \dfrac{100}{s^2+10s+100}$，利用上述公式法重新计算系统的稳态值、峰值时间、超调量、上升时间和调节时间（±5%误差带）。

解 程序编写如下：

```
%判断欠阻尼
num=100;
den=[1 10 100];
sys=tf(num,den);
[wn,zeta]=damp(sys);
%计算性能指标
yw=dcgain(sys);
tp=pi/(wn(1) * sqrt(1-zeta(1)^2));
overshoot=exp(-pi * zeta(1)/sqrt(1-zeta(1)^2));
tr=(pi-acos(zeta(1)))/(wn(1) * sqrt(1-zeta(1)^2));
ts=3/(zeta(1) * wn(1));
disp(['稳态值:yw=',num2str(yw)])
disp(['峰值时间:tp=',num2str(tp)])
disp(['超调量:overshoot=',num2str(overshoot)])
disp(['上升时间:tr=',num2str(tr)])
disp(['调节时间:ts=',num2str(ts)])
```

程序运行后结果为

```
稳态值:yw=1
峰值时间:tp=0.36276
超调量:overshoot=0.16303
上升时间:tr=0.24184
调节时间:ts=0.6
```

对比结果发现，动态性能指标参数存在一点误差，这可能是利用公式法近似求取的结果。

6.3.3 二阶系统特征参数对时域响应性能的影响

典型欠阻尼二阶系统的参数对系统的时域性能指标影响很大，深入了解这些参数与性能之间的影响关系，对于理解系统的特点，提出改善系统性能的方法都有很大帮助，下面讨论主要参数 ζ 和 ω_n 对系统的影响。

例 6.7 已知二阶系统闭环传递函数 $G(s) = \dfrac{\omega_n^2}{s^2 + 2\zeta\omega_n s + \omega_n^2}$，试绘制不同 ζ 和 ω_n 时二阶系统阶跃响应曲线。

解 1）试绘制 $\omega_n = 1$，$\zeta = 0.1$，0.3，0.5，0.7，0.9 时系统单位阶跃响应曲线。

程序编写如下：

```
wn=1;
zeta=[0.1,0.3,0.5,0.7,0.9];
t=0:0.01:10;
num=wn*wn;
for j=1:5
    den=[1 2*zeta(j)*wn wn*wn];
    sys=tf(num,den);
    y(:,j)=step(sys,t);
end
plot(t,y(:,1:5))
text(2.6,1.6,'zeta=0.1');
text(2.7,1.3,'zeta=0.3');
text(3.1,1.1,'zeta=0.5');
text(3.5,1.0,'zeta=0.7');
text(2.8,0.8,'zeta=0.9');
```

程序运行后结果如图 6-7 所示。

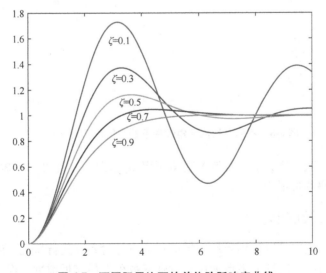

图 6-7 不同阻尼比下的单位阶跃响应曲线

结论：在相同的自然振荡角频率 ω_n 下，阻尼比 ζ 越大，超调量越小，上升时间越长，调节时间越短。

2）试绘制 $\zeta = 0.5$，$\omega_n = 1$，3，5 时系统单位阶跃响应曲线。

程序编写如下：

```
wn=[1,3,5];
zeta=0.5;
t=0:0.01:10;
for j=1:3
    num=wn(j)*wn(j);
    den=[1 2*zeta*wn(j) wn(j)*wn(j)];
    sys=tf(num,den);
    y(:,j)=step(sys,t);
end
plot(t,y(:,1:3))
text(3.3,1.1,'wn=1');
text(1.7,1.1,'wn=3');
text(0.1,1.18,'wn=5');
```

程序运行后结果如图 6-8 所示。

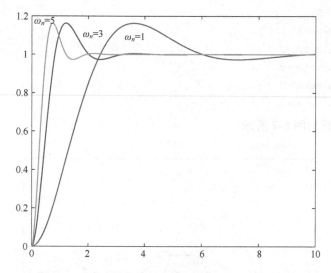

图 6-8 不同自然振荡角频率下的单位阶跃响应曲线

结论：在相同的阻尼比 ζ 下，自然振荡角频率 ω_n 越大，上升时间越短，调节时间越短，响应速度越快，但超调量不变。

6.3.4 高阶系统阶跃响应

高阶系统的阶跃响应可以应用闭环主导极点的方法对系统进行研究。闭环主导极点是这样规定的：相对于所有的闭环零极点来说，共轭复数极点最靠近虚轴，而其他的闭环零极点都更远离虚轴（一般认为实部比大 3~5）。运动控制系统常常将闭环主导极点选择在复平面上，这是由闭环主导极点确定的响应特性，是二阶衰减振荡的特性，系统有较快的响应速度。有的工业过程控制系统由于不允许有超调，故将闭环主导极点选择在负实轴上，这是由闭环主导极点确定的响应特性，是一阶衰减特性，使系统响应呈过阻尼（或临界阻尼）性质。

例 6.8 某控制系统的闭环传递函数为 $G(s) = \dfrac{10}{(s+8)(s^2+2s+5)}$，试分析其主导极点，

并绘制由主导极点构成的系统与原系统的单位阶跃响应曲线。

解 系统有三个极点，分别为 $p_1=-6$，$p_{2,3}=-1\pm2\mathrm{i}$。显然，主导极点为 $p_{2,3}=-1\pm2\mathrm{i}$，由主导极点构成的系统传递函数为 $G_1(s)=\dfrac{1.25}{s^2+2s+5}$，注意两个传递函数的静态增益应该相同。

程序编写如下：

```
t=0:0.01:10;
num=10;
den=conv([1 8],[1 2 5]);
num1=1.25;
den1=[1 2 5];
sys=tf(num,den);
sys1=tf(num1,den1);
y=step(sys,t);
y1=step(sys1,t);
plot(t,y,'b-',t,y1,'k--')
legend('原系统的单位阶跃响应','主导极点作用的单位阶跃响应')
```

程序运行后结果如图 6-9 所示。

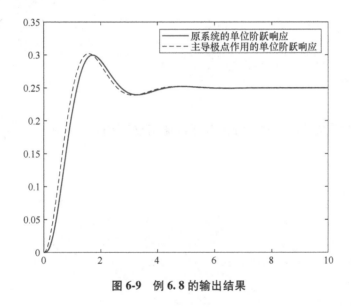

图 6-9 例 6.8 的输出结果

从图 6-9 可以看出，主导极点构成的系统和原系统在单位阶跃响应下的动态性能基本一样。

6.4 高阶系统的稳定性分析

稳定性是自动控制系统中最重要的性能指标，它是指控制系统稳定工作的能力。表现为在给定量或扰动量作用时系统重新恢复到平衡状态的能力。稳定的系统能够重新恢复到平衡状态，不稳定的系统则无法重新恢复到平衡状态。事实上，不稳定的控制系统是不能正常工作的，所以要求自动控制系统必须是稳定的。

6.4.1 特征方程的根对稳定性的影响

在自动控制系统的稳定性分析中，若能够计算闭环系统特征方程的根，则可判断系统的稳定性。稳定控制系统的所有特征根都分布在 S 平面虚轴的左侧。S 平面的右半部和虚轴上有特征根的系统均是不稳定的。

例 6.9 已知闭环系统的特征方程为 $s^4+2s^3+3s^2+4s+5=0$，试判断系统的稳定性。

解 程序编写如下：

```
P=[1 2 3 4 5];
p=roots(P)
if real(p)<0
    disp(['系统是稳定的'])
else
    disp(['系统是不稳定的'])
end
```

程序运行后结果为

```
p=
  -1.2878+0.8579i
  -1.2878-0.8579i
   0.2878+1.4161i
   0.2878-1.4161i
系统是不稳定的
```

例 6.10 已知某负反馈控制系统的开环传递函数为 $G(s)=100\dfrac{(s+2)}{s(s+1)(s+20)}$，试判断闭环系统的稳定性。

解 程序编写如下：

```
k1=100;
z1=[-2];
p1=[0,-1,-20];
[n1,d1]=zp2tf(z1,p1,k1);
G=tf(n1,d1);
P=n1+d1;
p=roots(P)
if real(p)<0
    disp(['系统是稳定的'])
else
    disp(['系统是不稳定的'])
end
```

程序运行后结果为

```
p=
  -12.8990
```

```
-5.0000
-3.1010
系统是稳定的
```

例 6.11 已知状态空间传递函数系数矩阵 A，B，C，D，试判断系统的稳定性。

$$A = \begin{bmatrix} 1 & 3 & -2 \\ 5 & 8 & 4 \\ -3 & 6 & 1 \end{bmatrix}, \quad B = \begin{bmatrix} 2 \\ 4 \\ 6 \end{bmatrix}, \quad C = [1 \quad 0 \quad 0], \quad D = 0$$

解 程序编写如下：

```
A=[1 3 -2;5 8 4;-3 6 1];
B=[2;4;6];
C=[1 0 0];
D=0;
[z,p,k]=ss2zp(A,B,C,D);
ii=find(real(p)>=0);
n=length(ii);
if n<0
    disp(['系统是稳定的'])
else
    disp(['系统是不稳定的'])
end
```

程序运行后结果为

```
系统是不稳定的
```

6.4.2 系统零极点对稳定性的影响

闭环传递函数的极点即为特征方程的根，因此可以利用上述编写程序的方法对控制系统进行稳定性的判别，这里将不再详述。

MATLAB 能够提供绘制系统零极点图的功能，从图中可以直观地判断系统的稳定性。其调用格式为

```
pzmap(sys)   % sys 表示系统传递函数
[p,z]=pzmap(sys)   %返回系统零极点位置的数据
```

例 6.12 已知系统动态结构图如图 6-10 所示，试绘制该闭环系统的零极点图，并判断系统的稳定性。

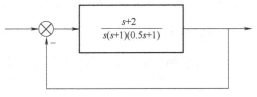

图 6-10 例 6.12 所示系统框图

解 程序编写如下：

```
n1=[1 2];
d1=conv(conv([1 0],[1 1]),[0.5 1]);
s1=tf(n1,d1);
sys=feedback(s1,1);
pzmap(sys)          %绘制系统的零极点图
title('零极点图')
[p,z]=pzmap(sys)    %输出系统零极点
```

程序运行后结果为

```
p=
  -2.0000+0.0000i
  -0.5000+1.3229i
  -0.5000-1.3229i
z=-2
系统是稳定的
```

系统的零极点图如图 6-11 所示。由于系统的极点都分布在复平面的左半平面，因此闭环系统是稳定的。

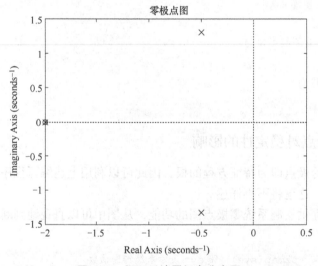

图 6-11　闭环系统零极点分布图

6.4.3　系统开环增益对稳定性的影响

系统的开环增益增大会使系统的稳定性变差，甚至造成整个系统不稳定。

例 6.13　已知某单位负反馈控制系统的开环传递函数为 $G(s)=\dfrac{K}{s(s+1)(0.5s+1)}$，试判断 $K=1$，3，5 时系统的稳定性，并绘制系统在单位阶跃信号下的输出响应曲线。

解　程序编写如下：

```
%判断稳定性
for K=[1 3 5];
num1=[K];
```

```
den1=conv(conv([1 0],[1 1]),[0.5 1]);
s1=tf(num1,den1);
sys=feedback(s1,1);
p=roots(sys.den{1});
disp(['K=',num2str(K)])
if real(p)<0
    disp(['系统是稳定的'])
else
    disp(['系统是不稳定的'])
end
%绘制图形
t=0:0.01:10;
step(sys,t)
hold on
end
text(4,1.7,'K=1');
text(3,2,'K=3');
text(0.5,2,'K=5');
```

程序运行后结果为

```
K=1
系统是稳定的
K=3
系统是不稳定的
K=5
系统是不稳定的
```

单位阶跃响应曲线如图 6-12 所示。

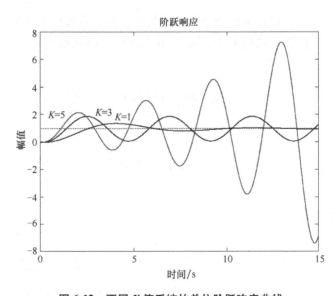

图 6-12　不同 K 值系统的单位阶跃响应曲线

123

从曲线中可以看出，$K=1$ 时系统是稳定的，曲线呈收敛状态；$K=3$ 时系统是临界稳定，曲线呈等幅振荡状态；$K=5$ 时系统是不稳定，曲线呈发散状态，这表明增加开环增益导致系统不稳定。

6.5 控制系统稳态误差

控制系统的稳态误差是系统控制准确度的一种度量，通常称为稳态性能。在控制系统设计中，稳态误差是一项重要的技术指标，系统的稳态误差越小，准确度越高。

闭环控制系统结构图如图 6-13 所示。

当输入信号 $R(s)$ 与主反馈信号 $B(s)$ 不相等时，比较装置的输出为

$$E(s)=R(s)-B(s) \qquad (6\text{-}12)$$

此时，系统在 $E(s)$ 信号作用下产生动作，使输出量趋于期望值。通常，称 $E(s)$ 为误差信号，简称误差（也称偏差）。

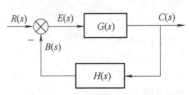

图 6-13　闭环控制系统结构图

实际上，误差有两种不同的定义方法：一种是式（6-12）所描述的从输入端定义的误差，另一种是从系统输出端定义的误差，即系统输出量的期望值与实际值之差。前者定义的误差在实际系统中是可以测量的，具有一定的物理意义；后者定义的误差在系统性能指标的提法中经常使用，但在实际系统中有时无法测量，因而一般只有数学意义。所以本书中所研究的系统误差均为输入端误差。应用拉氏变换终值定理，系统误差为以下形式：

$$e_{\text{ss}}=\lim_{t\to\infty}e(t)=\lim_{s\to0}sE(s)=\lim_{s\to0}s\frac{1}{1+G(s)H(s)}R(s) \qquad (6\text{-}13)$$

在控制系统的分析中，通常采用静态误差系数作为衡量系统稳态性能的一种指标。静态误差系数分为三种，即静态位置误差系数 K_{p}、静态速度误差系数 K_{v}、静态加速度误差系数 K_{a}，其表达式如下：

$$K_{\text{p}}=\lim_{s\to0}G(s)H(s) \qquad (6\text{-}14)$$

$$K_{\text{v}}=\lim_{s\to0}sG(s)H(s) \qquad (6\text{-}15)$$

$$K_{\text{a}}=\lim_{s\to0}s^{2}G(s)H(s) \qquad (6\text{-}16)$$

6.5.1　计算稳态误差

例 6.14　已知某单位负反馈系统闭环传递函数 $G(s)=\dfrac{2s+1}{3s^{3}+2s^{2}+6s+3}$，试判断系统的稳定性。若系统稳定，则求出系统的静态位置误差、速度误差和加速度误差系数。

　　解　程序编写如下：

```
%判断系统稳定性
P=[3 2 6 3];
p=roots(P);
if real(p)<0
    disp(['系统是稳定的'])
%计算误差系数
syms s G Gk Kp Kv Ka
G=(2*s+1)/(3*s^3+2*s^2+6*s+3);
Gk=G/(1-G);  %求取系统开环传递函数
Kp=limit(Gk,s,0)
Kv=limit(s*Gk,s,0)
Ka=limit(s^2*Gk,s,0)
else
    disp(['系统是不稳定的,没有稳态误差'])
end
```

程序运行后结果为

```
系统是稳定的
Kp=1/2
Kv=0
Ka=0
```

6.5.2 提高或消除稳态误差

表6-1给出了在典型输入函数下不同型别系统的误差系数,从表中可以看出提高系统的开环放大系数 K 可以减小稳态误差,提高系统的型别可以消除稳态误差。但是,无论是提高系统的型别还是提高开环放大系数都会使相对稳定性变差,甚至会使系统变得不稳定。一般说来,相对稳定性表征暂态响应性能,暂态性能好的相对稳定性较大,暂态振荡性强的自然更接近于不稳定,相对稳定性较差。系统设计时应当兼顾稳态和暂态两类指标,使之达到合理的要求。

表6-1 不同型别系统的静态误差系数及典型输入函数作用下的稳态误差

系统型别	静态误差系数			典型输入函数下的稳态误差		
	K_p	K_v	K_a	$u(t)=U_1(t)$	$u(t)=Ut_1(t)$	$u(t)=\dfrac{U}{2}t_1^2(t)$
0型系统	K	0	0	$U/(1+K_p)$	∞	∞
I型系统	∞	K	0	0	U/K_v	∞
II型系统	∞	∞	K	0	0	U/K_a

例6.15 闭环系统动态结构图如图6-14所示,输入量为给定10V直流电压,输出量为电动机的转速 $c(t)$ (r/min),分别计算 $\alpha=0.01$ 和0.02时系统的稳态误差。

解 程序编写如下:

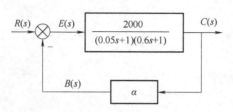

图 6-14   例 6.15 闭环系统结构图

```
num1=2000;
den1=conv([0.05,1],[0.6 1]);
a=0.01; %分别取 0.01 和 0.02
num2=a;
den2=1;
[num,den]=feedback(num1,den1,num2,den2,-1);     %闭环传递函数
p=roots(den);
if real(p)<0
    disp(['系统是稳定的'])
syms s Gk Kp
Gk=(2000*a)/((0.05*s+1)*(0.6*s+1));             %系统开环传递函数
Kp=limit(Gk,s,0);
ess=10/(1+Kp)                                    %计算系统稳态误差
else
    disp(['系统是不稳定的,没有稳态误差'])
end
```

程序运行后结果为

```
系统是稳定的
ess=10/21
```

当 $\alpha=0.02$ 时，程序运行后结果为

```
系统是稳定的
ess=10/41
```

从结果可以看出，当 α 增大后，系统的开环放大倍数增大，对应系统的稳态误差 ess 减小。

例 6.16   为了消除上例控制系统的稳态误差，在前向通道靠近输入端处接入一个积分环节（积分控制器），如图 6-15 所示，试计算系统的稳态误差。

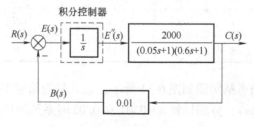

图 6-15   例 6.16 闭环系统结构图

解　程序编写如下：

```
num1=2000;
den1=conv([0.05,1 0],[0.6 1]);
num2=0.01;
den2=1;
[num,den]=feedback(num1,den1,num2,den2,-1);%闭环传递函数
p=roots(den);
if real(p)<0
    disp(['系统是稳定的'])
else
    disp(['系统是不稳定的,没有稳态误差'])
end
```

程序运行后结果为

```
系统是稳定的
```

根据表 6-1 中的结论，可知该系统的稳态误差为 0，即完全消除误差。

下面利用 Simulink 对系统进行建模，进一步验证结果的正确性，如图 6-16 所示。

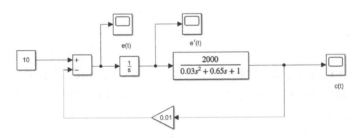

图 6-16　例 6.16 利用 Simulink 搭建仿真框图

仿真结果图如图 6-17~图 6-19 所示，从仿真曲线中可以看出系统的稳态误差值为 0，与理论分析结果一致。

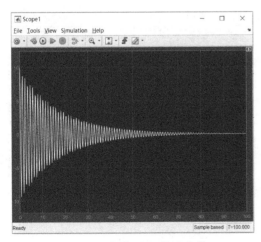

图 6-17　误差 $e(t)$ 仿真曲线

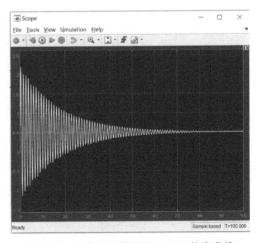

图 6-18　积分控制器输出 $e'(t)$ 仿真曲线

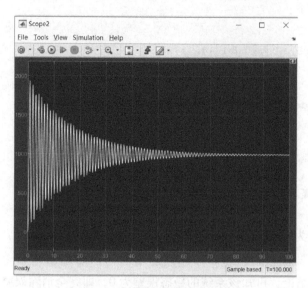

图 6-19　系统输出 $c(t)$ 仿真曲线

6.6　本章小结

　　本章主要介绍了控制系统的时域分析法，包括时域分析函数、性能指标、利用 MATLAB 函数对二阶系统和高阶系统的阶跃响应、稳定性、稳态误差进行分析，并应用实例对控制系统进行相应的性能分析。

7

第 7 章

根轨迹分析与设计

7.1 引言

根轨迹法提出让系统中容易设定的参数在可能的范围内连续变化，引起特征根也连续变化，将特征根的变化轨迹在根平面上绘制出来，从中选择响应性能好的特征根，即可确定对应的参数，这是根轨迹分析要完成的任务。根轨迹分析还讨论影响根轨迹改变的因素。当改变参数也找不到适合的特征根时，通过配置具有合适传递函数的控制器来改变系统的结构，从而获得好的特征根，这是系统校正要完成的任务。根轨迹法包括根轨迹分析法和根轨迹校正法。本章主要讲述 MATLAB 绘制根轨迹的基本方法，以及利用根轨迹对控制系统进行分析和校正。

7.2 根轨迹的绘制与分析

7.2.1 绘制常规根轨迹

1. 根轨迹方程

根轨迹就是系统中的某一参数从零到无穷大连续变化时，特征根按特征方程式跟随这个参数连续变化，在根平面上形成的连续变化的轨迹。

假设控制系统如图 7-1 所示，其中 $G(s)$ 是前向通道的传递函数，$H(s)$ 是反向通道的传递函数。

设开环传递函数为

$$G(s)H(s) = \frac{K\prod_{j=1}^{m}(\tau_j s + 1)}{s^v \prod_{i=1}^{n-v}(T_i s + 1)} \tag{7-1}$$

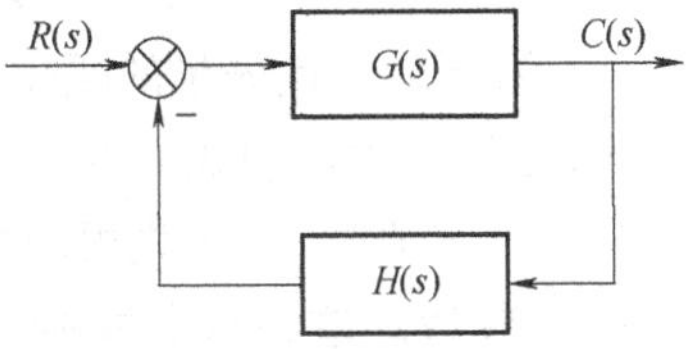

转换成零极点形式为

图 7-1 单闭环负反馈系统动态框图

$$G(s)H(s) = \frac{K\prod\limits_{j=1}^{m}\tau_j \cdot \prod\limits_{j=1}^{m}\left(s+\dfrac{1}{\tau_j}\right)}{\prod\limits_{i=1}^{n-v}T_i \cdot s^v \prod\limits_{i=1}^{n-v}\left(s+\dfrac{1}{T_i}\right)} = \frac{K_g\prod\limits_{j=1}^{m}(s+z_j)}{s^v\prod\limits_{i=1}^{n-v}(s+p_i)} = \frac{K_g\prod\limits_{j=1}^{m}(s+z_j)}{\prod\limits_{i=1}^{n}(s+p_i)} = \frac{K_g N(s)}{D(s)} \quad (7\text{-}2)$$

式中

$$K_g = \frac{\prod\limits_{j=1}^{m}\tau_j}{\prod\limits_{i=1}^{n-v}T_i}K \quad (7\text{-}3)$$

K_g 称为开环零极点放大系数（这里称为根轨迹放大系统），与开环放大系数 K 成正比。

$$N(s) = \prod_{j=1}^{m}(s+z_j) \quad (7\text{-}4)$$

$$D(s) = \prod_{i=1}^{n}(s+p_i) \quad (7\text{-}5)$$

闭环传递函数为

$$T(s) = \frac{G(s)}{1+G(s)H(s)} \quad (7\text{-}6)$$

特征方程为

$$1+G(s)H(s) = 1+\frac{K_g N(s)}{D(s)} = 0 \quad (7\text{-}7)$$

将式（7-7）适当变形，得到

$$\frac{N(s)}{D(s)} = \frac{\prod\limits_{j=1}^{m}(s+z_j)}{\prod\limits_{i=1}^{n}(s+p_i)} = -\frac{1}{K_g} \quad (7\text{-}8)$$

式（7-8）称为根轨迹方程，是特征方程的另一种表达形式。

为了便于绘制根轨迹，将式（7-8）分解成幅值和相角两个方程，分别称为幅值条件和相角条件。

$$\frac{\prod\limits_{j=1}^{m}|s+z_j|}{\prod\limits_{i=1}^{n}|s+p_i|} = \frac{1}{K_g} \quad (7\text{-}9)$$

$$\sum_{j=1}^{m}\alpha_j - \sum_{i=1}^{n}\beta_i = \pm 180°(1+2k) \quad (k=1,2,\cdots) \quad (7\text{-}10)$$

式中，α_j 为开环零点矢量的幅角；β_i 为开环极点矢量的幅角。

满足式（7-9）和式（7-10）的 s 值是根轨迹上的点。K_g 连续变化时，s 值也连续变化；K_g 为某一固定值时，s 值是根轨迹上固定的点。

2. 绘制根轨迹的基本规则

绘制根轨迹的基本规则如下：

（1）根轨迹的连续性　线性定常系统的特征方程是 s 的常系数代数方程。当系统中某一参数（参变量）连续变化时，引起特征方程的系数连续变化，n 个特征根也连续变化，说明根轨迹是连续的。

（2）根轨迹的分支数　n 阶特征方程有 n 个特征根，由根轨迹的连续性可知，n 个特征根连续变化会形成 n 条根轨迹分支。

（3）根轨迹的对称性　由于讨论的系统是线性定常系统，其特征方程的系数均为实数，故特征根为实数或共轭复数。它们分布在 S 平面的实轴或对称于实轴分布在复平面上，所以根轨迹关于实轴对称。

（4）根轨迹的起点和终点　根轨迹起始于开环极点，终止于开环零点。如果开环零点数目 m 小于开环极点数目 n，则有 $n-m$ 个根轨迹终止于无穷远处。

（5）实轴上的根轨迹　实轴上的某一段是否存在根轨迹取决于幅角条件是否得到满足。如果控制系统的开环零极点都不在实轴上，则实轴上不存在根轨迹。如果控制系统有实数的开环零极点，则实轴上有以开环零点或开环极点为区间端点的闭区间或半闭区间（根轨迹趋向于开环无限零点的情形）存在根轨迹，在那里相角条件得到满足。实轴上存在根轨迹的条件是实轴上某个开区间右侧的开环零极点数之和为奇数时，该区间存在根轨迹，为偶数时，该区间不存在根轨迹。

（6）根轨迹的分离点和会合点　当实轴上两个开环极点之间不存在开环零点，并且这段开区间的右侧有奇数个开环零极点时，这段区间的根轨迹从这两个开环极点出发，相向运动至区间内的某一点相遇，并在该点分离到复平面去。将在实轴上相遇并分离到复平面的点称为根轨迹的分离点。类似地，将复平面上关于实轴对称的两条根轨迹在实轴上某点会合后，在实轴上沿正负两个方向分离运动的点称为根轨迹的会合点。根轨迹分离点和会合点坐标满足方程

$$\frac{\mathrm{d}K_g(s)}{\mathrm{d}s} = 0 \tag{7-11}$$

（7）根轨迹的渐近线　当 $n>m$ 时，有 $n-m$ 条根轨迹趋向于无穷远。趋于无穷远处的渐近线均交于实轴上，实轴交点坐标为

$$-\sigma_k = -\frac{\displaystyle\sum_{i=1}^{n} p_i - \sum_{j=1}^{m} z_j}{n-m} \tag{7-12}$$

渐近线与实轴的夹角为

$$\varphi = \frac{\pm 180°(1+2k)}{n-m} \qquad (k=0,1,2,\cdots) \tag{7-13}$$

（8）根轨迹与虚轴的交点　有的控制系统在 K_g 比较小时是稳定的，随着 K_g 的增大变得不稳定，根轨迹上表现为有分支穿过虚轴进入了右半 S 平面；也有情形相反的，在 K_g 较小时系统不稳定，随着 K_g 的增大反而变得稳定，根轨迹上表现为有分支自右半 S 平面穿过虚轴进入了左半 S 平面。虚轴上点的 K_g 值称为临界根轨迹放大系数，用 K_l 表示。

（9）根轨迹的出射角和入射角　开环极点和开环零点以共轭复数形式分布在复平面上时，在根轨迹的起点存在出射角问题，在根轨迹的终点存在入射角问题。将实轴正方向与复平面上的开环极点处根轨迹的切线构成的夹角定义为出射角，将实轴正方向与复平面上的开环零点处根轨迹的切线构成的夹角定义为入射角，则由相角条件可以推导出计算出射角和入射角的公式。

一般地，出射角的计算公式可写成

$$\beta_{sc} = \pm 180°(1 + 2k) + \sum_{j=1}^{m} \alpha_j - \sum_{i=1}^{n-1} \beta_i \qquad (k = 1, 2, \cdots) \qquad (7\text{-}14)$$

式中，α_j 为 m 个开环零点与出射角处开环极点的矢量幅角；β_i 为出射角处开环极点以外的 $n-1$ 个开环极点与出射角处开环极点的矢量幅角。

类似地，可推导出入射角的计算公式，即

$$\alpha_{sr} = \pm 180°(1 + 2k) + \sum_{i=1}^{n} \beta_i - \sum_{j=1}^{m-1} \alpha_j \qquad (k = 1, 2, \cdots) \qquad (7\text{-}15)$$

式中，α_j 为入射角处开环零点以外的 $m-1$ 个开环零点与入射角处开环零点的矢量幅角；β_i 为 n 个开环极点与入射角处开环零点的矢量幅角。

3. 绘制根轨迹函数

常用的调用格式为

```
rlocus(sys)              %绘制系统根轨迹
rlocus(sys1,sys2,…)      %绘制多个系统的根轨迹
rlocus(sys,K)            %绘制增益为 K 时的闭环极点
[r,K]=rlocus(sys)        %得出闭环极点和对应的 K 值
```

例 7.1 已知单位负反馈系统，系统的开环传递函数为 $G(s)H(s) = \dfrac{K}{(s+1)(s+2)(s+4)}$，试绘制系统的根轨迹。

解 程序编写如下：

```
num=[1];                              %传递函数分子多项式系数
den=conv([1 1],conv([1 2],[1 4]));    %传递函数分母多项式系数
sys=tf(num,den);                      %建立传递函数模型
rlocus(sys)                           %绘制根轨迹
title('根轨迹图')                       % 添加图标题
```

程序运行后可得图 7-2 所示的根轨迹。

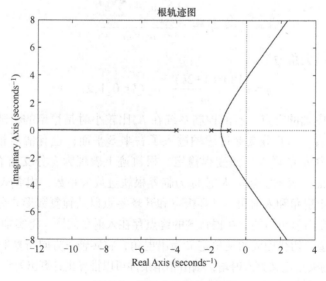

图 7-2 例 7.1 的根轨迹图

4. 绘制带有等阻尼线和等自然振荡角频率的根轨迹函数

常用的调用格式为

```
sgrid()              %在根轨迹图上绘制出栅格线,栅格线由等阻尼系数与自然振荡角频率构成
sgrid(zeta,wn)       %函数可以指定阻尼系数 zeta 与自然振荡角频率 wn
```

例 7.2　已知单位负反馈系统，系统的开环传递函数为 $G(s)H(s) = \dfrac{3s+5}{s^3+5s^2+6s+2}$，试绘制系统的根轨迹。

解　程序编写如下：

```
num=[3 5];                %传递函数分子多项式系数
den=[1 5 6 2];            %传递函数分母多项式系数
sys=tf(num,den);         %建立传递函数模型
rlocus(sys)              %绘制根轨迹
sgrid                    %绘制带有栅格的根轨迹
title('带栅格线的根轨迹')   % 添加图标题
```

程序运行后可得图 7-3 所示的根轨迹。

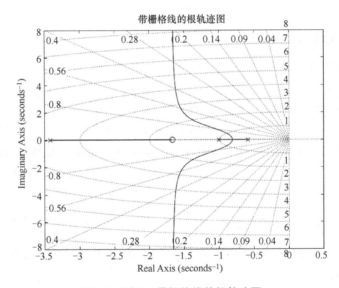

图 7-3　例 7.2 带栅格线的根轨迹图

例 7.3　针对例 7.2 系统的开环传递函数，试绘制阻尼比 $\zeta = 0.6$ 和无阻尼自然频率 $\omega_n = 5$ 的等值栅格线根轨迹。

解　程序编写如下：

```
num=[3 5];                %传递函数分子多项式系数
den=[1 5 6 2];            %传递函数分母多项式系数
sys=tf(num,den);         %建立传递函数模型
rlocus(sys)              %绘制根轨迹
sgrid(0.6,5)            %绘制等值栅格线
```

运行结果如图 7-4 所示。

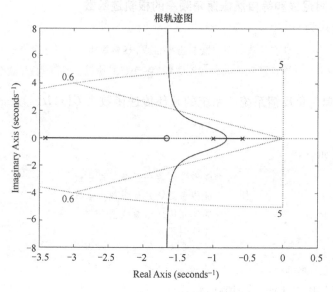

图 7-4　例 7.3 的根轨迹图

7.2.2　计算根轨迹增益函数

常用的调用格式为

```
rlocfind(sys)                      %计算与根轨迹上极点相对应的根轨迹增益
[K,poles]=rlocfind(sys)            %确定闭环特征根位置及对应增益值 K 的函数
[K,poles]=rlocfind(sys, p)         %计算给定值 p 对应的增益 K 与极点 poles
```

绘制完根轨迹后，执行 rlocfind 命令时，会出现一个十字线用于选择希望的闭环极点。当用鼠标左键选定根轨迹上的一点时，就可得到该点对应的增益 K 和闭环特征根极点，所选的极点在图中以"+"表示。

例 7.4　已知某单位负反馈系统的开环传递函数为 $G(s)H(s) = \dfrac{K(s+6)}{s(s+1)(s+3)}$，试绘制系统的根轨迹，并在根轨迹图上任选一点，计算该点的增益 K 及其所有极点的位置。

解　程序编写如下：

```
num=[1 6];                        %传递函数分子多项式系数
den=conv([1 0],conv([1 1],[1 3]));  %传递函数分母多项式系数
sys=tf(num,den);                  %建立传递函数模型
rlocus(sys)                       %绘制根轨迹
title('根轨迹图')                  %添加图标题
[K,poles]=rlocfind(sys)           %计算期望闭环极点即该点的增益
```

程序运行后结果如下：

```
Select a point in the graphics window
selected_point=
  -0.3081+1.3946i
K=1.1503
```

```
poles =
  -3.3762+0.0000i
  -0.3119+1.3954i
  -0.3119-1.3954i
```

运行结果如图 7-5 所示。

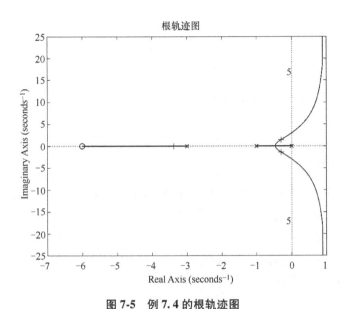

图 7-5 例 7.4 的根轨迹图

7.2.3 利用根轨迹判断分析系统的性能

例 7.5 已知某单位负反馈系统的开环传递函数为 $G(s)H(s) = \dfrac{K}{s(s+1)(0.5s+1)}$。

1）试判断 K 在 $[1, 10]$ 区间内闭环系统的稳定性；

2）试绘制该系统的常规根轨迹图，并对系统判稳；

3）分别绘制 $K=1$，3，5 时的闭环系统单位阶跃响应曲线。

解 1）程序编写如下：

```
num=[1];                     %传递函数分子多项式系数
den=conv([1 1 0], [0.5 1]);  %传递函数分母多项式系数
for K=1:10;
    poles=rlocus(num,den,K);
    if real(poles)<0          %判断是否稳定
        disp(['K=',num2str(K),'系统是稳定的!']);
    else
        disp(['K=',num2str(K),'系统是不稳定的!']);
    end
end
```

程序运行后结果如下：

135

```
K=1 系统是稳定的！
K=2 系统是稳定的！
K=3 系统是不稳定的！
K=4 系统是不稳定的！
K=5 系统是不稳定的！
K=6 系统是不稳定的！
K=7 系统是不稳定的！
K=8 系统是不稳定的！
K=9 系统是不稳定的！
K=10 系统是不稳定的！
```

2）绘制常规根轨迹图。程序编写如下：

```
num=[1];                        %传递函数分子多项式系数
den=conv([1 1 0],[0.5 1]);      %传递函数分母多项式系数
sys=tf(num,den);                %建立传递函数模型
rlocus(sys)                     %绘制系统的根轨迹
[K,poles]=rlocfind(sys)         %用鼠标确定根轨迹上某一点的增益值 K 和该点对应的 n 个
                                  闭环根
```

程序运行后结果如下：

```
Select a point in the graphics window
selected_point=0.0095+1.3760i
K=2.8597
poles=
  -2.9741+0.0000i
  -0.0129+1.3867i
  -0.0129-1.3867i
```

运行结果如图 7-6 所示。

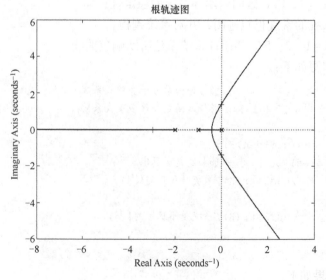

图 7-6　例 7.5 的根轨迹图

从图 7-6 中可以大致看出 $K=3$ 时，系统可能是临界稳定的。下面进行稳定性判断。

首先，获得系统的闭环特征方程如下：

$$s(s+1)(0.5s+1)+K=0 \tag{7-16}$$

然后，程序编写如下：

```
p=[0.5 1.5 1 3];
roots(p)
```

程序运行结果如下：

```
ans =
  -3.0000+0.0000i
   0.0000+1.4142i
   0.0000 - 1.4142i
```

最后，通过运行结果发现有一对纯虚根的特征根，因此系统处于临界稳定状态。

结论：参数从（0→3）变动时，根轨迹均在 S 平面虚轴的左侧，对应的系统闭环是稳定的。一旦根轨迹穿越虚轴到达其右侧，对应的 $K>3$，那么系统闭环就不稳定。当在根轨迹实轴上的区段时，对应着系统闭环阶跃响应无超调，系统闭环稳定。当不在根轨迹实轴上的区段时，系统闭环特征方程出现了共轭复根，意味着系统闭环阶跃响应有超调，但系统闭环还是稳定的。

3）分别绘制不同 K 值的闭环系统单位阶跃响应曲线。程序编写如下：

```
t=0:0.01:30;
num=K*[1];
den=conv(conv([1 0],[1 1]),[0.5 1]);
s1=tf(num,den);
sys=feedback(s1,1);
step(sys,t)
```

当 $K=1$ 时，运行结果如图 7-7 所示。

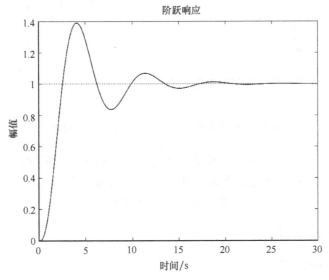

图 7-7　$K=1$ 时闭环系统的单位阶跃响应曲线

当 $K=3$ 时，运行结果如图 7-8 所示。

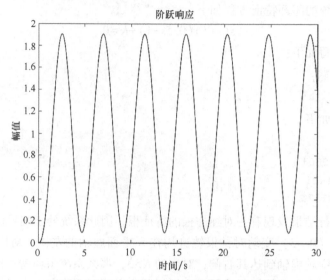

图 7-8　$K=3$ 时闭环系统的单位阶跃响应曲线

当 $K=5$ 时，运行结果如图 7-9 所示。

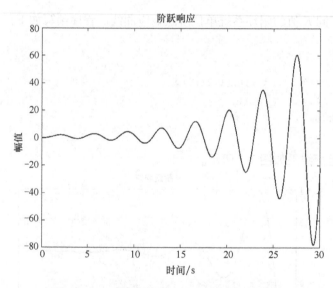

图 7-9　$K=5$ 时闭环系统的单位阶跃响应曲线

从图 7-7~图 7-9 可以进一步验证 K 值的变化影响着系统的稳定性能。当 $K=1$ 时，系统是稳定的，响应曲线呈收敛状态；当 $K=3$ 时，系统处于临界稳定，响应曲线呈等幅振荡状态；当 $K=5$ 时，系统是不稳定的，响应曲线呈发散状态。

7.2.4　其他形式根轨迹

1. 绘制时滞系统根轨迹

如果系统开环传递函数中含有滞后环节 $e^{-\tau s}$，则根轨迹有以下形式：

$$G(s)H(s) = \frac{K\prod_{j=1}^{m}(\tau_j s + 1)}{s^v \prod_{i=1}^{n-v}(T_i s + 1)}e^{-\tau s} \qquad (7\text{-}17)$$

将 $e^{-\tau s}$ 环节写成以下形式：

$$e^{-\tau s} = \frac{1}{e^{\tau s}} \qquad (7\text{-}18)$$

对 $e^{\tau s}$ 按泰勒级数展开

$$e^{\tau s} = 1 + \tau s + \frac{\tau^2 s^2}{2!} + \frac{\tau^3 s^3}{3!} + \cdots \qquad (7\text{-}19)$$

更精确一些的可用所谓的 Pade 展开式，得到

$$e^{-\tau s} = \frac{1 - \dfrac{\tau s}{2} + \dfrac{(\tau s)^2}{8} - \dfrac{(\tau s)^3}{48} + \cdots + (-1)^n \dfrac{(\tau s)^n}{n!\ 2^n}}{1 + \dfrac{\tau s}{2} + \dfrac{(\tau s)^2}{8} + \dfrac{(\tau s)^3}{48} + \cdots + \dfrac{(\tau s)^n}{n!\ 2^n}} \qquad (7\text{-}20)$$

例 7.6　已知某单位负反馈系统的开环传递函数为 $G(s)H(s) = \dfrac{K}{(s+1)(s+3)(s+5)}e^{-2s}$，试绘制时滞系统的根轨迹。

解　程序编写如下：

```
num=[1];
den=conv(conv([1 1],[1 3]),[1 5]);
sys=tf(num,den);
[ny,dy]=pade(2,2);
sysy=sys*tf(ny,dy);
rlocus(sysy)
title('时滞系统根轨迹')
```

程序运行后可得图 7-10 所示的根轨迹。

2. 绘制零度根轨迹

前述的根轨迹满足的幅角条件为 $\pm 180°(1+2k)$，又称为 $180°$ 根轨迹。$180°$ 根轨迹的幅角条件是由根轨迹方程右侧的负号引起的，如果右侧的符号为正，则开环零极点矢量的幅角代数和必须满足 $360°k$（$k=0$，1，2，$\cdots$）的幅角条件，将这类根轨迹称为零度根轨迹（或 $360°$ 根轨迹）。

零度根轨迹方程具有以下形式：

$$\frac{N(s)}{D(s)} = \frac{\prod_{j=1}^{m}(s+z_j)}{\prod_{i=1}^{n}(s+p_i)} = \frac{1}{K_g} \qquad (7\text{-}21)$$

式中，$N(s) = \prod_{j=1}^{m}(s+z_j)$ 为 m 个根轨迹开环零点矢量积；$D(s) = \prod_{i=1}^{n}(s+p_i)$ 为 n 个根轨迹开环极点矢量积。零度根轨迹与常规根轨迹的幅值条件相同，幅角条件为

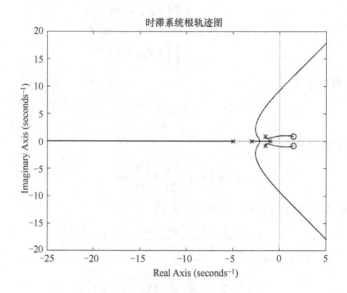

图 7-10 例 7.6 的根轨迹图

$$\sum_{j=1}^{m} \angle(s+z_j) - \sum_{i=1}^{n}(s+p_i) = \sum_{j=1}^{m} \alpha_j - \sum_{i=1}^{n} \beta_i = 360°k \quad (k=0,1,2,\cdots) \qquad (7\text{-}22)$$

式中，$\sum\limits_{j=1}^{m} \angle(s+z_j) = \sum\limits_{j=1}^{m} \alpha_j$ 为 m 个根轨迹零点矢量幅角的代数和；$\sum\limits_{i=1}^{n}(s+p_i) = \sum\limits_{i=1}^{n} \beta_i$ 为 n 个根轨迹极点矢量幅角的代数和。由于幅角条件不同于 180° 根轨迹，所以涉及幅角条件的几条绘制根轨迹的规则需要更改。

（1）实轴上的零度根轨迹　实轴上存在零度根轨迹的条件是这段开区间的右侧有偶数个开环零极点，右侧有奇数个开环零极点的区间不存在根轨迹。

（2）零度根轨迹的渐近线与实轴的夹角　零度根轨迹的渐近线与实轴的夹角由式（7-23）确定

$$\varphi_k = \frac{360° \times k}{n-m} \quad (k=0,1,2,\cdots) \qquad (7\text{-}23)$$

（3）零度根轨迹的出射角和入射角　零度根轨迹出射角的计算公式为

$$\beta_{sc} = 360° \times k + \sum_{j=1}^{m} \alpha_j - \sum_{i=1}^{n-1} \beta_i \quad (k=0,1,2,\cdots) \qquad (7\text{-}24)$$

入射角的计算公式为

$$\alpha_{sr} = 360° \times k + \sum_{i=1}^{n} \beta_i - \sum_{j=1}^{m-1} \alpha_j \quad (k=0,1,2,\cdots) \qquad (7\text{-}25)$$

余下的根轨迹绘制规则均适用于零度根轨迹。

例 7.7　某双闭环控制系统的内环是单位正反馈，内环的开环传递函数为

$$G(s) = \frac{K_g(s+2)}{s^2+2s+2}$$

试绘制以 K_g 为参变量的内环根轨迹。

解　首先，通过理论分析可知该正反馈根轨迹为零度根轨迹。

程序编写如下：

```
num=[1 2];
den=[1 2 2];
sys=tf(num,den);
rlocus(-sys)   %
title('系统零度根轨迹')
```

程序运行后可得图 7-11 所示的根轨迹。

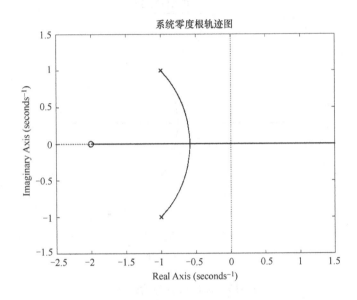

图 7-11　例 7.7 的根轨迹图

3. 绘制广义根轨迹

将开环传递函数中除了开环放大系数 K 以外的参数作为参变量的根轨迹称为广义根轨迹（也称为参数根轨迹）。绘制广义根轨迹要先将参变量从特征方程中剥离出来，按照根轨迹方程使参变量充当 K_g，K_g 从 $0 \rightarrow \infty$ 连续变化的根轨迹遵从常规根轨迹的绘制规则。

例 7.8　已知某单位负反馈控制系统的开环传递函数为

$$G(s)H(s) = \frac{20(\tau s+1)}{s(s+3)}$$

试绘制以 τ 为参变量的根轨迹。

解　首先，特征方程式为

$$s^2 + 3s + 20 + 20\tau s = 0$$

以 τ 为参变量的根轨迹方程为

$$\frac{s}{s^2+3s+20} = -\frac{1}{20\tau} = -\frac{1}{K_g}$$

式中，$K_g = 20\tau$。

程序编写如下：

```
num=[1 0];
den=[1 3 20];
sys=tf(num,den);
rlocus(sys)
title('广义根轨迹')
```

程序运行后可得图 7-12 所示的根轨迹。

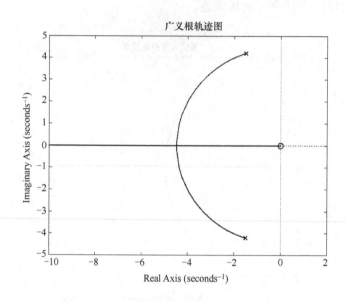

图7-12　例7.8的广义根轨迹图

除此之外，可以直接求取系统特征根（即闭环系统极点），进而描点绘制根轨迹。
程序编写如下：

```
K=20;
den=[1 3 0];
tzg=[]; %定义数组存储结果
bl=[];
for tao=0:0.01:0.7
    num=[0 K*tao K];
    p1=num+den;
    p=roots(p1);
    tzg=[tzg; p'];
    bl=[bl;tao];
end
plot(tzg,'+')
title('描点绘制广义根轨迹')
```

程序运行后可得图 7-13 所示的根轨迹。

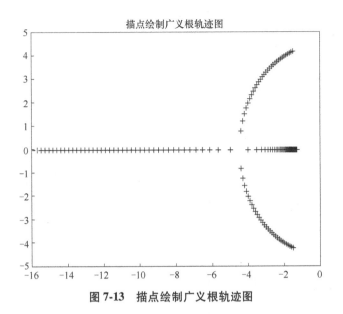

图 7-13　描点绘制广义根轨迹图

7.3　根轨迹的校正设计

当系统性能指标是以时域指标给出时，应用根轨迹法校正更直接。固有传递函数的闭环特征根在 S 平面上是有确定点的，改变开环放大系数可以使闭环特征根沿根轨迹移动，结果可能有两种情形：一种情形是开环放大系数在某个数值下或某个取值范围内特征根的分布能够满足系统性能的要求，于是只要调节开环增益就可以；另一情形是根轨迹上没有合乎要求的特征根，这时需要在 S 平面上先选定一个期望的闭环主导极点，再通过串联合适的校正装置使校正后的根轨迹通过这一点，并且确定开环增益使串联后的一个特征根就是该点，其余的特征根比这个特征根更远离虚轴，以确保选定点的闭环主导极点地位。由根轨迹的理论可知，若在固有开环传递函数中配置一个开环零点或有零点性质的开环零极点对，则可使原根轨迹向左偏移，若配置一个开环极点或有极点性质的零极点对，则可使原根轨迹向右偏移。只要零极点对配置适当，使期望点成为校正后的闭环主导极点是可以实现的。配置开环零点或具有零点性质的零极点对需要由超前网络来实现，配置开环极点或具有极点性质的开环零极点对需要由滞后网络来实现。一般靠期望的闭环主导极点来改善的响应性能主要是暂态性能，稳态性能还需另行考虑，根轨迹法调节稳态性能常常通过配置开环偶极子来实现。根轨迹法串联校正包括超前校正、滞后校正和滞后-超前校正。

7.3.1　根轨迹串联超前校正

例 7.9　已知某单位负反馈控制系统的开环传递函数为

$$G_1(s) = \frac{5}{s(s+2)}$$

要求校正后的指标满足阶跃响应的最大超调量 $\sigma\% \leqslant 10\%$，5% 误差带下的调节时间 $t_s \leqslant 1.5\text{s}$。试采用根轨迹串联超前校正确定校正装置的传递函数。

解 1）计算原系统的性能指标。程序编写如下：

```
num=5;
den=[1 2 0];
G1=tf(num,den);
sys1=feedback(G1,1); %闭环系统传递函数
step(sys1) %单位阶跃响应曲线
```

程序运行后可得图 7-14 所示曲线。

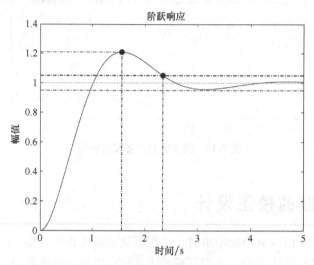

图 7-14 原系统的阶跃响应曲线

在阶跃响应曲线上单击鼠标右键，选择弹出的菜单"Charateristics"，分别选择"Peak Response"和"Setting Time"便可以得到系统的超调 $\sigma\% = 20.8\%$ 和调节时间 $t_s = 2.35\text{s}$，可见系统不满足要求。

2）确定期望主导极点的位置。由给定的最大超调量

$$\sigma\% = \mathrm{e}^{-\frac{\zeta\pi}{\sqrt{1-\zeta^2}}} \times 100\% \leqslant 10\%$$

计算的阻尼比为

$$\zeta \geqslant 0.59$$

这里取 $\zeta = 0.65$，阻尼角 $\beta = \arccos\zeta = 51.3°$。由调节时间指标 $t_s = \dfrac{3}{\zeta\omega_n} \leqslant 1.5\text{s}$，确定的自然振荡角频率为

$$\omega_n \geqslant \frac{3}{1.5\zeta} = \frac{3}{1.5 \times 0.65} = 3.1\text{rad/s}$$

取 $\omega_n = 3.6$。

程序编写如下：

```
zeta=0.65;
wn=3.6;
[num,den]=ord2(wn,zeta);
s=roots(den) %计算期望的主导极点
```

运行程序后可得期望的闭环主导极点为

$$s_{1,2}=-2.3400\pm j2.7358$$

3）确定补偿角。将特征根代入固有开环传递函数中，然后判断需提供相应幅角的大小。

程序编写如下：

```
s1=s(1);
numG=G1.num{1};
denG=G1.den{1};
n1=polyval(numG,s1);
d1=polyval(denG,s1);
g=n1/d1;
theta_G1=atan(imag(g)/real(g))
if theta_G1<0
   theta_G1=180+atan(imag(g)/real(g))*180/pi
else
   theta_G1=atan(imag(g)/real(g))*180/pi
end
fai_c=180-theta_G1
```

程序运行后可得

```
fai_c=47.6260°
```

4）计算校正装置的零极点。φ_c是一个正角度，需要配置一个开环零点或具有零点性质的开环零极点对来提供 47.6260°的超前相角，使校正后的根轨迹经过该点。采用串联超前校正，其传递函数为

$$G_c(s)=\frac{s-z_c}{s-p_c}$$

其分布情况如图 7-15 所示。

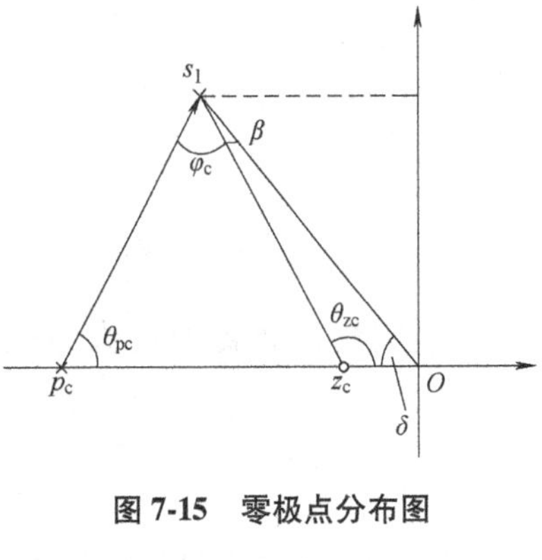

图 7-15　零极点分布图

在图 7-15 中利用几何分析方法可知

$$\beta=180°-\theta_{zc}-\delta \tag{7-26}$$

在 $\Delta s_1 z_c O$ 中，利用正弦定理

$$\frac{\sin\beta}{|z_c|}=\frac{\sin\theta_{zc}}{|s_1|} \tag{7-27}$$

整理计算可得

$$|z_c|=|s_1|\frac{\sin\beta}{\sin\theta_{zc}} \tag{7-28}$$

展开得

$$\begin{aligned}|z_c|&=|s_1|\frac{\sin\theta_{zc}\cos\delta+\cos\theta_{zc}\sin\delta}{\sin\theta_{zc}}\\&=|s_1|(\cos\delta+\cot\theta_{zc}\sin\delta)\end{aligned} \tag{7-29}$$

因为

$$\cot\theta_{zc} = \frac{|\mathrm{Re}(s_1)| - |z_c|}{\mathrm{Im}(s_1)} \tag{7-30}$$

将式（7-30）代入式（7-29）中，整理后得

$$|z_c| = |s_1|\frac{[\mathrm{Im}(s_1)\cos\delta + |\mathrm{Re}(s_1)|\sin\delta]}{\mathrm{Im}(s_1) + |s_1|\sin\delta} \tag{7-31}$$

又因为

$$\theta_{pc} = \theta_{zc} - \varphi_c \tag{7-32}$$

$$\tan\theta_{pc} = \frac{\mathrm{Im}(s_1)}{|p_c| - |\mathrm{Re}(s_1)|}$$

所以有

$$|p_c| = \frac{\mathrm{Im}(s_1)}{\tan\theta_{pc}} + |\mathrm{Re}(s_1)|$$

程序编写如下：

```
deta=180-angle(s1)*180/pi;
Ms=abs(s1);
zc=-(Ms*(imag(s1)*cos(deta*pi/180)+abs(real(s1))*sin(deta*pi/180))/
(imag(s1)+Ms*sin(deta*pi/180)))
theta_zc=acot((abs(zc)-abs(real(s1)))/imag(s1))*180/pi;
if theta_zc<0
    theta_zc=180+acot((abs(zc)-abs(real(s1)))/imag(s1))*180/pi;
else
    theta_zc=acot((abs(zc)-abs(real(s1)))/imag(s1))*180/pi;
end
theta_pc=theta_zc-fai_c;
pc=-(imag(s1)/tan(theta_pc*pi/180)+abs(real(s1)))
```

程序运行后可得

```
zc=-2.34
pc=-5.3388
```

5）确定校正装置的放大系数。根据上面程序运行结果，得到零极点对的传递函数为

$$G_c'(s) = \frac{s+2.34}{s+5.3388}$$

显然，可获得的满足相角条件的零极点对不唯一。由幅值条件可确定该点的根轨迹放大系数。配置了零极点的开环传递函数为

$$G(s) = G_1(s)G_c'(s) = \frac{5}{s(s+2)}\frac{K_{gc}(s+2.34)}{(s+5.3388)} = \frac{K_g(s+2.34)}{s(s+2)(s+5.3388)}$$

由于系统是单位负反馈，故根轨迹方程为

$$\frac{s+2.34}{s(s+2)(s+5.3388)} = -\frac{1}{K_g}$$

满足幅值条件时，根轨迹放大系数为

$$K_g = \frac{|s_1| \cdot |s_1+2| \cdot |s_1+5.3388|}{|s_1+2.34|}$$

$$K_{gc} = \frac{K_g}{5}$$

程序编写如下：

```
Kg=abs(s1)*abs(s1+2)*abs(s1-pc)/abs(s1-zc)
Kgc=Kg/5
```

程序运行后可得

```
Kg=14.7255
Kgc=2.9451
```

则校正网络的传递函数为

$$G_c(s) = 2.9451 \frac{s+2.34}{s+5.3388}$$

6）仿真结果。首先绘制校正前后的根轨迹图，程序编写如下：

```
num1=[1];
den1=[1 2 0];
sys1_g1=tf(num1,den1);
numc=[1 -zc];
denc=conv([1 2 0],[1 -pc]);
sys_g=tf(numc,denc)
rlocus(sys1_g1,'-.b',sys_g,'-r')
legend('超前校正前','超前校正后')
```

程序运行后可得图 7-16 所示曲线。

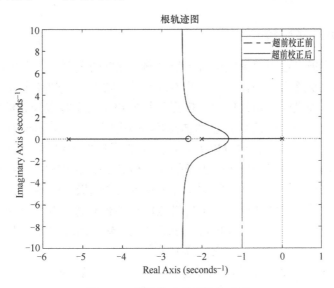

图 7-16 超前校正前后根轨迹图

从根轨迹图可以看出，校正后系统根轨迹向左偏移，从而提高了系统的相对稳定性。
然后绘制校正前后系统的单位阶跃响应曲线图，分析仿真结果。

程序编写如下：

```
sys = feedback(Kg * sys_g,1)
step(sys1,'-.b',sys,'-r')
legend('超前校正前','超前校正后')
```

程序运行后可得图 7-17 所示曲线。

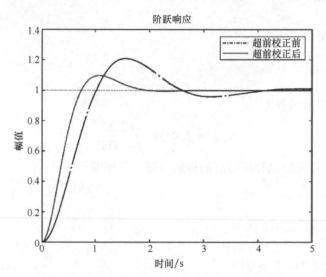

图 7-17　超前校正前后系统的单位阶跃响应曲线

在超前校正后的阶跃响应曲线上单击鼠标右键，选择弹出的菜单"Charateristics"，分别选择"Peak Response"和"Setting Time"便可以得到系统的超调 $\sigma\% = 9.76\%$ 和调节时间 $t_s = 1.47s$，可见系统满足要求。

7.3.2　根轨迹串联滞后校正

选定的闭环主导极点位于原系统根轨迹的右侧、虚轴的左侧时，需配置具有滞后相移的零极点对，以使得根轨迹向右偏移，这样的零极点对等效于一个开环小极点。对第 Ⅱ 象限的闭环主导极点而言，提供的相角是负的（极点矢量的幅角大于零点矢量的幅角），属于根轨迹串联滞后校正。根轨迹串联滞后校正的典型应用是引入一对靠近原点的开环负实数偶极子，使得根轨迹形状基本不变，但可以大幅提高系统开环放大倍数，从而改善系统稳态性能。采用串联开环偶极子校正，由于偶极子的极距相对于闭环主导极点来说很小，并且极点比零点更靠近坐标原点，位于第 Ⅱ 象限的闭环主导极点至偶极子的零点矢量的幅角代数和也很小且是负的，因此该角度使得闭环主导极点附近的根轨迹产生微小的右向偏移；并且，由于偶极子至闭环主导极点的矢量模也近似相等，说明新的闭环主导极点与原系统的相差无几，故可以认为动态响应仍在满足要求的范围之内。

例 7.10　已知某单位负反馈控制系统的固有开环传递函数为

$$G_1(s) = \frac{35}{s(s+3)(s+5)}$$

如果认为该固有特性的动态响应性能指标已满足要求并且略有余量，那么试问如何校正能够将速度误差系数提高为原来的 10 倍？

解　1）取偶极子的传递函数为

$$G_c(s) = \frac{s+0.01}{s+0.001}$$

2）校正后系统的开环传递函数为

$$G(s) = G_1(s)G_c(s) = \frac{35(s+0.01)}{s(s+3)(s+5)(s+0.001)}$$

3）速度误差系数为

$$k_v = \lim_{s\to0}sG(s) = \lim_{s\to0}s\frac{35(s+0.01)}{s(s+3)(s+5)(s+0.001)} = 10k_{v1} = 23.3(1/s)$$

式中

$$k_{v1} = \lim_{s\to0}s\frac{35}{s(s+3)(s+5)} = 2.33(1/s)$$

k_{v1} 是校正前的速度误差系数。可见，校正后的稳态速度误差系数增大为原来的 10 倍。

4）绘制校正后系统的根轨迹图。程序编写如下：

```
num1=[1];
den1=conv([1 3 0],[1 5]);
sys1_g=tf(num1,den1);
num=[1 0.01];
den=conv([1 3 0],conv([1 5],[1 0.001]));
sys_g=tf(num,den);
rlocus(sys1_g,'-.b',sys_g,'-r')
legend('滞后校正前','滞后校正后')
```

程序运行后可得图 7-18 所示曲线。

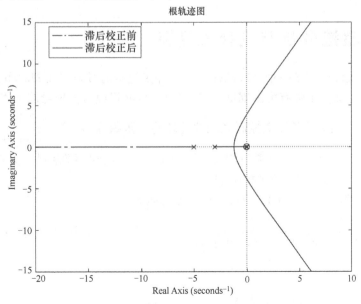

图 7-18　滞后校正前后系统根轨迹图

5）绘制校正前后系统的单位阶跃响应曲线。程序编写如下：

```
sys1=feedback(sys1_g*35,1);
sys=feedback(sys_g*35,1);
step(sys1,'-.b',sys,'-r')
legend('滞后校正前','滞后校正后')
```

程序运行后可得图 7-19 所示曲线。

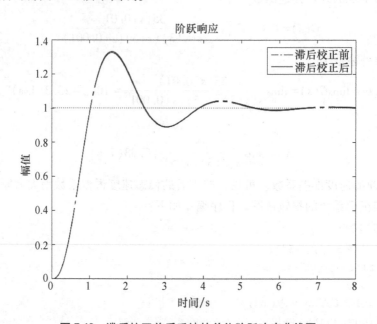

图 7-19　滞后校正前后系统的单位阶跃响应曲线图

可以看出，添加滞后校正后对系统阶跃响应的动态性能影响不大，但校正后的稳态速度误差系数增大为原来的 10 倍，提高了系统的稳态性能。

7.4　根轨迹分析与设计工具箱

校正装置的设计过程是一个多次试探并带有许多经验的过程，而 Matlab 工具箱 rltool 为控制系统校正设计提供了强有力的辅助手段，使用 rltool 可以方便地绘制系统的根轨迹。

例 7.11　已知某单位负反馈控制系统的开环传递函数为 $G(s) = \dfrac{1}{s^2(s+10)}$，试用根轨迹设计器对系统进行补偿设计，使系统单位阶跃给定响应一次超调即衰减；并在根轨迹设计器中观察根轨迹图，以及系统阶跃响应曲线。

解　1）打开根轨迹设计 GUI 窗口。程序编写如下：

```
n1=[1];
d1=conv([1 0],conv([1 0],[1 10]));
sys=tf(n1,d1);
rltool(sys)
```

程序运行后得到图 7-20 所示结果。

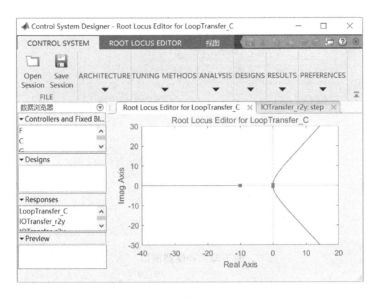

图 7-20 rltool 根轨迹设计 GUI 图

2）然后单击"ARCHITECTURE"按钮，选择"Edit Architecture"，如图 7-21 所示。在这里可以选择校正装置的类型，其中 F 为前滤波器，C 为补偿器，G 为控制对象模型，H 为反馈环节。本例中选择第一个结构框图，然后单击"OK"按钮。

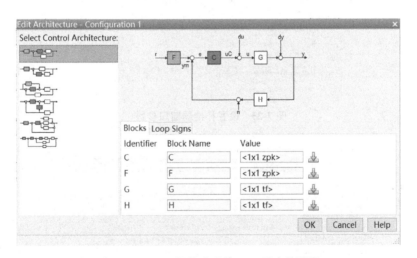

图 7-21 rltool 根轨迹设计 GUI 图中的子图

3）然后在图 7-20 中单击左侧控制器 C，右键打开选择"Open Selection"，如图 7-22 所示。

然后设置补偿器参数，包括零极点增益。设置增益直接在上面窗口中修改，设置零极点在 Dynamics 模块中右键单击"Add Pole and Zero"，这样就可以加入想要的零极点。在本例中设置增益为 60，零点为-1.6，如图 7-23 所示。

关闭上述窗口之后，根轨迹图变为如图 7-24 所示。

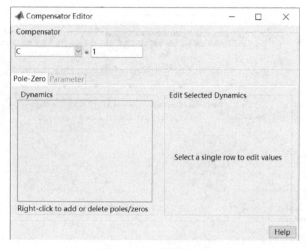

图 7-22　补偿器窗口

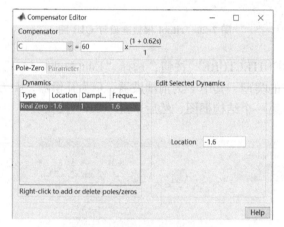

图 7-23　设置补偿器窗口参数

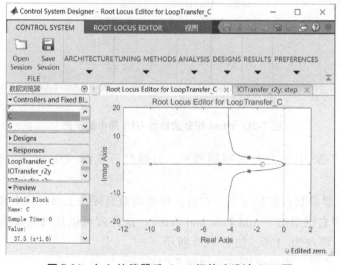

图 7-24　加入补偿器后 rltool 根轨迹设计 GUI 图

4）切换图标，单击"IOTransfer_r2y：step"，可以获得该系统校正后的单位阶跃响应曲线，如图 7-25 所示。

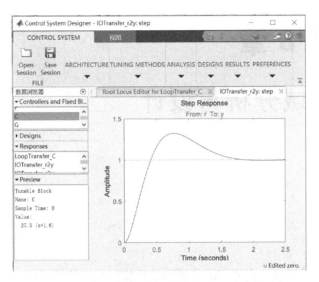

图 7-25　加入补偿器后系统的单位阶跃响应曲线

从以上的分析结果可知，加入补偿器后系统稳定控制性能明显提高，利用 rltool 根轨迹还可以在根轨迹上增加或者删除零极点，非常方便。

7.5　本章小结

本章主要介绍了根轨迹分析与设计方法，主要包括采用 MATLAB 函数对控制系统进行根轨迹绘制与分析、根轨迹的校正与分析，以及利用 MATLAB 工具箱对控制系统进行根轨迹的分析和设计，根据所得曲线分析控制系统的性能。

8

第 8 章

频域分析与设计

8.1 引言

与根轨迹法相似，频域法是常用的分析和校正控制系统的另一种经典方法。根轨迹法通过研究闭环极点在复平面（复频域）S 上的分布来揭示控制系统的运动规律，频域法只在频率域内研究控制系统的运动规律。由于频率域 ω 是复频域 S 的子域（$\sigma = 0$），所以二者应有共性。频域法分为频域分析法和频域校正法。频域分析的目的在于获得良好的动态和稳态性能，而实现这一目则是通过系统校正完成的。就校正而言，应用频域法更加灵活。

控制系统的频率特性反映的是系统对正弦输入信号的响应性能。针对稳定的线性定常系统，在正弦函数输入下，稳态输出与输入之比称为系统的频率特性函数。频域分析法是一种图解分析法，它根据系统频率特性对系统性能进行分析。常用的图形有奈奎斯特（Nyquist）图、伯德（Bode）图、尼克尔斯（Nichols）图等。最常用的是 Bode 图，它包括幅频特性和相频特性两条曲线。MATLAB 提供了多种求取并绘制频率响应曲线的函数，使得复杂计算变得简单和方便。

8.2 绘制 Nyquist 图

Nyquist 曲线是幅相频率特性曲线，以 ω 为参变量，将幅频特性和相频特性绘制在直角坐标系上，如图 8-1 所示，实轴代表实频值，虚轴代表虚频值。

控制系统频率特性函数有以下形式：

$$G(j\omega) = A(\omega)e^{j\varphi(\omega)} = P(\omega) + jQ(\omega) \tag{8-1}$$

$$A(\omega) = \sqrt{P^2(\omega) + Q^2(\omega)} \tag{8-2}$$

$$\varphi(\omega) = \arctan\frac{Q(\omega)}{P(\omega)} \tag{8-3}$$

式中，$A(\omega)$ 称为幅频特性；$\varphi(\omega)$ 称为相频特性；$P(\omega)$ 称为实频特性；$Q(\omega)$ 称为虚频特性。

MATLAB 提供了绘制系统 Nyquist 图的函数 nyquist()，

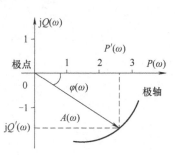

图 8-1　幅相坐标系

其语句格式为

```
nyquist(G)               %绘制 Nyquist 图,G 为系统数学模型
nyquist(G,w)             %绘制指定角频率下系统的 Nyquist 图,w 为频率
nyquist(G1,G2,…)         %绘制多条 Nyquist 图
[re,im]=nyquist(G,w)     %获得频率 w 对应的实轴和虚轴,re 为频率特性的实部,im 为虚部
[re,im,w]=nyquist(G)     %获得实部、虚部和频率
```

例 8.1 已知系统的状态空间方程式

$$\begin{cases} \dot{x}(t) = Ax(t) + Bu(t) \\ y(t) = Cx(t) \end{cases}$$

式中，$A = \begin{bmatrix} 1 & 2 \\ 3 & 4 \end{bmatrix}$，$B = \begin{bmatrix} 1 \\ 0 \end{bmatrix}$，$C = [1]$，$D = 0$，试绘制系统的 Nyquist 图。

解 程序编写如下：

```
A=[1 2;3 4];
B=[1;0];
C=[1];
D=0;
G=ss(A,B,C,D)
nyquist(G)
w=1:3;
[re,im]=nyquist(G,w)
```

程序运行后得到图 8-2 所示结果。

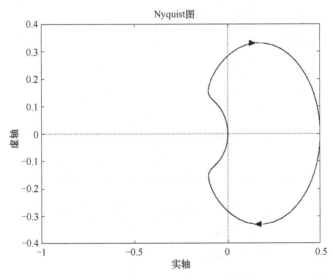

图 8-2 例 8.1 系统的 Nyquist 图

结果如下：

```
re(:,:,1)=-0.0588
re(:,:,2)=-0.1029
```

```
re(:,:,3)=-0.0983
im(:,:,1)=-0.2353
im(:,:,2)=-0.1618
im(:,:,3)=-0.1387
```

例 8.2 已知单位负反馈系统的传递函数为 $G(s) = \dfrac{K}{(0.5s+1)(s+1)(2s+1)}$，分别绘制 $K=5$ 和 $K=15$ 时系统的 Nyquist 图，并判断闭环系统的稳定性。

解 1）绘制 $K=5$ 时系统的 Nyquist 图，程序编写如下：

```
num=5;
den=conv([0.5 1],conv([1 1],[2 1]));
sys=tf(num,den);
nyquist(sys)
```

程序运行后得到图 8-3 所示结果。由图可以看出开环幅相频率特性曲线没有包围（-1, j0）点，即 $N=0$，开环传递函数没有不稳定的极点，即 $P=0$，根据 Nyquist 稳定判据，闭环系统不稳定的极点数为 $Z=N+P=0$，说明闭环系统是稳定的。

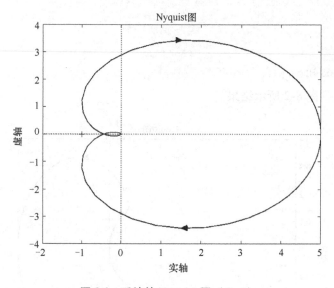

图 8-3 系统的 Nyquist 图（$K=5$）

然后给出单位阶跃响应曲线，验证闭环系统的稳定性，程序编写如下：

```
sys1=feedback(sys,1);   %闭环传递函数
step(sys1)   %绘制单位阶跃响应曲线
```

程序运行后得到图 8-4 所示结果。

2）绘制 $K=15$ 时系统的 Nyquist 图，程序编写如下：

```
num=15;
den=conv([0.5 1],conv([1 1],[2 1]));
sys=tf(num,den);
nyquist(sys)
```

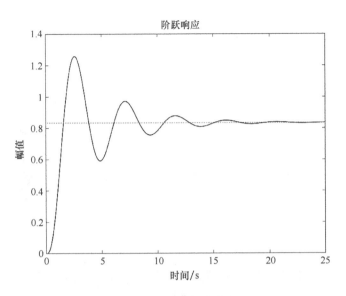

图 8-4 系统的单位阶跃响应曲线（$K=5$）

程序运行后得到图 8-5 所示结果。由图可以看出开环幅相频率特性曲线顺时针包围（-1，j0）点两圈，即 $N=2$，开环传递函数没有不稳定的极点，即 $P=0$，因此，根据 Nyquist 稳定判据，闭环系统不稳定的极点数为 $Z=N+P=2$，说明闭环系统不稳定。

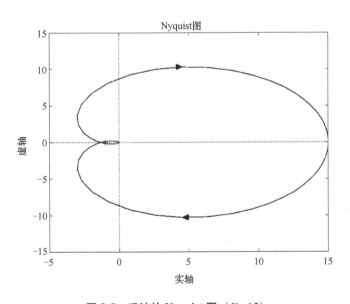

图 8-5 系统的 Nyquist 图（$K=15$）

然后给出单位阶跃响应曲线，验证闭环系统的稳定性，程序编写如下：

```
sys1=feedback(sys,1);  %闭环传递函数
step(sys1)  %绘制单位阶跃响应曲线
```

程序运行后得到图 8-6 所示结果。

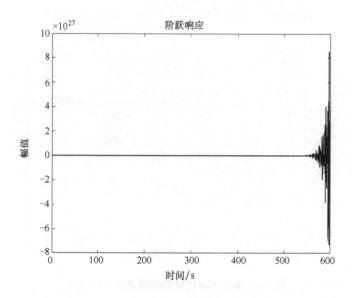

图 8-6　系统的单位阶跃响应曲线（$K = 15$）

此外，也可通过特征方程根的方法判断系统的稳定性，程序编写如下：

```
num1=[0 0 0 15];
den1=den;
p=num1+den1; %特征方程根的系数
p=roots(p)
```

程序运行后结果为

```
p=
  -3.7166+0.0000i
   0.1083+2.0720i
   0.1083- 2.0720i
```

通过求解系统特征方程的根，发现复平面右半平面有两个共轭复根，结果与 Nyquist 稳定判据结果相一致。

例 8.3　已知单位负反馈系统的传递函数为 $G(s) = \dfrac{600}{0.0005s^3 + 0.3s^2 + 15s + 200}$，试绘制系统的 Nyquist 图，并判断闭环系统的稳定性。

解　首先，绘制 Nyquist 图，程序编写如下：

```
num=600;
den=[0.0005 0.3 15 200];
sys=tf(num,den);
nyquist(sys)
```

程序运行后得到图 8-7 所示结果。由图可以看出开环幅相频率特性曲线顺时针包围 $(-1, j0)$ 点 0 圈，即 $N = 0$。

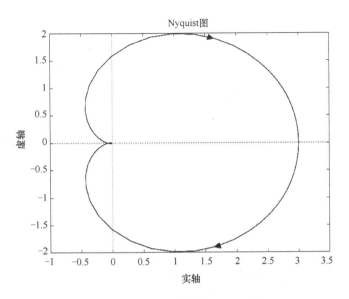

图 8-7　例 8.3 系统的 Nyquist 图

然后，获取开环传递函数的极点，程序编写如下：

```
p=[0.0005 0.3 15 200];
roots(p)
```

程序运行后结果为

```
ans =
    1.0e+02 *
  -5.4644+0.0000i
  -0.2678+0.0385i
  -0.2678 - 0.0385i
```

从结果可以看出，开环传递函数没有不稳定的极点，即 $P=0$，最后，根据 Nyquist 稳定判据，闭环系统不稳定的极点数为 $Z=N+P=2$，说明闭环系统不稳定。

8.3　绘制 Bode 图

用对数幅频坐标系和半对数相频坐标系描述的对数幅频特性和半对数相频特性称为伯德图（Bode 图）。绘制 Bode 图时要建立对数幅频坐标系和半对数相频坐标系，两个坐标系的横轴都代表角频率 ω，但不以 ω 均匀分度，而是以 $\lg\omega$ 均匀分度。对数幅频坐标系的纵轴是幅频特性 $A(\omega)$，取常用对数的 20 倍，用 $L(\omega)$ 表示，即

$$L(\omega)=20\lg A(\omega) \tag{8-4}$$

单位为分贝（dB）；半对数相频坐标系的纵轴是相频特性 $\varphi(\omega)$，单位为度（"°"）。利用 Bode 图可观测在不同频率下，系统增益的大小及相位，也可观测到增益和相位随频率变化的趋势，从而对系统的稳定性特性进行分析和设计。

1. 绘制基本 Bode 图

MATLAB 提供了绘制系统 Bode 图的函数 bode()，其语句格式为

```
bode(G)                  %绘制 Bode 图,G 为系统数学模型
bode(G,w)                %绘制指定角频率下系统的 Bode 图,w 为频率
[mag,pha]=bode(G,w)      %获得频率 w 对应的幅值和相角
[mag,pha,w]=nyquist(G)   %得到系统 Bode 图相应的幅值 mag、相角 pha 与角频率点 w 矢量
```

例 8.4 已知系统的传递函数为 $G(s) = \dfrac{s+2}{s^4+3s^3+5s^2+7s+9}$，试绘制系统的 Bode 图。

解 程序编写如下：

```
num=[1 2];
den=[1 3 5 7 9];
G=tf(num,den);
bode(G)
```

程序运行后得到图 8-8 所示结果。

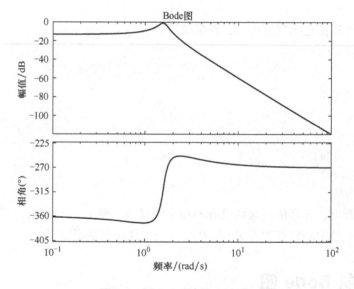

图 8-8 例 8.4 系统的 Bode 图

例 8.5 已知二阶系统的传递函数为

$$G(s) = \frac{\omega_n^2}{s^2+2\zeta\omega_n s+\omega_n^2}$$

1）当 $\omega_n = 0.707$，试分别绘制 $\zeta = 0.2$，0.8，1.4，2.0 时系统的 Bode 图。

2）当 $\zeta = 3$，试分别绘制 $\omega_n = 0.2$，0.4，0.6，0.8 时系统的 Bode 图。

解 1）程序编写如下：

```
w=logspace(-1,2,100);
wn=0.707;
zeta=[0.2,0.8,1.4,2.0];
for i=1:4
    G=tf([wn*wn],[1,2*zeta(i)*wn,wn*wn]);
    bode(G,w);
    hold on
end
gtext('zeta=0.2');gtext('zeta=0.8');gtext('zeta=1.4');gtext('zeta=2.0')
```

程序运行后得到图 8-9 所示结果。

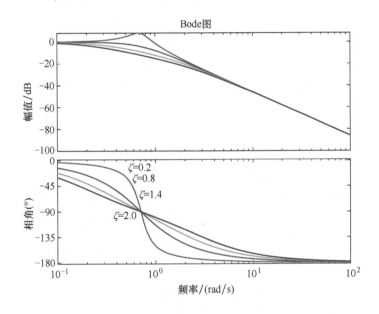

图 8-9　例 8.5 系统 1 的 Bode 图

2）程序编写如下：

```
w=logspace(-2,2,100);
zeta=1.5;
wn=[0.2,0.4,0.6,0.8];
for i=1:4
    G=tf([wn(i)*wn(i)],[1,2*zeta*wn(i),wn(i)*wn(i)]);
    bode(G,w);
    hold on
end
gtext('wn=0.2');gtext('wn=0.4');gtext('wn=0.6');gtext('wn=0.8') %放置 wn 不同值
                                                                  的文字注释
```

程序运行后得到图 8-10 所示结果。

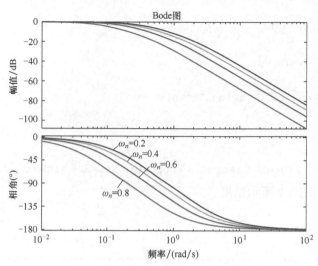

图 8-10　例 8.5 系统 2 的 Bode 图

例 8.6　已知系统的传递函数为 $G(s)=\dfrac{s+1}{s^3+2s^2+3s+4}$，试计算该系统的谐振峰值和谐振频率。

解　程序编写如下：

```
num=[1 1];
den=[1 2 3 4];
G=tf(num,den);
[mag,pha,w]=bode(G);
magn(1,:)=mag(1,:);
phase(1,:)=pha(1,:);
[M,i]=max(magn);
Mr=20*log10(M)        %求得谐振峰值
Pr=phase(1,i)
wr=w(i,1)             %求得谐振频率
```

程序运行结果为

```
Mr=3.5470
Pr=-69.5230
wr=1.5370
```

系统的谐振峰值和谐振频率还可以从 MATLAB 绘制的 Bode 图中直接获得。其步骤如下：
首先，绘制系统的 Bode 图，程序如下：

```
num=[1 1];
den=[1 2 3 4];
G=tf(num,den);
bode(G)
```

程序运行后得到图 8-11 所示结果。

然后，在 Bode 图空白处单击鼠标右键，弹出菜单，选择 "Peak Response"，然后在 Bode 图中出现一个实心圆点，该点就是系统的谐振频率处。将光标移至圆点处，便输出如图 8-12 所示图形。

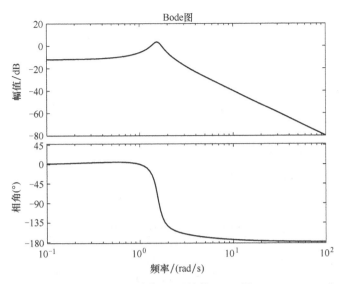

图 8-11　例 8.6 系统的 Bode 图

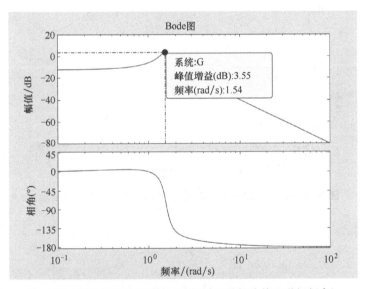

图 8-12　例 8.6 系统的 Bode 图（显示谐振峰值和谐振频率）

从图中可以看出，系统的谐振峰值和谐振频率与前面的计算结果一致。

2. 计算幅值裕量、相角裕量并绘制 Bode 图

MATLAB 提供了计算系统幅值裕量、相角裕量以及对应频率的函数 margin()，其语句格式为

```
margin(G)                    %绘制 Bode 图,计算系统的幅值裕度和相角裕度
[Gm,Pm,Wcg,Wcp]=margin(G)    %不直接绘制 Bode 图,计算幅值裕度 Gm(不是以 dB 为单
                               位)、相角裕度 Pm、相角交界频率 Wcg 和截止频率 Wcp
```

幅值裕量和相角裕量是针对开环系统而言的，它指出了系统闭环时的相对稳定性。

例 8.7　已知系统的开环传递函数为 $G(s) = \dfrac{4(s+1)}{s(s+3)(s+5)(s+7)}$，试绘制系统的 Bode

图，并计算系统的幅值裕量和相角裕量，判断系统的稳定性。

解 程序编写如下：

```
k=4;
z=[-1];
p=[0 -3 -5 -7];
G=zpk(z,p,k)
margin(G)
[Gm,Pm,Wcg,Wcp]=margin(G)
```

程序运行后得到图 8-13 所示结果。

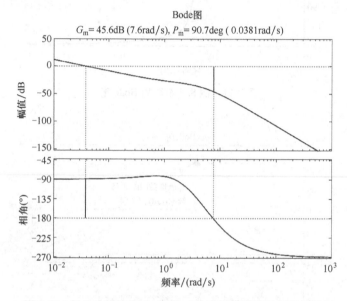

图 8-13 例 8.7 系统的 Bode 图（显示幅值裕量和相角裕量）

程序运行结果为

```
Gm=190.5618
Pm=90.7063
Wcg=7.6037
Wcp=0.0381
```

由以上结果可以看出，只有 G_m 数值不一致，这是因为用 margin() 计算出来的 G_m 数值不是以 dB 为单位的。如果按照公式计算：$20\log10(190.5648)=45.6009$，结果就完全相同。由运行结果可知，相角裕度大于零，故该闭环系统是稳定的。

说明：如果运行结果中 Wcg 和 Wcp 为 nan 或者 Inf，则说明 G_m 和 P_m 数据溢出为无穷大。

8.4 绘制 Nichols 图

尼克尔斯（Nichols）图是描述系统频率特性的第三种图形方法。该图横坐标表示频率特性的相位角，纵坐标表示频率特性的对数幅值，以 dB 为单位。使用 Nichols 命令判断系统的稳定性与使用 Nyquist 图判断系统稳定性类似。

MATLAB 提供了绘制系统 Nichols 图的函数 nichols()，其语句格式为

```
nichols(G)                    %绘制 Nichols 图
nichols(G₁,G₂,…,w)            %绘制多条 Nichols 图
[mag,pha]=nichols(G,w)        %获得频率 w 对应的幅值和相角
[mag,pha,w]=nichols(G)        %得到幅值 mag、相角 pha 与频率 w
```

例 8.8 以例 8.7 传递函数为例，绘制系统的 Nichols 图。

解 程序编写如下：

```
k=4;
z=[-1];
p=[0 -3 -5 -7];
G=zpk(z,p,k)
nichols(G)
```

程序运行后得到图 8-14 所示结果。

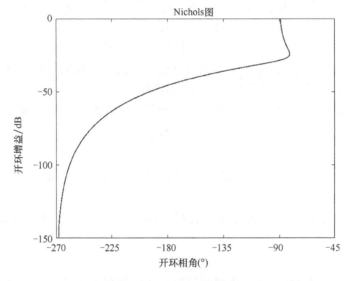

图 8-14 例 8.8 系统的 Nichols 图

由运行结果可知，该闭环系统是稳定的。与例 8.7 使用 Bode 图的判断结果是一致的。

8.5 频域法校正设计

频域校正和根轨迹校正关心校正控制器能够提供的相位移。频域校正时，校正控制器提供的相位移由频率特性体现，根轨迹校正时，校正控制器的相位移由开环零极点矢量体现。校正装置的输出量超前于输入量的称为超前校正装置（网络），校正装置的输出量滞后于输入量的称为滞后校正装置（网络），校正装置的输出量在低频时滞后、高频时超前的称为滞后-超前校正装置（网络），校正装置的输出量在低频时超前、高频时滞后的称为超前-滞后校正装置（网络）等。

将一个校正控制器串联于控制系统的前向通道对原系统的开环频率特性产生的影响体现在若是 O 型控制器，则控制器的接入改变了开环放大系数和对数幅频特性的转折频率；若是 I 型控制器，则控制器的接入还提高了一阶无差度。由于稳态误差以及提高了一阶无差度后的稳态误差均只与开环放大系数有关，而相位裕度和截止频率则既与放大系数有关也与转折频率有关，所以串联校正应先校正稳态性能，后校正暂态性能，在校正暂态性能时不会影响已校正好的稳态指标。使系统校正后在低频段具有相当的增益；在中频段，以 $-20\mathrm{dB/dec}$ 斜率的渐近线穿越横轴，并应保持一定的宽度；为抑制高频干扰，开环对数幅频特性高频段应有较高负值斜率的渐近线。

8.5.1 频域法串联超前校正

串联超前校正是在控制系统前向通道的输入端通过串联一个超前网络来优化系统的响应性能，以提高系统的相位裕度，同时也提高了穿越频率值，从而改善系统的稳定性和快速性。

串联超前校正的一般步骤如下：

1）稳态性能在不需要提高无差度时，可通过提高开环增益 K 来满足，满足稳态性能后的对数幅频特性渐近线是超前校正暂态性能的基础。

2）绘制在确定 K 值下系统的 Bode 图，计算校正前的相位裕度。

3）考虑原系统在提高了截止频率后相位的进一步滞后，取附加相移 $\Delta = 4° \sim 12°$，根据给定的相位裕度指标确定超前网络需要提供的相位移。

4）根据超前校正网络的最大超前相角 φ_m，计算校正网络的中频带宽 h。

$$h = \frac{1+\sin\varphi_m}{1-\sin\varphi_m} \tag{8-5}$$

5）在 Bode 图上确定未校正系统幅值为 $20\lg\sqrt{h}$ 时的频率 ω_m，该频率作为校正后系统的截止频率，即 $\omega_\mathrm{c} = \omega_\mathrm{m}$。

6）根据稳态增益和超前网络的两个转折频率来确定校正网络的传递函数，即 $\omega_1 = \frac{\omega_\mathrm{m}}{\sqrt{h}} = \frac{1}{T}$。

7）由校正后的频率特性计算相位裕度，验证给定的暂态指标是否得到满足，若不满足则可增大附加相移反复试凑。

例 8.9 已知某控制系统的固有开环传递函数为

$$G_1(s) = \frac{20}{s(0.1s+1)}$$

要求采用串联超前校正，使校正后的稳态速度误差系数 $k_\mathrm{v} \geqslant 100$，相位裕度 $\gamma \geqslant 50°$。试确定校正网络的传递函数，绘制校正前后系统 Bode 图和单位阶跃响应曲线。

解 首先计算校正前系统的参数，程序编写如下：

```
num=20;
den=conv([1 0],[0.1 1]);
G1=tf(num,den);
kc=5; %确定校正装置的开环增益
```

```
G=G1*kc;
margin(G) %绘制校正前系统的 Bode 图,计算幅值裕度和相位相位裕度
```

程序运行后得到图 8-15 所示结果。由图 8-15 可知，校正前系统的截止频率 ω_c = 30.8rad/s，相位裕度为 18°，根本不满足要求，因此需要校正。

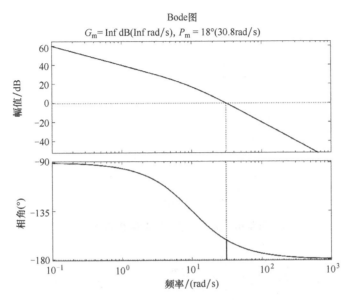

图 8-15　例 8.9 系统校正前 Bode 图

根据设计要求，程序编写如下：

```
[Gm,Pm,Wcg,Wcp]=margin(G);        %计算 Bode 图的输出数据
fai=(50+8-Pm)*pi/180;             %计算提供的相角
h=(1+sin(fai))/(1-sin(fai));      %计算中频带宽 h
[mag,phase,w]=bode(G);
[mu,pu]=bode(G,w);
Mag=20*log10(mu);
n=size(Mag);
Mag1=reshape(Mag,n(2),n(3));
Mn=-10*log10(h);
wc=spline(Mag1,1:n(3),Mn);        %三次样条插值
T=1/wc/sqrt(h);
Gc=tf([h*T 1],[T 1]);             %校正环节的传递函数
margin(G*Gc)
```

程序运行后得到图 8-16 所示结果。由图 8-16 可知，校正后系统的截止频率 ω_c = 50.2rad/s，相位裕度为 50.2°，可见引入串联超前校正使得系统的相位裕度增大，满足要求。

绘制系统校正前后的阶跃响应曲线，如图 8-17 所示。由图 8-17 可知，采用串联超前校正后系统的阶跃响应延迟时间、上升时间、调节时间均减小，系统的动态性能得到很大的提升，系统的响应速度加快，有助于系统动态性能的改善。

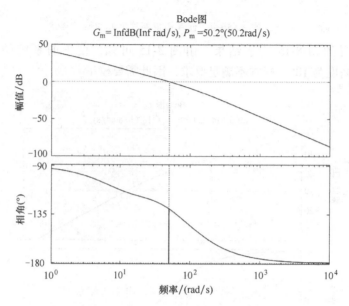

图 8-16 例 8.9 系统校正后 Bode 图

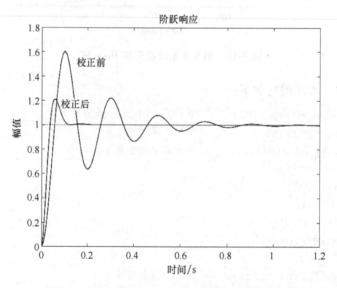

图 8-17 例 8.9 系统校正前后系统的阶跃响应图

8.5.2 频域法串联滞后校正

串联滞后校正是在未校正系统中引入滞后校正网络来进行校正的,利用滞后校正网络高频幅值衰减特性,降低未校正系统的截止频率,从而获得足够大的相位裕度。

归纳起来,串联滞后校正的一般步骤如下:

1) 结合固有特性,根据稳态误差、相位裕度和频带宽度等确定是否采用串联滞后校正。串联滞后校正有可能使截止频率降低,通频带变窄,响应速度变慢。

2）在不需要提高无差度时，稳态控制准确度可通过提高开环增益来满足，满足稳态指标的对数幅频特性渐近线是滞后校正暂态性能的基础。

3）根据给定的相位裕度指标，并考虑校正装置相位的滞后，取附加相移 5°~12°，在待校正的相频特性上查找能够满足相位裕度和附加相移要求的相频点，定为新的穿越频率 ω_c。计算新穿越频率处待校正特性的对数幅频值 $L(\omega_c)$，滞后网络需要将该值衰减为 0。

4）一般按 $\omega_2 = \left(\dfrac{1}{10} \sim \dfrac{1}{2}\right)\omega_c$ 先选取滞后校正网络的第二个转折频率 ω_2，再根据式（8-6）计算第一个转折频率 ω_1。

$$-20\lg\left(\frac{\omega_1}{\omega_2}\right) + L(\omega_c) = 0 \tag{8-6}$$

5）根据稳态增益和两个转折频率确定校正网络的传递函数。

6）由校正后的传递函数计算相位裕度，验证给定的相位裕度指标是否得到满足，不满足时可重新选取附加相移或进一步减小 ω_2，也可重新选取新的穿越频率。

例 8.10　已知某控制系统的开环固有传递函数为

$$G_1(s) = \frac{20}{s(0.1s+1)(0.01s+1)}$$

要求采用串联滞后校正，使校正后的稳态速度误差系数 $k_v \geqslant 100$，相位裕度 $\gamma \geqslant 45°$。试确定校正网络的传递函数。

解　首先计算校正前系统的参数，编写程序如下：

```
num=20;
den=conv([1 0],conv([0.1 1],[0.01 1]));
G1=tf(num,den);
kc=5;%确定校正装置的开环增益
G=G1*kc;
margin(G)%绘制校正前系统的 Bode 图,计算幅值裕度和相位裕度
```

程序运行后得到图 8-18 所示结果。由图 8-18 可知，校正前系统的截止频率 $\omega_c = 30.1\,\mathrm{rad/s}$，相位裕度为 1.58°，根本不满足要求，因此需要校正。

根据设计要求，程序编写如下：

```
[mag,pha,w]=bode(G);
[mu,pu]=bode(G,w);
p1=45+8;                    %考虑滞后网络有 8 度的相位滞后
n1=size(pu);
pu1=reshape(pu,n1(2),n1(3));
wc=spline(pu1,w',p1-180);    %计算校正后系统的截止频率
w2=wc/10;                    %选取 1/10
Mag=20*log10(mag);
n2=size(Mag);
Mag1=reshape(Mag,n2(2),n2(3));
Lwc=spline(w',Mag1,wc);
w1=10^((-Lwc+20*log10(w2))/20);
Gc=tf([1/w2 1],[1/w1 1])     %校正环节的传递函数
margin(G*Gc)
```

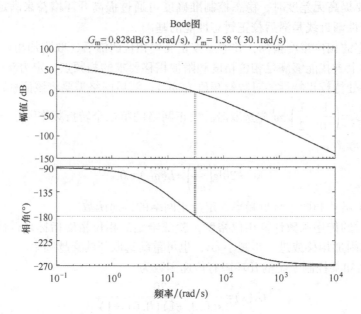

图 8-18　例 8. 10 系统校正前 Bode 图

程序运行后得到如图 8-19 所示。由图 8-19 可知，校正后系统的截止频率 $\omega_c = 6.58\text{rad/s}$，相位裕度为 47.6°，可见引入串联滞后校正使得系统的相位裕度增大，满足要求。

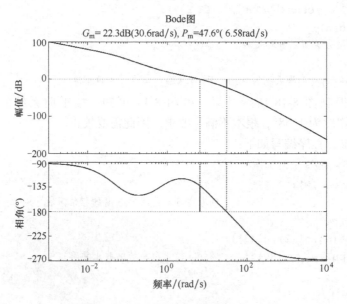

图 8-19　例 8. 10 系统校正后 Bode 图

绘制系统校正前后的阶跃响应曲线，如图 8-20 所示。由图 8-20 可知，采用串联滞后校正后系统的阶跃响应具有良好的特性。但是校正后系统的截止频率变小，瞬态响应的速度变慢，通频带变窄。

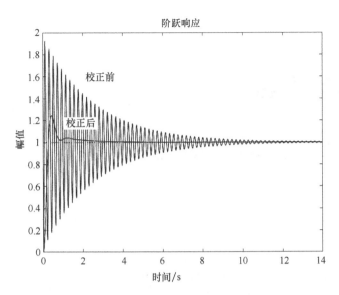

图 8-20　例 8.10 系统校正前后系统的阶跃响应图

8.6　本章小结

　　本章主要介绍了控制系统的频域分析与设计方法，主要包括利用 MATLAB 函数绘制 Nyquist 图、Bode 图、Nichols 图，并应用稳定性判据对系统的性能进行分析，针对实际的控制系统，利用频域法对控制系统进行串联超前、串联滞后校正的研究，应用实例编写 MATLAB 仿真程序，通过运行结果验证方法的有效性。

9

第9章

状态空间分析与设计

9.1 引言

经典控制理论主要采用常微分方程、传递函数和动态结构图，只能描述系统的输入和输出之间的关系，而无法描述系统内部结构和处于系统内部的变化，且忽略了初始条件，不能对系统内部状态的信息进行全面的描述。从经典控制理论发展而来的现代控制理论数学模型通常是由状态空间表达式或状态变量图来描述的，这种描述又称为系统的内部描述，能够充分揭示系统的全部运动状态。本章主要使用 MATLAB/Simulink 对线性控制系统进行状态空间分析与设计。

9.2 线性系统的状态空间描述

9.2.1 利用 MATLAB 建立状态空间模型

利用 MATLAB 能够将系统的传递函数模型和零极点模型转化成状态空间模型，这些函数的具体用法在本书的第 5 章已经进行了详细的说明，此处不再赘述。本节只通过例子来实现 MATLAB 的状态空间模型描述。

例 9.1 已知系统的数学模型为 $G(s)=\dfrac{s^2+1}{s^4+2s^3+3s^2+4s+5}$，试求出系统的状态空间模型。

解 程序编写如下：

```
num=[1 0 1];
den=[1 2 3 4 5];
[A,B,C,D]=tf2ss(num,den) %将 G 传递函数模型转换成状态空间模型
```

程序运行后结果如下：

```
A=
    -2  -3  -4  -5
```

```
    1    0    0    0
    0    1    0    0
    0    0    1    0
B =
    1
    0
    0
    0
C =
    0    1    0    1
D =
    0
```

由运行结果可以得到系统的状态空间模型为以下形式：

$$\begin{cases} \dot{x} = \begin{bmatrix} -2 & -3 & -4 & -5 \\ 1 & 0 & 0 & 0 \\ 0 & 1 & 0 & 0 \\ 0 & 0 & 1 & 0 \end{bmatrix} x + \begin{bmatrix} 1 \\ 0 \\ 0 \\ 0 \end{bmatrix} u \\ y = \begin{bmatrix} 0 & 1 & 0 & 1 \end{bmatrix} x \end{cases}$$

例 9.2 已知系统的数学模型为 $G(s) = \dfrac{10(s+1)}{(s+2)(s+3)(s+4)}$，试求出系统的状态空间模型。

解 程序编写如下：

```
k=10;
z=[-1];
p=[-2 -3 -4];
[A,B,C,D]=zp2ss(z,p,k) %将 G 的零极点增益函数转化成状态空间模型
```

程序运行后结果如下：

```
A =
  -2.0000        0        0
  -1.0000   -7.0000   -3.4641
        0    3.4641        0
B =
    1
    1
    0
C =
    0        0   2.8868
D =
    0
```

由运行结果可以得到系统的状态空间模型为以下形式：

$$\begin{cases} \dot{x} = \begin{bmatrix} -2 & 0 & 0 \\ -1 & -7 & -3.4641 \\ 0 & 3.4641 & 0 \end{bmatrix} x + \begin{bmatrix} 1 \\ 1 \\ 0 \end{bmatrix} u \\ y = \begin{bmatrix} 0 & 0 & 2.8868 \end{bmatrix} x \end{cases}$$

例 9.3 已知系统的数学模型为 $G(s) = \dfrac{10(2s+1)}{(s^2+2s+1)(s+3)(s+4)}$，试求出系统的状态空间模型。

解 程序编写如下：

```
num=[20 10];
den=conv([1 2 1],conv([1 3],[1 4]));
[A,B,C,D]=tf2ss(num,den) %将 G 的数学模型转化成状态空间模型
```

程序运行后结果如下：

```
A=
  -9   -27   -31   -12
   1     0     0     0
   0     1     0     0
   0     0     1     0
B=
   1
   0
   0
   0
C=
   0     0    20    10
D=
   0
```

由运行结果可以得到系统的状态空间模型为以下形式：

$$\begin{cases} \dot{x} = \begin{bmatrix} -9 & -27 & -31 & -12 \\ 1 & 0 & 0 & 0 \\ 0 & 1 & 0 & 0 \\ 0 & 0 & 1 & 0 \end{bmatrix} x + \begin{bmatrix} 1 \\ 0 \\ 0 \\ 0 \end{bmatrix} u \\ y = \begin{bmatrix} 0 & 0 & 20 & 10 \end{bmatrix} x \end{cases}$$

9.2.2 利用 MATLAB 化简状态空间标准型

MATLAB 还能提供函数化简状态空间标准型。下面分别介绍各个函数的功能。

（1）进行状态空间表达式的线性变换函数 ss2ss() 其调用格式为

```
[Ah,Bh,Ch,Dh]=ss2ss(A,B,C,D,T) %A,B,C 和 D 是变换前系统的状态空间矩阵,Ah,Bh,Ch
                              和 Dh 是变换后系统的状态空间矩阵,T 为变换矩阵
```

注：变换方程为 $X_h = TX$。

下面重点讲解对角线标准型和约当标准型，并通过实例来实现 MATLAB 的状态空间标准型。

例 9.4 已知系统的状态空间方程为 $\begin{cases} \dot{x} = \begin{bmatrix} 1 & 0 & 0 \\ 1 & 3 & 5 \\ 2 & 4 & 6 \end{bmatrix} x + \begin{bmatrix} 1 \\ 2 \\ 3 \end{bmatrix} u \\ y = \begin{bmatrix} 1 & 1 & 1 \end{bmatrix} x \end{cases}$，求系统的对角标准型和约当标准型。

解 1）首先，计算矩阵的特征值与特征值对应的对角型变换矩阵，其调用格式为

```
[V,T]=eig(A) %A 为矩阵,T 为对角型变换矩阵,V 为特征值对应的特征向量
```

程序编写如下：

```
A=[1 0 0;1 3 5;2 4 6];
[V,T]=eig(A)
```

程序运行后结果如下：

```
V=
         0         0    0.8944
    0.6267    0.8410   -0.4472
    0.7793   -0.5411   -0.0000
T=
    9.2170         0         0
         0   -0.2170         0
         0         0    1.0000
```

由对角线标准型的变换矩阵 **T**，运行下面程序得到对角线标准型矩阵系数。

程序编写如下：

```
B1=[1;1;1];
C1=[1 1 1];
D1=0;
G=ss(A1,B1,C1,D1);
Gh=ss2ss(G,T)
```

程序运行后结果如下：

```
Gh=
  A=
              x1        x2        x3
    x1         1         0         0
    x2   -0.02354        3    -1.085
    x3     0.217     -18.43        6
  B=
            u1
    x1    9.217
    x2   -0.217
    x3        1
```

```
C =
          x1      x2   x3
  y1  0.1085  -4.608   1
  D =
     u1
  y1  0
```

由运算结果可得系统的对角线标准型为以下形式：

$$\begin{cases} \dot{x} = \begin{bmatrix} 1 & 0 & 0 \\ -0.02354 & 3 & -1.085 \\ 0.217 & -18.43 & 6 \end{bmatrix} x + \begin{bmatrix} 9.217 \\ -0.217 \\ 1 \end{bmatrix} u \\ y = \begin{bmatrix} 0.1085 & -4.608 & 1 \end{bmatrix} x \end{cases}$$

对角型变换矩阵为

$$T = \begin{bmatrix} 9.2170 & 0 & 0 \\ 0 & -0.2170 & 0 \\ 0 & 0 & 1.0000 \end{bmatrix}$$

2）首先，计算矩阵 A 变换为约当标准型 J，并得到变换矩阵 V，其调用格式为

```
[V,J]=jordan(A) %A 为矩阵,V 为变换矩阵,J 为约当矩阵
```

程序编写如下：

```
A1=[1 0 0;1 3 5;2 4 6];
B1=[1;1;1];
C1=[1 1 1];
D1=0;
G=ss(A1,B1,C1,D1)
[V,J]=jordan(A1)
Gh=ss2ss(G,V)
```

程序运行后结果如下：

```
V =
 -2.0000       0        0
  1.0000  -1.5542  0.8042
      0   1.0000  1.0000


J =
  1.0000       0        0
      0  -0.2170       0
      0       0   9.2170

  Gh =
  A =
          x1       x2       x3
  x1       1        0        0
  x2  -0.8451  -0.636  -2.434
  x3  -0.652   1.696   9.636
```

```
B =
        u1
  x1    -2
  x2   0.25
  x3    2
C =
       x1   x2   x3
  y1  -0.5   0    1
D =
        u1
  y1    0
```

由运算结果可得系统的约当标准型为以下形式：

$$
\begin{cases}
\dot{x} = \begin{bmatrix} 1 & 0 & 0 \\ -0.8451 & -0.636 & -2.434 \\ -0.652 & 1.696 & 9.636 \end{bmatrix} x + \begin{bmatrix} -2 \\ 0.25 \\ 2 \end{bmatrix} u \\
y = \begin{bmatrix} -0.5 & 0 & 1 \end{bmatrix} x
\end{cases}
$$

约当标准型变换矩阵为

$$
T = \begin{bmatrix} -2.0000 & 0 & 0 \\ 1.0000 & -1.5542 & 0.8042 \\ 0 & 1.0000 & 1.0000 \end{bmatrix}
$$

（2）直接转化成对角型的函数 canon()　其调用格式为

```
[Ac,Bc,Cc,Dc,Tc]=canon(A,B,C,D,'mod') %A,B,C 和 D 是变换前系统的状态空间方程系数
                                        矩阵，Ac,Bc,Cc 和 Dc 是变换后的对角型,'mod
                                        '代表转化成对角型,Tc 代表线性变换矩阵
```

例 9.5　同样利用例 9.4 的状态空间方程，利用函数 cannon() 实现状态空间模型化简。

解　程序编写如下：

```
A1=[1 0 0;1 3 5;2 4 6];
B1=[1;1;1];
C1=[1 1 1];
D1=0;
[Ac,Bc,Cc,Dc,Tc]=canon(A1,B1,C1,D1,'mod')
```

程序运行后结果如下：

```
Ac =
    9.2170        0        0
         0  -0.2170        0
         0        0   1.0000
Bc =

    1.6618
    0.5452
    1.1180
```

```
Cc =
    1.4060    0.2999    0.4472


Dc =
    0
Tc =
    0.2721   0.5441    0.8457
    0.3918   0.7836   -0.6302
    1.1180        0         0
```

由运算结果可得系统的对角标准型为以下形式：

$$\begin{cases} \dot{x} = \begin{bmatrix} 9.2170 & 0 & 0 \\ 0 & -0.2170 & 0 \\ 0 & 0 & 1.0000 \end{bmatrix} x + \begin{bmatrix} 1.6618 \\ 0.5452 \\ 1.1180 \end{bmatrix} u \\ y = \begin{bmatrix} 1.4060 & 0.2999 & 0.4472 \end{bmatrix} x \end{cases}$$

对角标准型变换矩阵为

$$T_c = \begin{bmatrix} 0.2721 & 0.5441 & 0.8457 \\ 0.3918 & 0.7836 & -0.6302 \\ 1.1180 & 0 & 0 \end{bmatrix}$$

9.2.3　利用 MATLAB 求解状态方程

线性定常连续系统的状态方程如下：

$$\dot{x}(t) = Ax(t) + Bu(t), \quad x(0) = x_0, t \geq 0 \tag{9-1}$$

式中，$x(t)$ 为 n 维状态向量；$u(t)$ 为 p 维系统输入向量；A 为 $n \times n$ 矩阵；B 为 $n \times p$ 矩阵。

状态响应为

$$x(t) = \varphi(t)x(0) + \int_0^t e^{A(t-\tau)} Bu(\tau) d\tau, t \geq 0 \tag{9-2}$$

式中，$\varphi(t) = e^{At}$ 为状态转移矩阵。

MATLAB 提供了函数 expm() 来计算给定时刻 t 的 A 矩阵指数，常用的调用格式为 expm(At)，它的功能是求出矩阵 A 的指数 e^{At}。

例 9.6　已知系统的状态空间方程如下：

$$\dot{x}(t) = \begin{bmatrix} 0 & 1 \\ -2 & -5 \end{bmatrix} x(t) + \begin{bmatrix} 1 \\ 0 \end{bmatrix} u(t), \quad x(0) = \begin{bmatrix} 20 \\ -20 \end{bmatrix}$$

$$y(t) = \begin{bmatrix} 1 & 1 \end{bmatrix} x(t)$$

1）试求当 $t = 0.2$ 时，系统的状态转移矩阵。

2）绘制 $u(t) = 0$ 时系统的状态和输出响应曲线。

3）绘制 $u(t) = 1 + e^{2t}$ 时系统的状态和输出响应曲线。

解　1）程序编写如下：

```
A = [0 1; -2 -5];
t = 0.2;
fai = expm(A * t)
```

程序运行后结果如下：

```
fai=
    0.9708    0.1248
   -0.2495    0.3469
```

由运算结果可得系统的状态转移矩阵为

$$\varphi=\begin{bmatrix} 0.9708 & 0.1248 \\ -0.2495 & 0.3469 \end{bmatrix}$$

2）程序编写如下：

```
A=[0 1;-2 -5];
B=[1;0];
C=[1 1];
D=0;
G=ss(A,B,C,D);
t=0:0.01:3;
u=0;
x0=[-20;20];
[y,t,x]=initial(G,x0,t);
plot(t,x(:,1),'-g',t,x(:,2),':k',t,y,'--b')
legend('x1','x2','y')
xlabel('时间/s')
ylabel('状态和输出响应')
```

程序运行后得到图 9-1 所示结果。

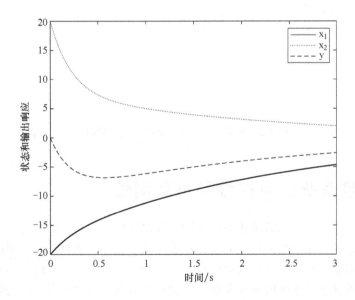

图 9-1　例 9.6 系统 2 的状态和输出响应图

3）程序编写如下：

```
A=[0 1;-2 -5];
B=[1;0];
C=[1 1];
D=0
G=ss(A,B,C,D);
t=0:0.01:3;
u=1+exp(2*t);
x0=[20;-20];
[y,t,x]=lsim(G,u,t,x0);
plot(t,x(:,1),'-g',t,x(:,2),':k',t,y,'--b')
legend('x1','x2','y')
xlabel('时间/s')
ylabel('状态和输出响应')
```

程序运行后得到图 9-2 所示结果。

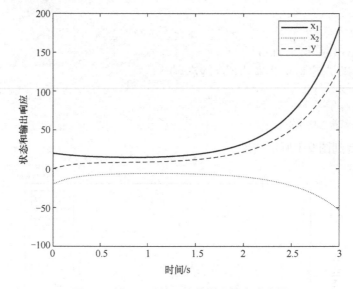

图 9-2　例 9.6 系统 3 的状态和输出响应图

9.3　线性系统的可控性和可观测性

经典控制理论中用传递函数描述系统的输入输出特性，输出量即被控量，只要系统是因果关系并且是稳定的，输出量便可以受控，且输出量总是可以被测量的，因而不需要提出能控性和能观性的概念。现代控制理论中用状态方程和输出方程描述系统，输入和输出构成系统的外部变量，而状态为系统的内部变量，这就存在着系统内的所有状态是否可受输入影响和是否可由输出反映的问题。

可控性与可观测性是现代控制理论中两个重要的概念，是卡尔曼（Kalman）于 20 世纪 60 年代首次提出来的，是用状态空间描述系统引申出来的新概念，在控制理论中起到重要的作用。它不仅是研究线性系统控制问题必不可少的重要概念，也是最优控制和最优估计的设计基础。

9.3.1　线性系统可控性

考虑线性定常连续系统的状态方程

$$\begin{cases} \dot{\boldsymbol{x}}(t) = \boldsymbol{A}\boldsymbol{x}(t) + \boldsymbol{B}\boldsymbol{u}(t) \\ \boldsymbol{y}(t) = \boldsymbol{C}\boldsymbol{x}(t) + \boldsymbol{D}\boldsymbol{u}(t) \end{cases}, t \in T_{\mathrm{t}} \tag{9-3}$$

式中，$\boldsymbol{x}(t)$ 为 n 维状态向量；$\boldsymbol{y}(t)$ 为 m 维系统输出向量；$\boldsymbol{u}(t)$ 为 p 维系统输入向量；$\boldsymbol{A}$ 为 $n \times n$ 矩阵；$\boldsymbol{B}$ 为 $n \times p$ 矩阵；$\boldsymbol{C}$ 为 $m \times n$ 矩阵；$\boldsymbol{D}$ 为 $m \times p$ 矩阵；T_{t} 为时间定义区间。

线性定常连续系统式（9-3）完全可控的充分必要条件是

$$\mathrm{rank}\begin{bmatrix} \boldsymbol{B} & \boldsymbol{A}\boldsymbol{B} & \boldsymbol{A}^2\boldsymbol{B} & \cdots & \boldsymbol{A}^{n-1}\boldsymbol{B} \end{bmatrix} = n \tag{9-4}$$

式中，n 为矩阵 $\boldsymbol{A}$ 的维数。$\boldsymbol{Co} = \begin{bmatrix} \boldsymbol{B} & \boldsymbol{A}\boldsymbol{B} & \boldsymbol{A}^2\boldsymbol{B} & \cdots & \boldsymbol{A}^{n-1}\boldsymbol{B} \end{bmatrix}$ 为系统的能控性矩阵。

对于一个 n 阶系统，若系统的能控矩阵的阶次小于 n，则存在一相似变换 $\boldsymbol{x}_{\mathrm{c}} = \boldsymbol{T}\boldsymbol{x}$，将系统进行能控部分和不能控部分的分解。格式如下：

$$\overline{\boldsymbol{A}} = \begin{bmatrix} \boldsymbol{A}_{\mathrm{uc}} & 0 \\ \boldsymbol{A}_{21} & \boldsymbol{A}_{\mathrm{c}} \end{bmatrix}, \overline{\boldsymbol{B}} = \begin{bmatrix} 0 \\ \boldsymbol{B}_{\mathrm{c}} \end{bmatrix} \tag{9-5}$$

式中，$(\boldsymbol{A}_{\mathrm{c}}, \boldsymbol{B}_{\mathrm{c}})$ 构成能控子系统。

MATLAB 提供了判断系统可控性的相关函数，下面详细介绍各函数的功能。

（1）求取系统能控性矩阵的函数 ctrb()　其调用格式如下：

```
Co=ctrb (A,B)      % 计算由矩阵 A 和 B 给出的系统的能控矩阵 Co
Co=ctrb (sys)      % 计算状态空间 LTI 对象的能控矩阵 Co,该调用等价于 Co=ctrb (sys .A,
                     sys.B),其中 sys=ss(A,B,C,D)
```

（2）系统能控性分解的函数 ctrbf()　其调用格式如下：

```
[Ab, Bb, Cb,T,K]=ctrbf(A,B,C)   % 将系统分解为能控与不能控两部分,其中,A,B 和 C 为变
                                  换前系统矩阵;Ab,Bb 和 Cb 为能控性分解后的矩阵;T
                                  为相似变换矩阵;K 是长度为 n 的一矢量,其元素为各个
                                  块的秩;Sum(K)可求出 A 中可控部分的秩
```

例 9.7　已知控制系统的状态空间方程如下：

$$\dot{\boldsymbol{x}}(t) = \begin{bmatrix} 1 & 0 & -3 \\ 2 & -2 & 1 \\ 5 & -4 & 6 \end{bmatrix} \boldsymbol{x}(t) + \begin{bmatrix} 1 & 0 \\ 1 & 2 \\ 3 & 1 \end{bmatrix} \boldsymbol{u}(t)$$

试判断系统的能控性。

解　程序编写如下：

```
A=[1 0 -3;2 -2 1;5 -4 6];
B=[1 0;1 2;3 1];
n=3;
Co=ctrb(A,B);
rm=rank(Co);
if rm==n
    disp('system is controllable')
else if rm<n
```

```
        disp('system is not controllable')
        end
end
```

程序运行后结果如下：

```
system is controllable
```

例 9.8 已知控制系统的状态空间方程如下：

$$\dot{x}(t) = \begin{bmatrix} -2 & 2 & -1 \\ 0 & -2 & 0 \\ 1 & -4 & 0 \end{bmatrix} x(t) + \begin{bmatrix} 0 \\ 0 \\ 1 \end{bmatrix} u(t)$$

$$y(t) = \begin{bmatrix} 1 & -1 & 1 \end{bmatrix} x(t)$$

试判断系统的能控性，若系统不能控则需进行能控性分解。

解 程序编写如下：

```
A=[-2 2 -1;0 -2 0;1 -4 0];
B=[0;0;1];
C=[1 -1 1];
Co=ctrb(A,B)
rank(Co)
```

程序运行后结果如下：

```
Co=
    0  -1   2
    0   0   0
    1   0  -1
ans=
    2
```

由运行结果可知，该系统能控矩阵的秩为 2，小于系统的阶次 3，不完全能控。下面对系统进行能控性分解。

程序编写如下：

```
[Ab,Bb,Cb,T,K]=ctrbf(A,B,C)
```

程序运行后结果如下：

```
Ab=
    -2   0   0
    -2  -2   1
    -4  -1   0
Bb=
    0
    0
    1
Cb=
    -1  -1   1
```

```
T =
     0   1   0
    -1   0   0
     0   0   1
K =
     1   1   0
```

由上可得，可控性分解子矩阵为

$$\dot{x}(t) = \begin{bmatrix} -2 & 0 & 0 \\ -2 & -2 & 1 \\ -4 & -1 & 0 \end{bmatrix} x(t) + \begin{bmatrix} 0 \\ 0 \\ 1 \end{bmatrix} u(t)$$

$$y(t) = \begin{bmatrix} -1 & -1 & 1 \end{bmatrix} x(t)$$

9.3.2　线性系统可观测性

考虑线性定常连续系统的状态方程式（9-3），该系统完全可控的充分必要条件为

$$\operatorname{rank} \begin{bmatrix} C \\ CA \\ CA^2 \\ \vdots \\ CA^{n-1} \end{bmatrix} = n \tag{9-6}$$

或者

$$\operatorname{rank} \begin{bmatrix} C^{\mathrm{T}} & A^{\mathrm{T}} C^{\mathrm{T}} & (A^{\mathrm{T}})^2 C^{\mathrm{T}} & \cdots & (A^{\mathrm{T}})^{n-1} C^{\mathrm{T}} \end{bmatrix} = n \tag{9-7}$$

式中，n 为矩阵 A 的维数。$Ob = \begin{bmatrix} C^{\mathrm{T}} & A^{\mathrm{T}} C^{\mathrm{T}} & (A^{\mathrm{T}})^2 C^{\mathrm{T}} & \cdots & (A^{\mathrm{T}})^{n-1} C^{\mathrm{T}} \end{bmatrix}$ 为系统的可观测性矩阵。

MATLAB 提供了判断系统可观测性的相关函数，下面详细介绍各函数的功能。

（1）求取系统能观测性矩阵的函数 obsv()　其调用格式如下：

```
Co=obsv (A,B)      % 计算由矩阵 A 和 B 给出的系统的可观测矩阵 Ob
Co=obsv(sys)       % 计算状态空间 LTI 对象的能观测矩阵 Ob,该调用等价于 Ob = ctrb
                     (sys.A,sys.B),其中 sys=ss(A,B,C,D)
```

（2）系统能观测性分解的函数 obsvf()　其调用格式如下：

```
[Ao,Bo,Co]=obsvf(A,B,C)   % 当系统能观测性矩阵的秩小于系统的维数 n 时,可以使用该函
                            数对系统进行能观测性分解,其中,A,B 和 C 为变换前系统矩
                            阵;Ao,Bo 和 Co 为能观测性分解后的矩阵
```

例 9.9　已知控制系统的状态空间方程如下：

$$\dot{x}(t) = \begin{bmatrix} 1 & 0 & -3 \\ 2 & -2 & 1 \\ 5 & -4 & 6 \end{bmatrix} x(t) + \begin{bmatrix} 1 & 0 \\ 1 & 2 \\ 3 & 1 \end{bmatrix} u(t)$$

$$y(t) = \begin{bmatrix} 1 & 0 & 1 \\ 1 & 1 & 0 \end{bmatrix}$$

试判断系统的可观测性。

解 程序编写如下：

```
A=[1 0 -3;2 -2 1;5 -4 6];
B=[1 0;1 2;3 1];
C=[1 0 1;1 1 0];
n=3;
Ob=obsv(A,C);
rm=rank(Ob);
if rm==n
    disp('system is observable')
else if rm<n
    disp('system is not observable')
    end
end
```

程序运行后结果如下：

```
system is observable
```

例 9.10 已知系统的系数矩阵如下：

$$A = \begin{bmatrix} 0 & 0 & -1 \\ 1 & 0 & -3 \\ 0 & 1 & -3 \end{bmatrix}, B = \begin{bmatrix} 2 \\ 1 \\ 0 \end{bmatrix}, C = \begin{bmatrix} 0 & 2 & -4 \end{bmatrix}$$

试对系统进行能观测性分解。

解 程序编写如下：

```
A=[0 0 -1;1 0 -3;0 1 -3];
B=[2;1;0];
C=[0 2 -4];
n=3;
Ob=obsv(A,C);
rm=rank(Ob);
if rm==n
    disp('system is observable')
else if rm<n
    disp('system is not observable')
    end
end
```

程序运行后结果如下：

```
system is not observable
```

由运行结果可知，系统是不完全可观测。下面对系统进行能观测性分解。

程序编写如下：

```
[Ao,Bo,Co]=obsvf(A,B,C)
```

程序运行后结果如下：

```
Ao =
  -1.0000   1.3416   3.8341
       0  -0.4000  -0.7348
       0   0.4899  -1.6000
Bo =
    1.6330
    1.4606
    0.4472
Co =
       0  -0.0000   4.4721
```

9.4　基于状态空间模型的反馈结构控制器设计

经典控制理论中以传递函数作为系统模型表示式，而现代控制学中以动态方程式作为系统模型表达式，与传递函数表达式最大的不同点在于引进"状态"的概念。无论是在经典控制理论还是现代控制理论中，反馈控制结构都是系统设计的主要方式。由于现代控制理论采用系统内部的状态变量来描述系统的特性，因此除了输出反馈外，还经常采用状态反馈。在系统的分析和设计中，反馈控制能够为系统提供很多的信息，得到了广泛的应用，常用的反馈形式是状态反馈和输出反馈。

9.4.1　状态反馈

状态反馈主要是利用状态变量经过固定增益后反馈到系统的输入端。针对以下系统状态方程：

$$\begin{cases} \dot{x}(t) = Ax(t) + Bu(t) \\ y(t) = Cx(t) \end{cases} \tag{9-8}$$

式中，$x(t)$ 为 n 维状态向量；$y(t)$ 为 m 维系统输出向量；$u(t)$ 为 p 维系统输入向量；A 为 $n×n$ 矩阵；B 为 $n×p$ 矩阵；C 为 $m×n$ 矩阵。

设计以下状态反馈控制律：

$$u(t) = -Kx(t) + v(t) \tag{9-9}$$

式中，K 为状态反馈增益矩阵；$v(t)$ 为参考输入。

注：研究状态反馈时，假设所有的状态变量是可观测的。

将式（9-9）代入式（9-8）中，可得到以下状态反馈系统状态方程模型：

$$\begin{cases} \dot{x}(t) = (A-BK)x(t) + Bv(t) \\ y(t) = Cx(t) \end{cases} \tag{9-10}$$

状态反馈闭环传递函数如下：

$$G_K(s) = C(sI-A+BK)^{-1}B \tag{9-11}$$

系统的状态反馈控制结构图如图 9-3 所示。如果系统 (A,B) 可控，则可通过选择合适的 K 矩阵，将闭环系统矩阵的特征根配置到适当位置，进而提高系统的性能。

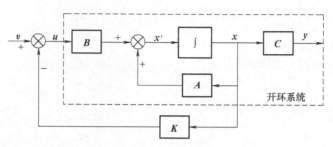

图 9-3　状态反馈控制结构图

9.4.2　输出反馈

输出反馈采用输出变量作为反馈量来构成反馈律，实现对系统的闭环控制，从而获得期望的系统性能指标。

针对式（9-8）设计以下输出反馈控制律：

$$u(t) = -Hy(t) + v(t) \tag{9-12}$$

式中，H 为输出反馈增益矩阵；$v(t)$ 为参考输入。

注：状态反馈往往不容易实现，并且状态变量不一定具有明显的物理意义，而输出变量比较容易实现，其具有实际的物理意义。

将式（9-12）代入式（9-8）中，可得到以下输出反馈系统状态方程模型：

$$\begin{cases} \dot{x}(t) = (A - BHC)x(t) + Bv(t) \\ y(t) = Cx(t) \end{cases} \tag{9-13}$$

输出反馈闭环传递函数如下：

$$G_H(s) = C(sI - A + BHC)^{-1}B \tag{9-14}$$

系统的状态反馈控制结构图如图 9-4 所示。

由状态反馈和输出反馈的数学模型可知，输出反馈其实可以视为当 $K = HC$ 时的状态反馈，因此，进行系统分析时，输出反馈可以看作是状态反馈的一种特例。

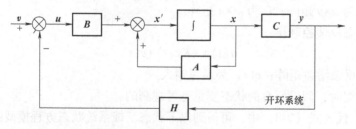

图 9-4　输出反馈控制结构图

9.4.3　闭环系统的状态可控性和可观性

针对状态反馈和输出反馈构成的闭环系统，其状态的可控性和可观性是进行反馈控制律设计和闭环系统分析时所关注的重要问题。

1. 闭环系统的可控性

由系统的能控性判据可知，被控系统 $\sum(A,B,C)$ 采用状态反馈后的闭环系统 $\sum_K(A-BK,B,C)$ 的可控性可由以下条件判定：

$$\text{rank}(A-BK,B,C)=n \tag{9-15}$$

若满足式（9-15），即反馈后的闭环系统的可控矩阵是满秩的，则状态反馈后的系统是可控的。

下面分析状态反馈后的闭环系统 $\sum_K(A-BK,B,C)$ 系统的秩：

$$\text{rank}(\lambda I-A+BK,B)=\text{rank}\left\{[\lambda I-A \quad B]\begin{bmatrix} I & 0 \\ K & I \end{bmatrix}\right\}=\text{rank}[\lambda I-A \quad B] \tag{9-16}$$

由以上分析可知，状态反馈控制不改变系统的能控性，由于输出反馈是状态反馈的一个特例，因此输出反馈也不改变系统的状态能控性。

2. 闭环系统的可观性

输出反馈闭环系统 $\sum_H(A-BHC,B,C)$ 的状态可观性等价于其对偶系统 $\sum_{H^T}(A^T-C^TH^TB^T,C^T,B^T)$ 的状态可观性。其对偶系统可以看作是系统 $\sum(A^T,C^T,B^T)$ 经过输出反馈矩阵 H^T 构成的闭环反馈系统。由于输出反馈不改变系统的可控性，因此闭环系统 $\sum_H(A-BHC,B,C)$ 的状态可观性等价于其对偶系统 $\sum(A^T,C^T,B^T)$ 的状态可观性。再根据原理可知，系统 $\sum(A^T,C^T,B^T)$ 的状态可观性等价于其对偶系统 $\sum(A,B,C)$ 的状态可观性，因此得到输出反馈不改变状态的可观性，但是采用状态反馈构成的闭环控制系统可能会改变状态的可观性。

例 9.11 某线性定常系统的状态空间模型为

$$\begin{cases} \dot{x}(t)=\begin{bmatrix} 1 & 2 \\ 3 & 1 \end{bmatrix}x(t)+\begin{bmatrix} 0 \\ 1 \end{bmatrix}u(t) \\ y(t)=[1 \quad 2]x(t) \end{cases}$$

分别设计状态反馈控制律 $K=[3 \quad 1]$ 和输出反馈控制律 $H=2$，并判断系统经反馈后闭环系统的状态可控性和可观性。

解 1）首先计算开环系统的可控性和可观性矩阵的秩。程序编写如下：

```
A=[1 2;3 1];
B=[0;1];
C=[1 2];
n1=rank(ctrb(A,B))
n2=rank(obsv(A,C))
```

程序运行后结果如下：

```
n1 =
    2
n2 =
    2
```

由运行结果可知，开环系统状态既可控又可观。

2）然后计算系统经反馈后闭环系统的状态可控性和可观性。程序编写如下：

```
K=[3 1];
Ak=A-B*K;
n3=rank(ctrb(Ak,B))
n4=rank(obsv(Ak,C))
H=2;
Ah=A-B*H*C;
n5=rank(ctrb(Ah,B))
n6=rank(obsv(Ah,C))
```

程序运行后结果如下：

```
n3 =
    2
n4 =
    1
n5 =
    2
n6 =
    2
```

由运行结果可知，状态反馈闭环系统为状态可控但不可观，即状态反馈可能改变系统的状态可观性；输出反馈闭环系统为状态可控又可观，这与前面的分析结果相一致。

9.4.4 极点配置

对于线性定常系统，系统的稳定性和各种性能指标在很大程度上是由闭环系统的极点位置决定的，因此在进行控制系统设计时，需要将闭环系统的极点设置在 S 平面的左半平面，且能获得所期望的性能指标。

极点配置方法就是通过反馈矩阵的选择，使闭环系统的极点，即闭环特征方程的特征根恰好处于预先选定的一组期望极点上。由于期望的极点具有一定的任意性，因此极点配置也具有任意性。由于反馈不能改变系统的不能控状态，因此系统通过反馈可以任意配置闭环极点的充分必要条件是系统完全可控。

假定线性定常系统为

$$\dot{x}(t) = Ax(t) + Bu(t) \tag{9-17}$$

式中，$x(t)$ 为 n 维状态向量；$u(t)$ 为 p 维系统输入向量；A 为 $n×n$ 矩阵；B 为 $n×p$ 矩阵。

设计反馈控制律如下：

$$u(t) = -Kx(t) + v(t) \tag{9-18}$$

式中，K 为状态反馈增益矩阵；$v(t)$ 为参考输入。

给定状态反馈系统期望的闭环极点位置为 $\{\lambda_1, \lambda_2, \cdots, \lambda_n\}$，设计一个状态反馈增益矩阵 K，实现极点配置算法。

MATLAB 工具箱提供了极点配置的相关函数，见表 9-1 所示。

表 9-1　函数名及其功能描述 1

函数名	函数功能描述
acker	单输入系统极点配置
place	单输入/多输入系统极点配置

上述函数调用格式如下：

```
K=acker(A,B,p)
K=place(A,B,p)   % 其中,A 和 B 为系统状态方程模型中的系数矩阵,p 为期望闭环极点,K 为状
                    态反馈增益矩阵。
```

两种函数分别采用 Ackerman 和基于鲁棒极点配置的算法编写的，但是 acker() 函数适用于多重期望极点的配置情况，而 place() 函数不适用

例 9.12　假设系统状态方程如下：

$$\dot{x}(t) = \begin{bmatrix} 0 & 0 & 0 \\ 1 & -6 & 0 \\ 0 & 1 & -12 \end{bmatrix} x(t) + \begin{bmatrix} 1 \\ 0 \\ 0 \end{bmatrix} u(t)$$

通过状态反馈配置期望的闭环极点为 $\lambda_1 = -2$，$\lambda_2 = -1+j$，$\lambda_3 = -1-j$，试求系统的状态反馈矩阵 K，并进行验证，最后绘制系统零初始状态下的单位阶跃响应曲线图。

解　1）求系统的状态反馈矩阵 K，并进行验证。程序编写如下：

```
A=[0 0 0;1 -6 0;0 1 -12];
B=[1;0;0];
C=[0 0 0];
D=0;
G=ss(A,B,C,D);          %系统状态空间数学模型
Co=ctrb(G)              %系统能控矩阵
r=rank(Co)
p=[-2 -1+j -1-j];       %期望配置极点
K=place(A,B,p)          %计算状态反馈增益矩阵
```

程序运行后结果如下：

```
Co=
    1   0   0
    0   1  -6
    0   0   1
r=
    3
K=
   1.0e+03 *
   -0.0140   0.1860   -1.2200
```

由输出结果可知，系统是可控的，所求状态反馈增益矩阵 $K = \begin{bmatrix} -14 & 186 & -1220 \end{bmatrix}$。
下面的程序用来验证所求 K 的准确性。
编写程序如下：

```
Ac=A-B*K
p1=eig(Ac)
```

程序运行后结果如下：

```
Ac =
    1.0e+03 *
    0.0140   -0.1860    1.2200
    0.0010   -0.0060         0
         0    0.0010   -0.0120
p1 =
  -1.0000+1.0000i
  -1.0000 - 1.0000i
  -2.0000
```

由输出结果可知，计算的极点与期望极点完全一致，验证了所求反馈增益矩阵的正确性。

2）绘制系统各状态的响应曲线图。首先根据上述程序设计的反馈增益矩阵搭建 Simulink 框图，如图 9-5 所示。

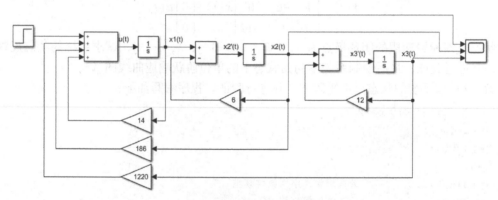

图 9-5　Simulink 仿真模型

上述模型中的阶跃信号幅值设置为 1，则可以得出图 9-6 所示仿真结果。

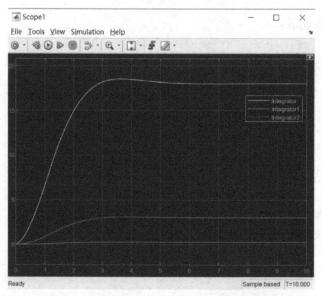

图 9-6　零初始状态下的单位阶跃响应曲线图 1

例 9.13 针对例 9.12 中的状态方程，配置相同的极点，绘制当系统初始状态为 $X_0 =$ [1 2 3] 时的零输入响应曲线图。

解 1）利用图 9-5 所示 Simulink 仿真模型，分别设置三个积分模块中的参数为 1、2、3，将单位阶跃信号设置为零，然后进行仿真，结果如图 9-7 所示。

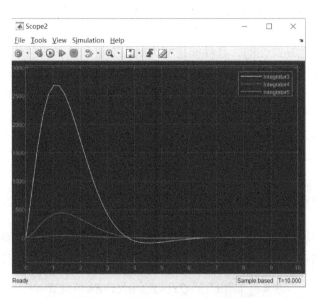

图 9-7 零初始状态下的单位阶跃响应曲线图 2

2）利用 MATLAB 代码实现其功能。

编写程序如下：

```
A=[0 0 0;1 -6 0;0 1 -12];
B=[1;0;0];
p=[-2 -1+j -1-j];                    %期望配置极点
K=place(A,B,p)                       %计算状态反馈增益矩阵
G1=ss(A-B*K,eye(3),eye(3),eye(3))    %极点配置后的系统模型
t=0:0.1:10;
X=initial(G1,[1;2;3],t);             %初始条件为[1 2 3]时的零输入响应
x1=[1 0 0]*X';                       %状态 x1
x2=[0 1 0]*X';                       %状态 x2
x3=[0 0 1]*X';                       %状态 x3
plot(t,x1,t,x2,t,x3)                 %绘制状态曲线
```

运行程序后得到图 9-7 所示仿真图形。

9.4.5 二次型指标优化控制器

最优控制理论是现代控制理论中的重要内容，近几十年的研究与应用使得最优控制理论成为现代控制中的一大分支。由于计算机的发展已使过去认为无法实现的计算成为很容易的事，因此最优控制的思想和方法已在工程技术实践中得到越来越广泛的应用。应用最优控制理论和方法可以在严密的数学基础上找出满足一定性能优化要求的系统最优控制律，这种控

制律可以是时间 t 的显式函数，也可以是系统状态反馈或系统输出反馈的反馈律。常用的最优化求解方法有变分法、最大值原理以及动态规划法等。最优控制是现代控制理论的核心。最优控制研究的主要问题是根据已经建立的被控对象的数学模型，选择一个允许的控制规律，使得被控对象按预定的要求进行，并使给定的某一性能指标达到最优值（极大值或极小值）。如果设计的控制系统可以使得某个性能指标达到最佳值，则这个控制系统就称为最优控制系统。

如果所研究的问题是线性的，且性能指标为状态变量和控制变量的二次型函数，则最优控制问题称为线性二次型问题。由于线性二次型问题的最优解具有统一的解析表达式，且可以导出一个简单的线性状态反馈控制律，易于构成闭环最优反馈控制，因此，在实际工程中得到了广泛应用。线性二次型问题就是在线性系统的约束下，选择控制输入使得二次型目标函数达到最小。线性二次型最优控制一般涉及两类问题：一类是具有状态反馈的线性二次型最优控制，即 LQ（Linear Quadratic）问题；另一类是线性二次型高斯最优控制，即 LQG 问题。

假定线性定常系统为

$$\dot{x}(t) = Ax(t) + Bu(t) \tag{9-19}$$

式中，$x(t)$ 为 n 维状态向量；$u(t)$ 为 p 维系统输入向量；A 为 $n \times n$ 矩阵；B 为 $n \times p$ 矩阵。

系统最优控制律设计的目标是寻求控制向量 $u^*(t)$，使得以下二次型目标函数为最小：

$$J = \frac{1}{2} \int_0^\infty [x^{\mathrm{T}}(t)Qx(t) + u^{\mathrm{T}}(t)Ru(t)] \, \mathrm{d}t \tag{9-20}$$

式中，Q 为半正定实对称常数矩阵；R 为正定实对称常数矩阵；Q 和 R 分别为 $x(t)$ 和 $u(t)$ 的加权矩阵。

根据极值原理，可以得出最优控制律，即

$$u^*(t) = -R^{-1}B^{\mathrm{T}}Px(t) = -Kx(t) \tag{9-21}$$

式中，K 为最优反馈增益矩阵；P 为正定实对称常数矩阵。矩阵 P 必须满足以下黎卡提（Riccati）代数方程

$$PA + A^{\mathrm{T}}P - PBR^{-1}B^{\mathrm{T}}P + Q = 0 \tag{9-22}$$

因此，系统设计归结于求解 Riccati 方程的问题，并求出反馈增益矩阵。

MATLAB 工具箱提供了极点配置的相关函数，见表 9-2。

表 9-2　函数名及其功能描述 2

函数名	函数功能描述
lqr	连续系统的 LQ 调节器设计
dlqr	离散系统的 LQ 调节器设计
lqry	系统的 LQ 调节器设计
lqd	计算连续时间系统的离散 LQ 调节器设计
kalman	系统的 Kalman 滤波器设计
kalmd	连续系统的离散 Kalman 滤波器设计
lqg	连续系统的 LQG 控制分析
lqgreg	根据 kalman 估计器增益和状态反馈增益建立 LQR 调节器

控制系统工具箱中提供了上述函数,用于设计最优控制器。这里简单介绍 lqr() 函数的调用格式。

```
[K,P]=lqr(A,B,Q,R)   % 其中,A 和 B 为系统状态方程模型中的系数矩阵,Q 和 R 为加权矩阵,K
                        为状态反馈增益矩阵,P 为 Riccati 代数方程的解。
```

例 9.14　设某连续系统的状态空间方程表达式为

$$\dot{x}(t) = \begin{bmatrix} 0 & 2 & 0 \\ 0 & 0 & 2 \\ -13 & -9 & -6 \end{bmatrix} x(t) + \begin{bmatrix} 0 \\ 0 \\ 1 \end{bmatrix} u(t)$$

$$y(t) = \begin{bmatrix} 1 & 0 & 0 \end{bmatrix} x(t)$$

要求系统的性能指标为

$$J(u) = \int_0^\infty (x^{\mathrm{T}}Qx + u^{\mathrm{T}}Ru + 2x^{\mathrm{T}}Nu)\,\mathrm{d}t$$

选取以下形式的加权矩阵:

$$Q = \begin{bmatrix} 1 & 0 & 0 \\ 0 & 1 & 0 \\ 0 & 0 & 1 \end{bmatrix}, R = 1, N = \begin{bmatrix} 0 \\ 0 \\ 1 \end{bmatrix}$$

试设计线性二次型最优控制器,并绘制闭环系统的单位阶跃响应曲线。

解　程序编写如下:

```
A=[0 2 0;0 0 3;-13 -9 -6];
B=[0;0;1];
C=[1 0 0];
D=0;
Q=diag([1,1,1]);
R=1;
[K,P]=lqr(A,B,Q,R)      % K 为最优控制器增益,P 为 Riccati 方程的解
Ac=A-B*K;
Bc=B;
Cc=C;
Dc=D;
Gc=ss(Ac,Bc,Cc,Dc);
step(Gc)
```

程序运行后得到以下结果:

```
K =
    0.0384    0.2802    0.2194
P =
    1.9993    1.0304    0.0384
    1.0304    1.2134    0.2802
    0.0384    0.2802    0.2194
```

在该状态反馈作用下,可以由 eig(Ac) 命令直接求得闭环系统的极点。

```
eig(Ac)
ans =
```

```
-4.0894+0.0000i
-1.0650+4.2421i
-1.0650-4.2421i
```

由运行结果可知系统是稳定的。

单位阶跃响应曲线如图 9-8 所示。

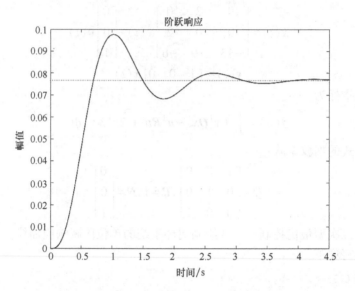

图 9-8　例 9.14 闭环系统的单位阶跃响应曲线

9.5　线性系统的状态观测器设计

当利用状态反馈配置系统极点时，需要用传感器测量状态变量以实现反馈。但在实际系统中，通常只有被控对象的输入量和输出量能够用传感器测量，大部分状态变量是很难直接测量或者不可能测量的。因此，为了实现状态反馈控制，需要通过一个与已知实际系统 $\{A,B,C,D\}$ 具有同样动态方程的模拟系统，用模拟系统的状态向量作为实际系统状态向量的估计值。为了解决这一问题，龙伯格（Luenberger）提出了状态观测器理论，利用已知的信息（被控对象的输入量和输出量），通过一个模型重新构造系统状态来对状态进行估计，该理论解决了在确定性控制条件下受控系统状态的重构问题，使状态反馈成为一种现实的控制规律。

状态观测器按其结构可分为全维观测器和降维观测器。如果状态观测器的维数与系统的维数是相同的，即观测器观测系统的所有状态，那么这样的状态观测器称为全维状态观测器或全阶观测器。若状态观测器的维数小于系统的维数，即观测器直接观测不可测量的状态，而不观测那些可以直接测量的状态，那么这样的观测器称为降维观测器，降维观测器在结构上要比全维观测器简单。如果降维观测器的维数是可能的最小值，则称该观测器为最小阶观测器。

9.5.1　全维状态观测器

设被控对象动态方程为

$$\dot{x}(t) = Ax(t) + Bu(t)$$
$$y(t) = Cx(t) \tag{9-23}$$

构造一个观测器动态方程为

$$\dot{\hat{x}}(t) = A\hat{x}(t) + Bu(t) - L[\hat{y}(t) - y(t)]$$
$$\hat{y}(t) = C\hat{x}(t) \tag{9-24}$$

式中，$\hat{x}(t)$，$\hat{y}(t)$ 分别为被控对象状态向量和输出向量的估计值；L 为观测器增益矩阵。

按以上原理构成的状态观测器及其实现的结构如图 9-9 所示。状态观测器有两个输入，即 $u(t)$ 和 $y(t)$，输出为 $\hat{x}(t)$。

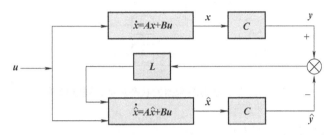

图 9-9　状态观测器结构图

将式（9-24）整理为以下形式：

$$\dot{\hat{x}}(t) = A\hat{x}(t) + Bu(t) - L[C\hat{x}(t) - Cx(t)]$$
$$= (A - LC)\hat{x}(t) + Bu(t) + LCx(t) \tag{9-25}$$

式中，$(A - LC)$ 为观测器矩阵。

观测器设计的关键问题就是在任何初始条件下，总有

$$\lim_{t \to \infty}[\hat{x}(t) - x(t)] = 0 \tag{9-26}$$

只有满足式（9-26），状态反馈系统才能正常工作。式（9-24）所描述的系统才能作为实际系统的观测器。

由式（9-23）和式（9-24）可得系统状态向量误差方程：

$$[\dot{x}(t) - \dot{\hat{x}}(t)] = (A - LC)[x(t) - \hat{x}(t)] \tag{9-27}$$

其解为

$$x(t) - \hat{x}(t) = e^{(A-LC)(t-t_0)}[x(t_0) - \hat{x}(t_0)] \tag{9-28}$$

从式（9-28）分析可知，当 $\hat{x}(t_0) = x(t_0)$ 时，恒有 $\hat{x}(t) = x(t)$。当 $\hat{x}(t_0) \neq x(t_0)$ 时，有 $\hat{x}(t) \neq x(t)$，此时需要输出反馈起作用，只要 $(A - LC)$ 的全部特征值具有负实部，初始状态向量误差将会按指数衰减规律满足式（9-26），其衰减速度取决于观测器的极点配置。同时，选择观测器增益矩阵 L 时，应注意数值不应选择太大，否则实现起来比较困难，通常希望观测器响应速度比状态反馈响应速度快一些。

当利用全维状态观测器设计的状态估计值 $\hat{x}(t)$ 替代真实值 $x(t)$ 来实现状态反馈时，是否需要重新设计状态反馈控制器？当观测器被引入系统后，状态反馈系统是否会改变观测器的极点配置，观测器输出反馈矩阵 L 是否需要重新设计？

基于状态估计值设计状态反馈控制器形式如下：

$$u(t) = -K\hat{x}(t) + v(t) \tag{9-29}$$

基于观测器的状态反馈控制器结构如图 9-10 所示。

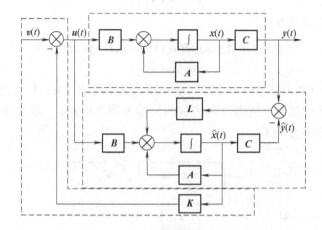

图 9-10 全维状态观测器的状态反馈系统结构图

状态反馈子系统动态方程如下：

$$\dot{x}(t) = Ax(t) - BK\hat{x}(t) + Bv(t)$$
$$y(t) = Cx(t) \tag{9-30}$$

状态观测器子系统动态方程如下：

$$\dot{\hat{x}}(t) = (A - LC)\hat{x}(t) - BK\hat{x}(t) + LCx(t) + Bv(t)$$
$$= (A - LC - BK)\hat{x}(t) + LCx(t) + Bv(t) \tag{9-31}$$

故复合系统动态方程如下：

$$\begin{bmatrix} \dot{x}(t) \\ \dot{\hat{x}}(t) \end{bmatrix} = \begin{bmatrix} A & -BK \\ LC & A - LC - BK \end{bmatrix} \begin{bmatrix} x(t) \\ \hat{x}(t) \end{bmatrix} + \begin{bmatrix} B \\ B \end{bmatrix} v(t) \tag{9-32a}$$

$$y(t) = \begin{bmatrix} C & 0 \end{bmatrix} \begin{bmatrix} x(t) \\ \hat{x}(t) \end{bmatrix} \tag{9-32b}$$

由式（9-30）和式（9-31）可得系统状态向量误差方程为

$$\dot{x}(t) - \dot{\hat{x}}(t) = (A - LC)[x(t) - \hat{x}(t)] \tag{9-33}$$

由式（9-33）可知，只要（$A - LC$）全部特征值具有负实部，状态误差将会趋近于零，而与 $u(t)$ 和 $v(t)$ 无关。

例 9.15 设某连续系统的状态空间方程表达式为

$$\dot{x}(t) = \begin{bmatrix} -6 & -11 & -6 \\ 1 & 0 & 0 \\ 0 & 1 & 0 \end{bmatrix} x(t) + \begin{bmatrix} 1 \\ 0 \\ 0 \end{bmatrix} u(t) \qquad x(0) = \begin{bmatrix} 0.1 & 0.1 & 0.1 \end{bmatrix}$$

$$y(t) = \begin{bmatrix} 0 & 0 & 1 \end{bmatrix} x(t)$$

1）试判断系统的可观性；

2）设计全维状态观测器，观测器的极点配置为（$-4 \pm j5\sqrt{3}, -8$）；

3）绘制状态估计值与实际值的曲线。

解　1）首先判断系统的可观测性，程序编写如下：

```
A=[-6 -11 -6;1 0 0;0 1 0];
B=[1;0;0];
C=[0 0 1];
n=3;
ob=obsv(A,C);
roam=rank(ob);
if roam==n
    disp('System is observable')
elseif rcam~=n
    disp('System is no observer')
end
```

运行结果如下：

```
System is observable
```

由结果可知该系统是可观测的。

2）设计全维观测器，编写程序如下：

```
p=[-4+j*5*sqrt(3),-4-j*5*sqrt(3),-8];
L=acker(A',C',p)'
```

运行结果如下：

```
L=
    108.0000
    84.0000
    10.0000
```

由式（9-25）可得全维观测器的方程为

$$\dot{\hat{x}}(t)=\begin{bmatrix} -6 & -11 & -114 \\ 1 & 0 & -84 \\ 0 & 1 & -10 \end{bmatrix}\hat{x}(t)+\begin{bmatrix} 1 \\ 0 \\ 0 \end{bmatrix}u(t)+\begin{bmatrix} 108 \\ 84 \\ 10 \end{bmatrix}y(t)$$

3）搭建 Simulink 仿真框图，绘制状态估计值和真实值曲线。根据上述仿真运行结果，搭建全维观测器 Simulink 仿真框图如图 9-11 所示。图中 x1，x2 和 x3 为系统的状态实际值，x11，x21 和 x31 为系统的状态观测值。

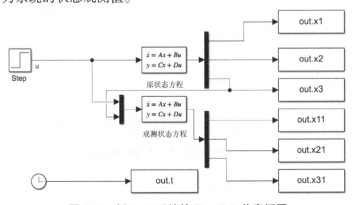

图 9-11　例 9.15 系统的 Simulink 仿真框图

阶跃信号模块参数设置如图 9-12 所示。

图 9-12　阶跃信号模块参数设置

原始状态空间方程参数设置如图 9-13 所示。

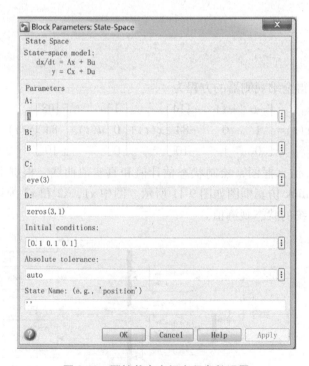

图 9-13　原始状态空间方程参数设置

观测状态空间方程参数设置如图 9-14 所示。

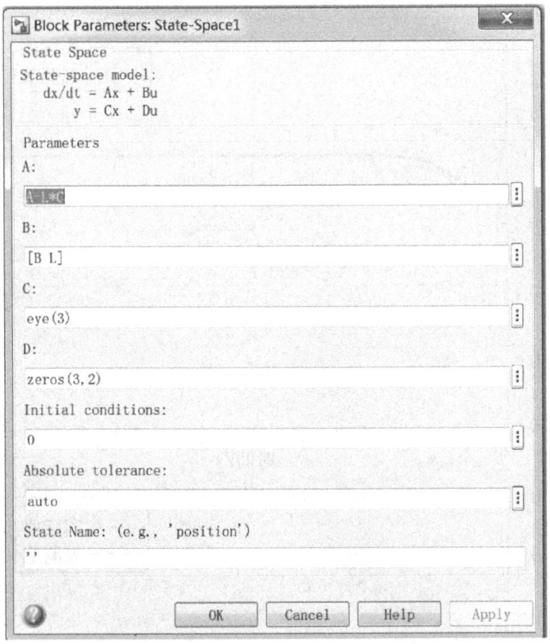

图 9-14　观测状态空间方程参数设置

运行程序，输入命令

```
plot(out.t,out.x1,'b-',out.t,out.x11,'k--')
xlabel('时间/s')
ylabel('x1')
legend('实际值','观测值')
plot(out.t,out.x2,'b-',out.t,out.x21,'k--')
xlabel('时间/s')
ylabel('x2')
legend('实际值','观测值')
plot(out.t,out.x3,'b-',out.t,out.x31,'k--')
xlabel('时间/s')
ylabel('x3')
legend('实际值','观测值')
```

得到图 9-15 所示系统实际值和估计值的状态曲线。从图中的结果可以看出，三个状态变量在初始时间处的响应不是很理想，但总体上可以跟踪各个状态。

9.5.2　降维状态观测器

上述介绍的全维观测器其维数和受控系统的维数相同，实际上，系统的输出矢量 $y(t)$ 总是能够测量的，因此，可以利用系统的输出量 $y(t)$ 来直接产生部分状态变量，从而降低观测器的维数。对于 m 维输出系统，有 m 个输出变量可直接测量得到，通过线性变换，有 m 个状态变量可由输出得到，其余的 $(n-m)$ 个状态变量只需要用 $(n-m)$ 维的降维状态观测器进行重构即可。

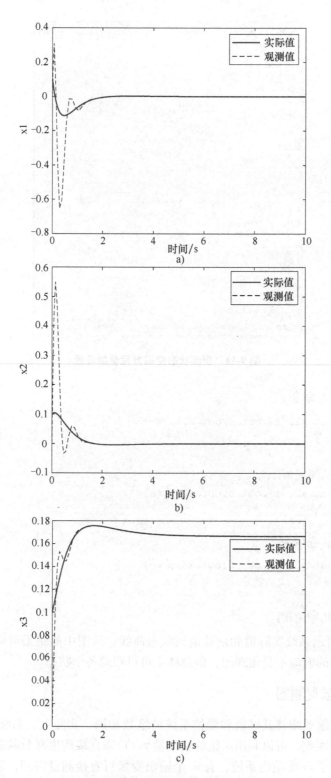

图 9-15　系统的实际值和估计值状态曲线

设 n 维受控系统的状态方程如下：

$$\dot{x}(t)=Ax(t)+Bu(t)$$
$$y(t)=Cx(t) \tag{9-34}$$

该系统是可观测的，且 $\text{rank}(C)=m$。

引入非奇异线性变换

$$x(t)=T\bar{x}(t) \tag{9-35}$$

式（9-34）将转化成以下典型形式：

$$\dot{\bar{x}}(t)=\bar{A}\bar{x}(t)+\bar{B}u(t)$$
$$\bar{y}(t)=\bar{C}\,\bar{x}(t) \tag{9-36}$$

式中，$\bar{A}=T^{-1}AT=\begin{pmatrix}\bar{A}_{11} & \bar{A}_{12} \\ \bar{A}_{21} & \bar{A}_{22}\end{pmatrix}\begin{matrix}\}n-m \\ \}m\end{matrix}$，$\bar{B}=T^{-1}B=\begin{pmatrix}\bar{B}_1 \\ \bar{B}_2\end{pmatrix}\begin{matrix}\}n-m \\ \}m\end{matrix}$，$\bar{C}=CT=[\,0 \quad I\,]\;\}m$。

变换矩阵 T 具有以下形式：

$$T^{-1}=\begin{pmatrix}C_0 \\ C\end{pmatrix}\begin{matrix}\}n-m \\ \}m\end{matrix} \tag{9-37a}$$

$$T=\begin{pmatrix}C_0 \\ C\end{pmatrix}^{-1} \tag{9-37b}$$

式中，C_0 为保证 T 为非奇异的任意 $(n-m)\times n$ 维矩阵。

容易验证

$$C=C\begin{bmatrix}C_0 \\ C\end{bmatrix}^{-1}\begin{bmatrix}C_0 \\ C\end{bmatrix}=\bar{C}\begin{bmatrix}C_0 \\ C\end{bmatrix} \tag{9-38}$$

又因为

$$C=[\,0 \quad I\,]\begin{bmatrix}C_0 \\ C\end{bmatrix} \tag{9-39}$$

对比式（9-38）和式（9-39），可得

$$\bar{C}=[\,0 \quad I\,] \tag{9-40}$$

证明完毕。

将式（9-36）展开可得以下形式：

$$\begin{pmatrix}\dot{\bar{x}}_1(t) \\ \dot{\bar{x}}_2(t)\end{pmatrix}=\begin{pmatrix}\bar{A}_{11} & \bar{A}_{12} \\ \bar{A}_{21} & \bar{A}_{22}\end{pmatrix}\begin{pmatrix}\bar{x}_1(t) \\ \bar{x}_2(t)\end{pmatrix}+\begin{pmatrix}\bar{B}_1 \\ \bar{B}_2\end{pmatrix}u(t) \tag{9-41a}$$

$$\bar{y}(t)=[\,0 \quad I\,]\begin{pmatrix}\bar{x}_1(t) \\ \bar{x}_2(t)\end{pmatrix}=\bar{x}_2(t) \tag{9-41b}$$

由式（9-41）可知，后 m 个状态变量 $\bar{x}_2(t)$ 可由输出变量 $\bar{y}(t)$ 直接测量取得。前 $(n-m)$ 维状态变量则可以通过降维观测器进行估计。

按照全维观测器的设计思路设计降维观测器，由式（9-41a）得

$$\dot{\bar{x}}_1(t) = \bar{A}_{11}\bar{x}_1(t) + \bar{A}_{12}\bar{x}_2(t) + \bar{B}_1 u(t)$$

$$= \bar{A}_{11}\bar{x}_1(t) + M \tag{9-42}$$

令

$$z = \bar{A}_{21}\bar{x}_1(t) \tag{9-43}$$

由于 $u(t)$ 已知，$y(t)$ 直接可测量，故整理式（9-41a）、式（9-42）和式（9-43）得到以下形式：

$$M = \bar{A}_{12}\bar{x}_2(t) + \bar{B}_1 u(t)$$

$$z = \dot{\bar{x}}_2(t) - \bar{A}_{22}\bar{x}_2(t) - \bar{B}_2 u(t) \tag{9-44}$$

式中，M 作为（$n-q$）维子系统的输入向量；z 作为（$n-q$）维子系统的输出向量。

由于原系统是可观测的，因此（$n-q$）维子系统也是可观测的。设计观测器方程具有以下形式：

$$\dot{\hat{\bar{x}}}_1(t) = \bar{A}_{11}\hat{\bar{x}}_1(t) + M + G[z - \bar{A}_{21}\hat{\bar{x}}_1(t)]$$

$$= (\bar{A}_{11} - G\bar{A}_{21})\hat{\bar{x}}_1(t) + M + Gz \tag{9-45}$$

式中，$\hat{\bar{x}}_1(t)$ 为 $\bar{x}_1(t)$ 的观测值；G 为子系统的观测器增益矩阵。

将式（9-44）代入式（9-45）得

$$\dot{\hat{\bar{x}}}_1(t) = (\bar{A}_{11} - G\bar{A}_{21})\hat{\bar{x}}_1(t) + (\bar{A}_{12} - G\bar{A}_{22})\bar{y}(t) + (\bar{B}_1 - G\bar{B}_2)u(t) + G\dot{\bar{y}}(t) \tag{9-46}$$

式（9-46）中出现了导数项 $\dot{\bar{y}}(t)$，增加了状态估计的困难性。为了消去 $\dot{\bar{y}}(t)$，引入变量

$$\hat{\bar{w}}(t) = \hat{\bar{x}}_1(t) - G\bar{y}(t) \tag{9-47}$$

于是观测器方程有以下形式：

$$\dot{\hat{\bar{w}}}(t) = (\bar{A}_{11} - G\bar{A}_{21})\hat{\bar{x}}_1(t) + (\bar{A}_{12} - G\bar{A}_{22})\bar{y}(t) + (\bar{B}_1 - G\bar{B}_2)u(t)$$

$$\hat{\bar{x}}_1(t) = \hat{\bar{w}}(t) + G\bar{y}(t) \tag{9-48}$$

或者是

$$\dot{\hat{\bar{w}}}(t) = (\bar{A}_{11} - G\bar{A}_{21})\hat{\bar{w}}(t) + [(\bar{A}_{11} - G\bar{A}_{21})G + (\bar{A}_{12} - G\bar{A}_{22})]\bar{y}(t) + (\bar{B}_1 - G\bar{B}_2)u(t)$$

$$\hat{\bar{x}}_1(t) = \hat{\bar{w}}(t) + G\bar{y}(t) \tag{9-49}$$

整理得到整个状态变量的估计值为

$$\hat{\bar{x}}(t) = \begin{pmatrix} \hat{\bar{x}}_1(t) \\ \hat{\bar{x}}_2(t) \end{pmatrix} = \begin{pmatrix} \hat{\bar{w}}(t) + G\bar{y}(t) \\ \bar{y}(t) \end{pmatrix}$$

$$= \begin{pmatrix} I \\ O \end{pmatrix} \hat{\bar{w}}(t) + \begin{pmatrix} G \\ I \end{pmatrix} \bar{y}(t) \tag{9-50}$$

再根据线性变换得到 $\hat{x}(t)$ 状态，则有

$$\hat{x}(t) = T\hat{\bar{x}}(t) \tag{9-51}$$

由式（9-41）可知 $\bar{x}_2(t) = \bar{y}(t)$ 是可以直接测量的，所以这 m 个状态变量没有估计误

差。因此只考虑 $\bar{x}_1(t)$ 状态变量的估计误差，定义状态估计误差方程如下：

$$e_1(t) = \bar{x}_1(t) - \hat{\bar{x}}_1(t) \tag{9-52}$$

对式（9-52）求导得

$$\begin{aligned}
\dot{e}_1(t) &= \dot{\bar{x}}_1(t) - \dot{\hat{\bar{x}}}_1(t) \\
&= \bar{A}_{11}\bar{x}_1(t) + \bar{A}_{12}\bar{y}(t) + \bar{B}_1 u(t) - (\bar{A}_{11} - G\bar{A}_{21})\hat{\bar{x}}_1(t) - (\bar{A}_{12} - G\bar{A}_{22})\bar{y}(t) - \\
&\quad (\bar{B}_1 - G\bar{B}_2)u(t) - G\dot{\bar{y}}(t)
\end{aligned} \tag{9-53}$$

根据式（9-41）可得以下形式：

$$\dot{\bar{y}}(t) = \bar{A}_{21}\bar{x}_1(t) + \bar{A}_{22}\bar{y}(t) + \bar{B}_2 u(t) \tag{9-54}$$

将式（9-54）代入式（9-53），得

$$\dot{e}_1(t) = (\bar{A}_{11} - G\bar{A}_{21})[\bar{x}_1(t) - \hat{\bar{x}}_1(t)] = (\bar{A}_{11} - G\bar{A}_{21})e_1(t) \tag{9-55}$$

因此，可以通过选择 G 使 $(\bar{A}_{11} - G\bar{A}_{21})$ 的极点获得任意配置，从而保证误差 $e_1(t)$ 能按照期望的极点尽快衰减到零。

例 9.16　设某连续系统的状态空间方程表达式为

$$\dot{x}(t) = \begin{bmatrix} -12 & -44 & -48 \\ 1 & 0 & 0 \\ 0 & 1 & 0 \end{bmatrix} x(t) + \begin{bmatrix} 1 \\ 0 \\ 0 \end{bmatrix} u(t), \quad x(t) = [0.1\ 0\ 0]$$

$$y(t) = [1\quad 1\quad 1]x(t)$$

1）试判断系统的可观性；

2）设计降维状态观测器，观测器的极点配置为（−3，−4）；

3）绘制状态估计值与实际值的曲线。

解　1）首先判断系统的可观测性，程序编写如下：

```
A=[-12 -44 -48;1 0 0;0 1 0];
B=[1;0;0];
C=[1 1 1];
D=zeros(3,1);
n=3;
ob=obsv(A,C);
roam=rank(ob);
if roam==n
    disp('System is observable')
elseif rcam~=n
    disp('System is no observer')
end
```

运行结果如下：

```
System is observable
```

由结果可知该系统是可观测的。

2）设计降维观测器，程序编写如下：

```
T=[1 0 0;0 1 0;-1 -1 1];
X0=[0.1;0;0];                   %原系统初始状态
XX0=inv(T)*X0;                  %线性变换后系统初始状态
AA=inv(T)*A*T;                  %变换后系统状态矩阵
Aaa=AA(1:2,1:2);               %表示矩阵 A̅11
Aab=AA(1:2,3);                  %表示矩阵 A̅12
Aba=AA(3,1:2);                  %表示矩阵 A̅21
Abb=AA(3,3);                    %表示矩阵 A̅22
BB=inv(T)*B;                    %变换后系统的输入矩阵 B̅
Ba=BB(1:2,1);                   %表示矩阵 B̅1
Bb=BB(3,1);                     %表示矩阵 B̅2
p=[-3,-4];                      % 配置极点
G=acker(Aaa',Aba',p)'          %计算降维观测器增益
Ahat=Aaa-G*Aba
% Bhat=Aab-G*Abb                %利用式(9-47)
Bhat=Ahat*G+Aab-G*Abb          %利用式(9-48)
Fhat=Ba-G*Bb
```

运行结果如下：

```
G =
    1.2043
   -0.3118
Ahat =
   -8.5591   -2.0215
   12.5376    1.5591
Bhat =
    0.1290
   -0.3548
Fhat =
   -0.2043
    0.3118
```

可得降维观测器的方程为

$$\dot{\hat{\bar{w}}}(t) = \begin{bmatrix} -8.5591 & -2.0215 \\ 12.5376 & 1.5591 \end{bmatrix} \hat{\bar{w}}(t) + \begin{bmatrix} 0.1290 \\ -0.3548 \end{bmatrix} \bar{y}(t) + \begin{bmatrix} -0.2043 \\ 0.3118 \end{bmatrix} u(t)$$

$$\hat{\bar{x}}_1(t) = \hat{\bar{w}}(t) + \begin{bmatrix} 1.2043 \\ -0.3118 \end{bmatrix} \bar{y}(t)$$

3）搭建 Simulink 仿真框图，绘制状态估计值和真实值曲线。根据上述仿真运行结果，搭建降维观测器 Simulink 仿真框图如图 9-16 所示。图中 x1，x2 和 x3 为系统的状态实际值，x11 和 x21 为系统的状态观测值。

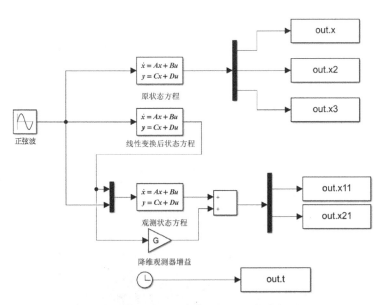

图 9-16 例 9.16 系统的 Simulink 仿真框图

阶跃信号参数设置如图 9-17 所示。

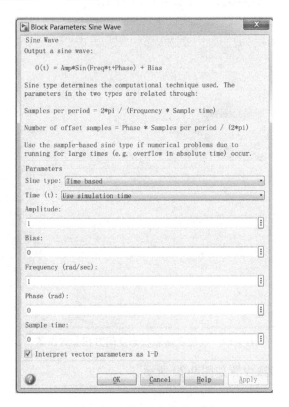

图 9-17 阶跃信号参数设置

原始状态空间方程参数设置如图 9-18 所示。

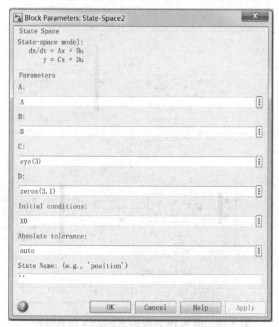

图 9-18　原始状态空间方程参数设置

线性变换后状态空间方程参数设置如图 9-19 所示。

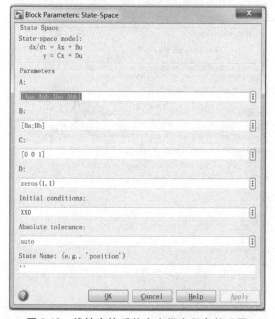

图 9-19　线性变换后状态空间方程参数设置

观测状态空间方程参数设置如图 9-20 所示。

运行程序，输入命令

```
plot(out.t,out.x1,'b-',out.t,out.x11,'k--')
xlabel('时间/s')
ylabel('x1')
```

```
legend('实际值','观测值')
plot(out.t,out.x2,'b-',out.t,out.x21,'k--')
xlabel('时间/s')
ylabel('x2')
legend('实际值','观测值')
```

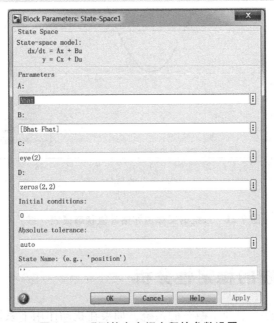

图 9-20　观测状态空间方程的参数设置

得到图 9-21 所示系统实际值和估计值的状态曲线。从图 9-21 中的结果可以看出，两个状态变量在初始时间处的响应不是很理想，但总体上可以跟踪各个状态。

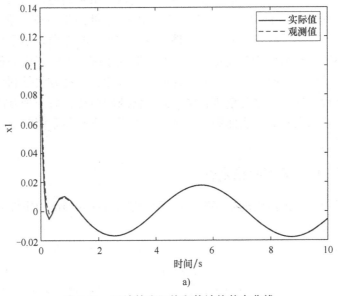

a)

图 9-21　系统的实际值和估计值状态曲线

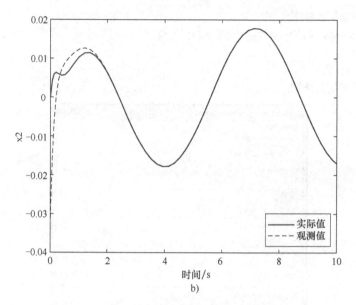

图 9-21   系统的实际值和估计值状态曲线（续）

9.6   线性系统的稳定性分析

系统的稳定性就是指一个处于稳态的系统，如果在扰动作用下系统偏离了原来的平衡状态，当扰动消失后，系统能够以足够的准确度恢复到原来的平衡状态，则系统是稳定的。否则，系统是不稳定的。一个实际的系统必须是稳定的，不稳定的系统是不可能付诸工程实施的。因此，稳定性问题是系统控制理论研究的一个重要课题。

经典控制理论中已经建立了代数判据、根轨迹判据、奈奎斯特判据来判断线性定常系统的稳定性，但不适用于非线性系统和时变系统。1982 年俄国学者李雅普诺夫（Lyapunov）提出的稳定理论是确定系统稳定性的更一般性理论，它采用状态向量描述，不仅使用于单变量、线性、定常系统，也适用于多变量、非线性和时变系统。李雅普诺夫理论在建立一系列关于稳定性概念的基础上，提出了判断稳定性的两种方法：一种方法是利用线性系统微分方程的解来判断系统稳定性，称之为李雅普诺夫第一法或间接法；另一种方法是首先利用经验和技巧来构造李雅普诺夫函数，进而利用李雅普诺夫函数来判断系统的稳定性，称为李雅普诺夫第二法或直接法。

9.6.1   李雅普诺夫意义下的稳定性

李雅普诺夫稳定性理论讨论的是动态系统各平衡态附近的局部稳定性问题，它是一种具有普遍性的稳定性理论。

设系统方程为

$$\dot{x} = f(x,t) \tag{9-56}$$

式中，x 为 n 维状态向量，且显含时间变量 t；$f(x,t)$ 为线性或非线性、定常或时变的 n 维向量函数，其展开式为

$$\dot{x}_i = f_i(x_1, x_2, \cdots, x_n, t); \quad i = 1, 2, \cdots, n \tag{9-57}$$

假定方程的解为 $x(t; x_0, t_0)$，式中 x_0 和 t_0 分别为初始状态向量和初始时刻，则初始条件 x_0 必满足 $x(t_0; x_0, t_0) = x_0$。

（1）平衡状态　李雅普诺夫关于稳定性的研究均针对平衡状态而言。对于所有 t，满足

$$\dot{x}_e = f(x_e, t) = 0 \tag{9-58}$$

的状态 x_e 称为平衡状态。

如果系统是线性定常系统，即 $\dot{x} = f(x, t) = Ax$，则当 A 为非奇异矩阵时，系统存在一个唯一的平衡状态；当 A 为奇异矩阵时，系统将存在无穷多个平衡状态。对于非线性系统，可有一个或多个平衡状态，这些状态对应于系统的常值解（对于所有 t，总存在 $x = x_e$）。

（2）李雅普诺夫稳定性　假设系统初始状态 x_0 位于平衡状态 x_e 为球心、半径为 δ 的闭球域 $S(\delta)$ 内，即

$$\|x_0 - x_e\| \leq \delta \tag{9-59}$$

如果系统稳定，则状态方程的解 $x(t; x_0, t_0)$ 在 $t \to \infty$ 的过程中，都位于以 x_e 为球心，半径为 ε 的闭球域 $S(\delta)$ 内，即

$$\lim \|x(t; x_0, t_0) - x_e\| \leq \varepsilon \tag{9-60}$$

则称该平衡状态 x_e 是李雅普诺夫意义下稳定的。

（3）渐近稳定性　系统的平衡状态不仅具有李雅普诺夫意义下的稳定性，且有

$$\lim_{t \to \infty} \|x(t; x_0, t_0) - x_e\| = 0 \tag{9-61}$$

称此平衡状态是渐近稳定的。这时，从 $S(\delta)$ 出发的轨迹不仅不会超过 $S(\varepsilon)$，且当 $t \to \infty$ 时收敛于 x_e 或其附近。

（4）大范围渐近稳定性　当初始条件扩展至整个状态空间，且具有稳定性时，称此平衡状态是大范围稳定的，或全局稳定的。此时，$\delta \to \infty$，$S(\delta) \to \infty$，$x \to \infty$。对于线性系统，如果它是渐近稳定的，则必具有大范围稳定性，因为线性系统稳定性与初始条件无关。非线性系统的稳定性一般与初始条件的大小密切相关，通常只能在小范围内稳定。

（5）不稳定性　不论 δ 取得多么小，只要在 $S(\delta)$ 内有一条从 x_0 出发的轨迹跨出 $S(\varepsilon)$，则称此平衡状态是不稳定的。

图 9-22a、b 和 c 分别表示平衡状态及对应于稳定性、渐近稳定性和不稳定性的典型轨迹。在图 9-22 中，域 $S(\delta)$ 制约着初始状态，而域 $S(\varepsilon)$ 是起始于 x_0 的轨迹边界。

9.6.2　李雅普诺夫第一法（间接法）

李雅普诺夫第一法是利用状态方程解的特性来判断系统的稳定性的方法，它适用于线性定常、线性时变以及非线性函数可线性化的情况。对于线性定常系统，它可以直接通过系统的特征根来分析。

对于线性定常系统 $\dot{x} = Ax$，$x(0) = x_0$，$t \geq 0$，有

1）系统的每一个平衡状态都是在李雅普诺夫意义下稳定的充分必要条件是 A 的所有特征值均具有非正（负或零）实部，且具有零实部的特征值为 A 的最小多项式的单根。

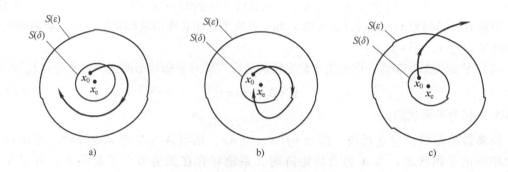

图 9-22　有关稳定性的平面几何表示

a）李雅普诺夫意义下的稳定性　b）渐近稳定性　c）不稳定性

2）系统的唯一平衡状态 x_e 是渐近稳定的充分必要条件是 A 的所有特征值均具有负实部。

由于所讨论的系统为线性定常系统，故当其为稳定时必是一致稳定，当其为渐近稳定时必是大范围一致渐近稳定。

9.6.3　李雅普诺夫第二法（直接法）

李雅普诺夫第二法建立在更为普遍的情况之上，即如果系统有一个渐近稳定的平衡状态，则当其运动到平衡状态的吸引域内时，系统存储的能量随着时间的增长而衰减，直到在平稳达到极小值为止。然后对于一些纯数学系统，毕竟还没有一个定义"能量函数"的简便方法。为了克服这个困难，李雅普诺夫引出了一个虚构的能量函数，称为李雅普诺夫函数。

Lyapunov 函数与 x_1，x_2，$\cdots$，x_n 和 t 有关，可以用 $V(x_1,x_2,\cdots,x_n,t)$ 或者 $V(x,t)$ 来表示 Lyapunov 函数。如果在 Lyapunov 函数中不含 t，则用 $V(x_1,x_2,\cdots,x_n)$ 或者 $V(x)$ 来表示。李雅普诺夫第二法利用 V 及 $\dot{V}$ 的符号特征，直接对平衡状态稳定性做出判断，无需求出系统状态方程的解，故称为直接法。对于线性系统，通常用二次型函数 $x^\mathrm{T}Px$ 作为李雅普诺夫函数。

（1）标量函数符号性质　设 $V(x)$ 是向量 x 的标量函数，且在 $x=0$ 处，恒有 $V(0)=0$，对所有在定义域中的任何非零向量 x，如果成立：

1）若 $V(x)>0$，则称 $V(x)$ 是正定的。

2）若 $V(x) \geqslant 0$，则称 $V(x)$ 是半正定（非负定）的。

3）若 $V(x)<0$，则称 $V(x)$ 是负定的。

4）若 $V(x) \leqslant 0$，则称 $V(x)$ 是半负定（非正定）的。

5）若 $V(x)>0$ 或 $V(x)<0$，即可为正值，也可为负值，则称 $V(x)$ 是不定的。

（2）二次型标量函数　在建立李雅普诺夫第二法基础上的稳定性分析中，有一类标量函数起着重要的作用，它就是二次型标量函数。

设 x_1，x_2，$\cdots$，x_n 为 n 个变量，二次型标量函数可写成

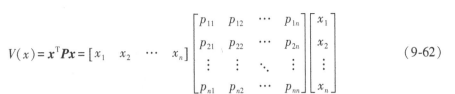

$$V(x) = x^{\mathrm{T}} Px = \begin{bmatrix} x_1 & x_2 & \cdots & x_n \end{bmatrix} \begin{bmatrix} p_{11} & p_{12} & \cdots & p_{1n} \\ p_{21} & p_{22} & \cdots & p_{2n} \\ \vdots & \vdots & \ddots & \vdots \\ p_{n1} & p_{n2} & \cdots & p_{nn} \end{bmatrix} \begin{bmatrix} x_1 \\ x_2 \\ \vdots \\ x_n \end{bmatrix} \tag{9-62}$$

式中，P 为实对称矩阵。

　　Δ_i 为其各阶顺序主子式，即

$$\Delta_1 = |p_{11}|, \ \Delta_2 = \begin{vmatrix} p_{11} & p_{12} \\ p_{21} & p_{22} \end{vmatrix}, \cdots, \Delta_n = |P| \tag{9-63}$$

矩阵 P 或 $V(x)$ 定号性的充要条件如下：

1）若 $\Delta_i > 0 (i = 1, 2, \cdots, n)$，则 P 正定，即 $V(x)$ 正定。

2）若 $\Delta_i \begin{cases} > 0 (i \text{ 为偶数}) \\ < 0 (i \text{ 为奇数}) \end{cases}$，则 P 负定，即 $V(x)$ 负定。

3）若 $\Delta_i \begin{cases} \geq 0 (i = 1, 2, \cdots, n-1) \\ = 0 (i = n) \end{cases}$，则 P 半正定，即 $V(x)$ 半正定。

4）若 $\Delta_i \begin{cases} \geq 0 (i \text{ 为偶数}) \\ \leq 0 (i \text{ 为奇数}) \\ = 0 (i = n) \end{cases}$，则 P 半负定，即 $V(x)$ 半负定。

　　（3）稳定性判据　设系统的状态方程为 $\dot{x} = f(x)$，其中 $x_e = 0$ 为系统的一个平衡状态，即 $f(x_e) = 0$。如果存在一个正定的标量函数 $V(x)$，并且具有连续的一阶偏导数，那么根据 $\dot{V}(x)$ 的符号性质，有：

1）若 $\dot{V}(x) \leq 0$，则平衡状态 x_e 为在李雅普诺夫意义下的稳定。

2）若 $\dot{V}(x) < 0$ 或者 $\dot{V}(x) \leq 0$，则对于任意初始状态 $x(t_0) \neq 0$，除去 $x = 0$ 外，有 $\dot{V}(x)$ 不恒为 0。则平衡状态 x_e 是渐近稳定的。

3）若平衡状态 x_e 是渐近稳定，且当 $\|x\| \to \infty$，有 $V(x) \to \infty$，则在原点处的平衡状态是大范围渐近稳定的。

4）若 $\dot{V}(x) > 0$，则平衡状态 x_e 是不稳定的。

9.6.4　线性定常系统的李雅普诺夫稳定性分析

　　考虑以下线性定常系统：

$$\dot{x} = Ax \tag{9-64}$$

式中，$x \in R^n$，$A \in R^{n \times n}$。

　　假设 A 为非奇异矩阵，则有唯一的平衡状态 $x_e = 0$，其平衡状态的稳定性可以通过李雅普诺夫第二法进行研究。针对式（9-64）的系统，选取以下二次型李雅普诺夫函数：

$$V(x) = x^{\mathrm{T}} Px \tag{9-65}$$

式中，P 为正定实对称矩阵。

　　对式（9-65）求导得到以下形式：

$$\dot{V}(x) = \dot{x}^{\mathrm{T}}Px + x^{\mathrm{T}}P\dot{x}$$
$$= x^{\mathrm{T}}(A^{\mathrm{T}}P + PA)x \qquad (9\text{-}66)$$

令

$$A^{\mathrm{T}}P + PA = -Q \qquad (9\text{-}67)$$

式（9-67）称为李雅普诺夫方程。

于是有

$$\dot{V}(x) = -x^{\mathrm{T}}Qx \qquad (9\text{-}68)$$

式中，Q 为实对称矩阵。若 $Q>0$，则 $\dot{V}(x)<0$。因此系统为渐近稳定，并且是大范围渐近稳定的。

实际应用中，通常先选取一个正定矩阵 Q，代入式（9-67），解出矩阵 P，然后判断 P 的正定性，进而做出系统渐近稳定性的结论。

在应用李雅普诺夫方程时，应注意以下几点：

1）由李雅普诺夫方程求得的 P 为正定是 $x_e = 0$ 渐近稳定的充分必要条件。

2）为了方便，常取 $Q=I$，这时 $A^{\mathrm{T}}P + PA = -I$。

3）如果 $V(x)$ 的导数沿任意轨迹不恒为零，则可取 Q 为半正定。

4）Q 的选取是任意的，只要满足对称且正定（在一定条件下可以是半正定），Q 的选取不会影响系统稳定性判别的结果。

MATLAB 工具箱提供了求解李雅普诺夫的方程函数 lyap()、lyap2() 和 dlyap()，函数常用的调用格式如下：

```
P=lyap(A,Q)%其中输入参数 A 是已知系统的状态矩阵,Q 是给定的正定对称矩阵,输出量 P 是李
           雅普诺夫方程式(9-67)的解,即正定实对称矩阵 P
```

lyap2() 的调用格式与 lyap() 相同，只是 lyap2() 采用特征值分解法求解李雅普诺夫方程，其运算速度比 lyap() 快很多。

dlyap() 函数是针对离散系统进行求解，其参数的含义与连续系统的类似，此处不再赘述。

例 9.17 已知系统的状态矩阵 $A = \begin{bmatrix} 1 & 0 & 2 \\ 1 & 5 & 1 \\ 3 & 2 & 4 \end{bmatrix}$，给定的正定对称矩阵 $Q = \begin{bmatrix} 1 & 0 & 0 \\ 0 & 1 & 0 \\ 0 & 0 & 1 \end{bmatrix}$，试求解李雅普诺夫方程的解 P。

解 程序编写如下：

```
A=[1 0 2;1 5 1;3 2 4];
Q=[1 0 0;0 1 0;0 0 1];    %给定的正定对称矩阵 Q
P=lyap(A',Q)              %求解李雅普诺夫方程
```

程序运行结果如下：

```
P =
    1.2420     0.2913    -0.6778
    0.2913    -0.0550    -0.1124
   -0.6778    -0.1124     0.2420
```

9.7 本章小结

本章主要介绍了控制系统的状态空间分析和设计方法，主要包括利用 MATLAB 函数建立及求解状态空间方程，针对实际控制系统进行可控性和可观测性分析，为设计控制器和观测器提供基础，然后通过实例设计典型的反馈控制器和观测器，消化和理解本章所涉及的内容，最后利用李雅普诺夫方法对控制系统进行稳定性分析。

10 第 10 章

离散控制系统

10.1 引言

离散控制系统是指信号在传输过程中存在间歇采样、脉冲序列等离散时间信号的控制系统。离散系统与连续系统相比,既有本质上的不同,又有分析研究方面的相似性。利用 Z 变换法研究离散系统,可以将连续系统中的许多方法推广应用到线性离散系统中。

10.2 离散系统数学模型 MATLAB 描述

要对线性离散系统进行分析和设计,首先需要建立系统的数学模型。离散时间系统是将一个序列变换成另一个序列的系统,它有多种类型,其中线性时不变离散时间系统是最基本、最重要的系统。差分方程反映了系统输入与输出的运动状态,是时域描述系统的通用数学模型;系统函数是零状态下系统输出与输入的 Z 变换之比,在时域与频域之间起桥梁作用。分析系统就是在已知系统结构或系统模型条件下,从时域和频域两方面分析系统输入与输出的关系,前者重点研究系统的时间特性,后者主要研究系统的频率特性。离散系统模型主要包括时域数学模型和频域数学模型,时域数学模型主要是差分方程,频域数学模型主要是脉冲传递函数。

10.2.1 离散系统时域数学模型 MATLAB 描述

1. 离散时间信号的 MATLAB 描述

离散时间信号是在离散的瞬时给出函数值,而在其他时刻无任何意义。它是时间上不连续且按一定先后次序排列的一组数的集合,称为时间序列,一般用 $x(n)$ 表示,n 取整数,代表时间的离散时刻。

例 10.1 绘制以下单位脉冲序列在区间 $-5 \leqslant k \leqslant 5$ 的波形图。

(1) $\delta(k) = \begin{cases} 1, & k = 0 \\ 0, & k \neq 0 \end{cases}$

（2）$\delta(k-3) = \begin{cases} 1, & k=3 \\ 0, & k \neq 3 \end{cases}$

解 方法一

1）程序编写如下：

```
k=[-5:5];
x=[(k-0)==0];
stem(k,x)
```

程序运行后得到如图 10-1 所示结果。

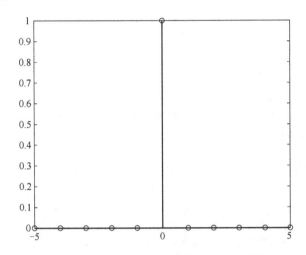

图 10-1 例 10.1 系统 1 的单位脉冲序列图

2）程序编写如下：

```
k=[-5:5];
x=[(k-3)==0];
stem(k,x)
```

程序运行后得到如图 10-2 所示结果。

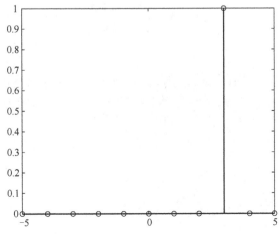

图 10-2 例 10.1 系统 2 的单位脉冲序列图

方法二　编写函数类文件

```
function[x,k]=impseq(k0,k1,k2)%k1 为序列的起点;k2 为序列的终点,k0 为系列在此处有
                             一个单位脉冲;k 为产生序列的位置信息;x 为产生的单
                             位采样序列

k=[k1:k2];
x=[(k-k0)==0];
```

然后分别调用以下函数:

1) 程序如下:

```
[x,k]=impseq(0,-5,5);
stem(k,x)
```

2) 程序如下:

```
[x,k]=impseq(3,-5,5);
stem(k,x)
```

分别运行之后得到上述仿真图 10-1 和图 10-2 所示的波形图。

方法三　程序编写如下:

```
k0=0;
k=[-5:5];
x=zeros(1,length(k));
for i=1:length(k)
    if k(i)==k0
        x(i)=1
    end
end
stem(k,x)
```

运行之后得到上述图 10-1 所示波形图。将 k0 改成 3，程序运行后得到上述图 10-2 所示单位脉冲序列图。

例 10.2　绘制以下单位阶跃序列在区间 $-3 \leqslant k \leqslant 7$ 的波形图。

$$\varepsilon(k-3)=\begin{cases}1, & k \geqslant 3 \\ 0, & k<3\end{cases}$$

解　程序编写如下:

```
function[x,k]=stepseq(k0,k1,k2)%k1 为序列的起点;k2 为序列的终点,k0 为系列在此处
                             产生单位阶跃序列;k 为产生序列的位置信息;x 为产生的
                             单位阶跃序列

k=[k1:k2];
x=[(k-k0)>=0];
```

调用该函数

```
[x,k]=stepseq(3,-3,7);
stem(k,x)
```

程序运行后得到如图 10-3 所示结果。

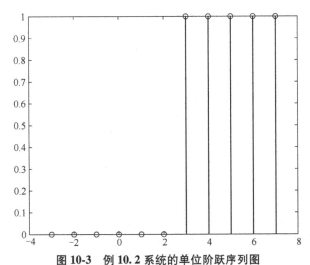

图 10-3 例 10.2 系统的单位阶跃序列图

例 10.3 绘制以下正弦序列在区间 $0 \leqslant k \leqslant 10$ 的波形图。

$$x = 2\sin(0.1\pi k + \pi/4)$$

解 程序编写如下：

```
function[x,k]=sinseq(k1,k2,A,w0,alpha)
% k1=序列的起点;k2=序列的终点;A=正弦序列的幅度
% w0=正弦序列的频率;alpha=正弦序列的初始相位
% x=产生的正弦序列;k=产生序列的位置信息
k=[k1:k2];
x=A*sin(w0*k+alpha);
```

调用该函数

```
k=[0:10];
x=2*sin(0.1*pi*k+pi/4);
stem(k,x)
```

程序运行后得到如图 10-4 所示结果。

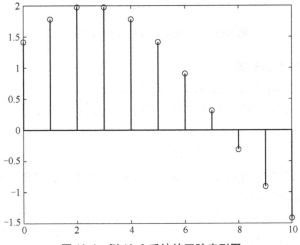

图 10-4 例 10.3 系统的正弦序列图

例 10.4 绘制以下复指数序列在区间 $0 \leqslant k \leqslant 10$ 的波形图。
$$x = e^{(3+j4)k}$$

解 程序编写如下：

```
function[x,k]=complexindex(k1,k2,index)
% k1=序列的起点;k2=序列的终点;index=复指数的值
% x=产生的复指数序列;k=产生序列的位置信息
k=[k1:k2];
x=exp(index.*k);
```

调用该函数

```
k=[-8:8];
index=0.2+0.5*j;
x=exp(index*k);
stem(k,x)
```

程序运行后得到如图 10-5 所示。

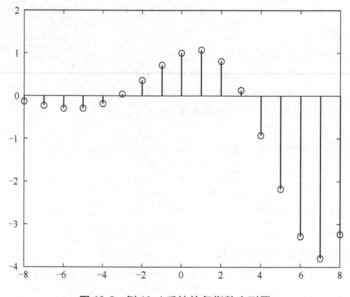

图 10-5 例 10.4 系统的复指数序列图

2. 差分方程的 MATLAB 描述

MATLAB 提供了求离散系统响应的专用函数 filter()，该函数能求出差分方程描述的离散系统在指定时间范围内的输入序列作用时，产生的响应序列的数值解。其调用格式如下：

```
filter(a,b,x)
```

其中，a 和 b 为系统的差分方程的系数向量；x 为输入序列。上述命令将求出系统在与 x 的采样时间点相同的输出序列样值。

例 10.5 利用函数 filter()绘制离散系统的差分方程
$$y(k) - 0.5y(k-1) + 0.8y(k-2) = x(k) + 0.5x(k-1)$$

在区间$-10 \leqslant k \leqslant 30$ 的响应曲线。系统的输入序列分别为以下形式：

1) $x(k) = \begin{cases} 1, & k \geqslant 0 \\ 0, & k < 0 \end{cases}$

2) $x(k) = \left(\dfrac{1}{3} \right)^{k} \varepsilon(k)$

其中，$x(k)$ 为系统的输入序列；$\varepsilon(k)$ 为单位脉冲序列。

解 1) 程序编写如下：

```
a=[1 0.5];%输入信号系数向量
b=[1 -0.5 0.8];%输出信号系数向量
k=[-10:30];
x=stepseq(0,-10,30);%单位脉冲序列,注:前面例题中有 stepseq 函数文件,可以直接调用
h=filter(a,b,x);
stem(k,h)
xlabel('时间序列 k')
ylabel('脉冲响应 y(k)')
```

程序运行后得到如图10-6 所示。

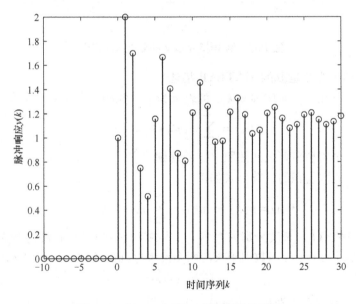

图 10-6 例 10.5 系统 1 的复指数序列图

2) 程序编写如下：

```
a=[1 0.5];%输入信号系数向量
b=[1 -0.5 0.8];%输出信号系数向量
k=[-10:30];
x1=impseq(0,-10,30);%单位脉冲序列,注:前面例题中有 impseq 函数文件,可以直接调用
x=(1/2).^k.*x1;
h=filter(a,b,x);
stem(k,h)
```

```
xlabel('时间序列 k')
ylabel('响应 y(k)')
```

程序运行后得到如图 10-7 所示。

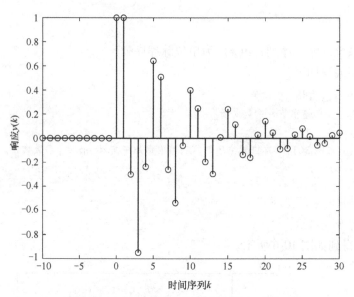

图 10-7 例 10.5 系统 2 的复指数序列图

3. 离散时间信号卷积运算的 MATLAB 描述

从序列关系中可知，任何序列 $x(k)$ 可表示为单位脉冲序列 $\delta(k)$ 及其加权和的形式。

$$x(k) = \sum_{i=-\infty}^{\infty} x(i) * \delta(k-i) \tag{10-1}$$

离散卷积是两个离散序列之间按照一定的规则将它们的有关序列值分别两两相乘再相加的一种特殊运算。离散卷积的计算公式如下：

$$f(k) = x(k) * y(k) = \sum_{i=-\infty}^{\infty} x(i)y(k-i) \tag{10-2}$$

式中，序列 $x(k)$ 和 $y(k)$ 长度分别为 k_1 和 k_2，则响应序列 $f(k)$ 长度为 $l = k_1 + k_2 - 1$。

MATLAB 提供了 conv() 函数用于求出两个离散序列的卷积。其调用格式如下：

$$f = conv(x, y)$$

注：conv(x, y) 函数得到的卷积结果默认从 $k=0$ 开始，因此当参与卷积的两个序列的起始位置不是 $k=0$ 时，则由该函数得到的结果是错误的，此时应该重新定义结果的位置向量。其中，x 和 y 为两个待卷积序列的向量表示；f 为卷积结果。

例 10.6 已知两个离散序列有以下形式：$x = [1\ 3\ 5\ 7\ 9]$；$y = [0\ 2\ 4\ 6\ 8\ 10]$，计算两个序列的卷积和。

解 程序编写如下：

```
x=[1 3 5 7 9];
y=[0 2 4 6 8 10];
f=conv(x,y);
stem(f)
```

程序运行后得到如图 10-8 所示结果。

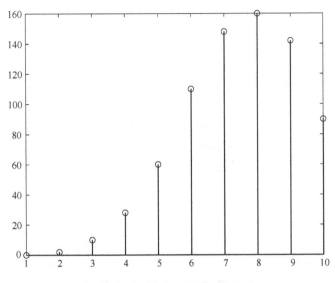

图 10-8　例 10.6 离散序列卷积图

由以上运行结果可以看出，$f(k)$ 的序号向量 k 是由序列 $x(k)$ 和 $y(k)$ 的非零样值点的起始序号及它们的时域宽度决定的。

因此，可以考虑构造一个函数，将 conv() 函数进行扩展，从而可以对任意的序列求卷积，其格式如下：

```
function[f k]=kconv(x,y,k1,k2)
%f:卷积序列 f(k)对应的非零样值向量
%k:序列 f(k)对应序号向量
%x:序列 x(k)非零样值向量
%y:序列 y(k)非零样值向量
%k1:序列 x(k)对应序号向量
%k2:序列 y(k)对应序号向量
k0=k1(1)+k2(1);%计算序列 f(k)非零样值的起点位置
kn=length(x)+length(y)-2;%计算卷积和 f(k)非零样值的宽度
k=[k0:k0+kn];%计算卷积和 f(k)非零样值的序号向量
f=conv(x,y);
subplot(3,1,1)
stem(k1,x)%在子图上绘制 x 序列波形图
title('x')
xlabel('k1')
ylabel('x')
subplot(3,1,2)
stem(k2,y)%在子图上绘制 x 序列波形图
title('y')
xlabel('k2')
ylabel('y')
```

```
subplot(3,1,3)
stem(k,f)%在子图上绘制 x 序列波形图
title('f')
xlabel('k')
ylabel('f')
```

例 10.7 已知两个序列有以下形式：

$$x(t) = 2t, \quad 0 \leqslant t \leqslant 1$$

$$y(t) = \begin{cases} 0.5t\sin(t), & t \geqslant 0 \\ 0.2\cos(t), & t < 0 \end{cases}, \quad -2 \leqslant t < 3$$

试绘制两个序列及卷积后的波形图。

解 程序编写如下：

```
k3=0.1;
k1=0:k3:1;
x=2*k1;
k2=-2:k3:3;
y=0.5*k2.*sin(k2).*(k2>=0)+0.2*cos(k2).*(k2<0);
[f,k]=kconv(x,y,k1,k2);
```

程序运行后得到如图 10-9 所示结果。

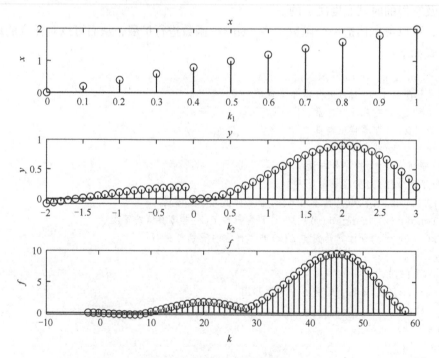

图 10-9 例 10.7 序列卷积图

10.2.2 离散系统频域数学模型 MATLAB 描述

离散系统频域数学模型主要是脉冲传递函数。脉冲传递函数定义为零初始条件下输出量

的 Z 变换 $C(z)$ 与输入量的 Z 变换 $R(z)$ 之比。即

$$G(z) = \frac{C(z)}{R(z)} \tag{10-3}$$

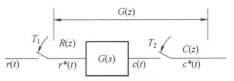

图 10-10　脉冲传递函数

这里的零初始条件是指输入量和输出量的初始值及其次高阶以下（含次高阶）各阶差分的初始值均为 0。取零初始条件仍然是由于线性离散控制系统的响应性能与初始条件无关。将脉冲传递函数的定义表示成离散系统的动态结构图，如图 10-10 所示。

已知线性常系数差分方程有以下形式：

$$c(k) = \sum_{i=1}^{n} a_i c(k-i) + \sum_{j=1}^{m} b_j r(k-j) \tag{10-4}$$

式中，a_i 和 b_j 为常系数。

经过 Z 变换，得到系统的脉冲传递函数有以下形式：

$$G(z) = \frac{\displaystyle\sum_{j=0}^{m} b_j z^{-j}}{1 - \displaystyle\sum_{i=0}^{n} a_i z^{-i}} \tag{10-5}$$

脉冲传递函数在 MATLAB 中的表示形式主要有多项式分式形式和零极点增益形式。

（1）多项式分式形式的脉冲传递函数　传递函数为以下形式：

$$G(z) = \frac{b_m z^m + b_{m-1} z^{m-1} + \cdots b_1 z + b_0}{a_n z^n + a_{n-1} z^{n-1} + \cdots a_1 z + a_0} \tag{10-6}$$

式中，$b_m, b_{m-1}, \cdots, b_1, b_0$ 和 $a_n, a_{n-1}, \cdots, a_1, a_0$ 分别为分子和分母的多项式系数。建立该传递函数调用格式如下：

```
num=[b_m,b_{m-1},⋯b_1,b_0];
den=[a_n,a_{n-1},⋯a_1,a_0];
G=tf(num,den,T)%T 为采样周期,若采样周期不确定,则设置 T=-1 或者 T=[]
```

（2）零极点增益形式的脉冲传递函数　传递函数为以下形式：

$$G(z) = K \frac{(z-z_1)(z-z_2)\cdots(z-z_m)}{(z-p_1)(z-p_2)\cdots(z-p_n)} \tag{10-7}$$

式中，$z_1, z_2, \cdots, z_m$ 和 $p_1, p_2, \cdots, p_n$ 分别为零点和极点，K 为增益。建立该传递函数调用格式如下：

```
Z=[z_1,z_2,⋯z_m];
P=[p_1,p_2,⋯p_n];
K=K;
sys=zpk(Z,P,K,T)%T 为采样周期,若采样周期不确定,则设置 T=-1 或者 T=[]
```

例 10.8　已知离散系统脉冲传递函数为

$$G(z) = \frac{z^2 + 2z + 3}{4z^3 + 5z^2 + 6z + 7}$$

试用 MATLAB 创建系统的数学模型，并将其转换成零极点增益模型。

解 程序编写如下：

```
num=[1 2 3];
den=[4 5 6 7];
G=tf(num,den,-1)
G1=zpk(G)
[z,p,k]=tf2zp(num,den)
```

运行结果如下：

```
G =

       z^2+2 z+3

----------------------

  4 z^3+5 z^2+6 z+7
Sample time:unspecified
Discrete-time transfer function.
G1 =

       0.25(z^2+2z+3)

-----------------------------

  (z+1.208)(z^2+0.04225z+1.449)
Sample time:unspecified
Discrete-time zero/pole/gain model.
z =
  -1.0000+1.4142i
  -1.0000-1.4142i
p =
  -1.2078+0.0000i
  -0.0211+1.2035i
  -0.0211-1.2035i
k =
  0.2500
```

例 10.9 已知系统的状态差分方程如下：

$$\begin{cases} x_1(k+1) = 0.5x_1(k) + 1.5x_2(k) + r(k) \\ x_2(k+1) = -x_1(k) + x_2(k) + 2x_3(k) + 0.5r(k) \\ x_3(k+1) = x_1(k) - 1.5x_3(k) \\ c(k) = x_1(k) + x_2(k) + x_3(k) \end{cases}$$

试求出系统的脉冲传递函数 $G(z) = \dfrac{C(z)}{R(z)}$。

解 根据上述状态差分方程整理可得到以下形式：

$$\begin{cases} x(k+1) = Ax(k) + Br(k) \\ y(k) = Cx(k) + Dr(k) \end{cases}$$

式中，$A = \begin{bmatrix} 0.5 & 1.5 & 0 \\ -1 & 1 & 2 \\ 1 & 0 & -1.5 \end{bmatrix}$，$B = \begin{bmatrix} 1 \\ 0.5 \\ 0 \end{bmatrix}$，$C = \begin{bmatrix} 1 & 1 & 1 \end{bmatrix}$，$D = 0$。

程序编写如下：

```
A=[0.5 1.5 0;-1 1 2;1 0 -1.5];
B=[1;0.5;0];
C=[1 1 1];
D=0;
[num,den]=ss2tf(A,B,C,D);%计算系数向量
G=tf(num,den,[])
```

程序运行后得到以下结果：

```
G=
        1.5 z^2+1.75 z -0.5
    ---------------------------------------
    z^3 - 1.055e-15 z^2 - 0.25 z - 1.151e-16
```

MATLAB 提供的函数 feedback() 不仅可以用于连续系统，也可以用于离散系统。对于离散控制系统的闭环脉冲传递函数

$$\Phi(z) = \frac{G_1(z)}{1+G_1(z)G_2(z)} \tag{10-8}$$

可用下列方式调用函数 feedback()：

```
sys=feedback(sys1,sys2,sign)
[num,den]=feedback(num1,den1,num2,den2,sign)
```
%两个子系统反馈连接；参数 sign= -1 表示负反馈，可省略；sign=1 表示正反馈；其中，sys1 和 sys2 分别为离散系统前项通道和反馈通道传递函数；num1 和 den1 分别为 sys1 的分子和分母多项式系数；num2 和 den2 分别为 sys2 的分子和分母多项式系数

10.2.3　连续系统与离散系统数学模型之间的转换

已知连续系统状态方程如下：

$$\begin{cases} \dot{x}(t) = Ax(t)+Bu(t) \\ y(t) = Cx(t)+Du(t) \end{cases} \tag{10-9}$$

在采用周期 T 下离散后的状态空间方程如下：

$$\begin{cases} x[(k+1)T] = Gx(kT)+Hu(kT) \\ y(kT) = Cx(kT)+Du(kT) \end{cases} \tag{10-10}$$

式中，$G=\mathrm{e}^{AT}$，$H = \int_0^T \mathrm{e}^{A(T-\tau)}B\mathrm{d}\tau$ 。

MATLAB 提供了连续系统和离散系统之间数学模型的转换函数。具体函数的功能及调用格式如下：

```
sysd=c2d(sysc,T)            %将连续系统转换为采样周期为 T 的离散系统
sysd=c2d(sysc,T,'method')   %指定离散化采样方法
sysc=d2c(sysd)              %将离散系统转换为连续系统
sysc=d2c(sysd,'method')     %指定离散系统的连续化方法
sysd1=d2d(sysd,T)           %改变采样周期,重新生成新的离散系统
```

其中，T 为采样周期；sysc 为连续系统数学模型；sysd 为采样周期 T 的离散系统数学模型。选项 method 用于指定离散化采用的方法，其功能见表 10-1。

表 10-1　选项 method 的功能说明

选项	功能
zoh	零阶保持器法，默认的转换方法
foh	一阶保持器法
tustin	双线性变换法
prewarp	改进的双线性变换法
matched	零极点匹配法
impulse	脉冲响应法

例 10.10　系统的被控对象传递函数模型如下：

$$G(s) = \frac{2(s+1)}{(s+2)(s+3)} e^{-0.1s}$$

采样周期为 $T = 0.1\text{s}$，试采用双线性变换法进行离散化处理。

解　程序编写如下：

```
k=2;
z=[-1];
p=[-2 -4];
sysc=zpk(z,p,k,'inputdelay',0.1);
T=0.1;
sysd=c2d(sysc,T,'tustin')
```

程序运行后得到以下结果：

```
sysd=
              0.079545(z-0.9048)(z+1)
  z^(-1) *    -------------------------
              (z-0.8182)(z-0.6667)
```

例 10.11　已知某闭环采样系统动态结构图如图 10-11 所示，其中，$G(s) = \dfrac{10}{s^2+2s+3}$，$H(s) = \dfrac{1}{s+1}$，采样周期 $T = 1\text{s}$，试求系统的闭环脉冲传递函数。

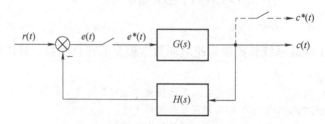

图 10-11　例 10.11 采样系统动态结构图

解　程序编写如下：

```
T=1;                      %采样周期
numG=[10];
denG=[1 2 3];
G=tf(numG,denG)           %前向通道传递函数
numH=[1];
denH=[1 1];
H=tf(numH,denH)           %反馈通道传递函数
Gd=c2d(G,T)               %采用零阶保持器法进行离散变换
Hd=c2d(H,T)               %采用零阶保持器法进行离散变换
sysd=feedback(Gd,Hd)      %系统闭环脉冲传递函数
```

程序运行后得到以下结果：

```
G=
        10
     ------------              %G(s)传递函数
     s^2+2 s+3
Continuous-time transfer function.
H=
     1
   -----                       % H(s)传递函数
   s+1
Continuous-time transfer function.
Gd=
       2.286 z+1.116
   ---------------------       % G(s)离散后的 G(z)函数
   z^2 - 0.1147 z+0.1353
Sample time:1 seconds
Discrete-time transfer function.
Hd=
    0.6321
   ----------                  % H(s)离散后的 H(z)函数
   z - 0.3679
Sample time:1 seconds
Discrete-time transfer function.
sysd=

   2.286 z^2+0.2756 z - 0.4107
   ----------------------------------     % 系统的闭环脉冲传递函数
   z^3 - 0.4826 z^2+1.622 z+0.6559
Sample time:1 seconds
Discrete-time transfer function.
```

10.3　离散系统 Simulink 模块描述

离散系统模块是用来构成离散系统的重要环节，常用的离散系统模块见图 4-6。

例 10.12 已知系统的差分方程如下：

$$x(n) = ax(n-1)\left[1 - \frac{x(n-1)}{b}\right]$$

式中，$a = 1.2$，$b = 150$，$x(0) = 30$，试绘制系统 $x(n)$ 的曲线。

解 根据系统差分方程搭建 Simulink 仿真框图，如图 10-12 所示。

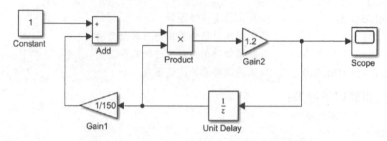

图 10-12 例 10.12 系统 Simulink 仿真框图

设置图 10-12 中 Unit Delay 模块中的状态初始值，如图 10-13 所示。

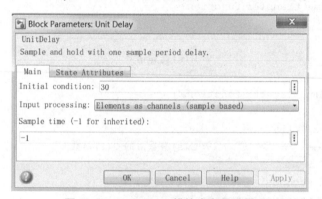

图 10-13 Unit Delay 模块中参数设置

运行结果如图 10-14 所示。

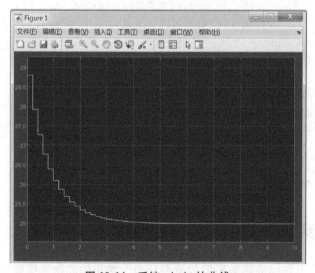

图 10-14 系统 $x(n)$ 的曲线

例 10.13　离散系统的结构如图 10-15 所示。零阶保持器和被控对象传递函数分别为

$$G_0(s) = \frac{1 - e^{-Ts}}{s}, \quad G(s) = \frac{2(s+1)}{(s+2)(s+4)(s+6)}$$

采样周期 $T = 0.1\text{s}$，采样次数 $n = 100$，试绘制系统的单位阶跃响应曲线。

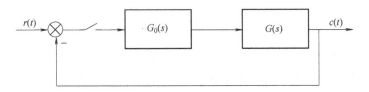

图 10-15　离散系统动态结构图

解　根据动态结构图搭建 Simulink 仿真框图，如图 10-16 所示。

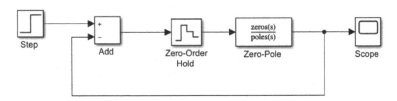

图 10-16　例 10.13 系统 Simulink 仿真框图

Step 模块设置如图 10-17 所示。

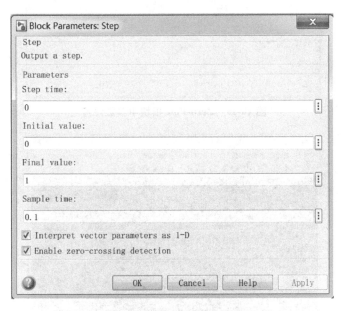

图 10-17　Step 模块中参数设置

Zero-Order Hold 模块设置如图 10-18 所示。

Zero-Pole 模块设置如图 10-19 所示。

程序运行后得到如图 10-20 所示。

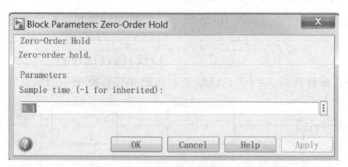

图 10-18　**Zero-Order Hold** 模块中参数设置

图 10-19　**Zero-Pole** 模块中参数设置

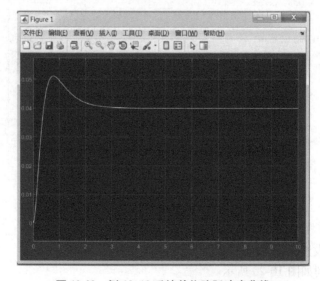

图 10-20　例 10.13 系统单位阶跃响应曲线

10.4 离散系统曲线绘制

10.4.1 离散系统的时域响应曲线

MATLAB 提供一些函数用来计算离散系统的时域响应,如 dstep( )、dimpulse( ) 和 dlsim( )函数。函数的调用格式如下:

```
y=dstep(numd,dend,n)        或者 dstep(numd,dend,n)
y=dimpulse(numd,dend,n)     或者 dimpulse(numd,dend,n)
y=dlsim(numd,dend,u)        或者 dlsim(numd,dend,u)
```

其中,y 为系统的输出响应;numd 和 dend 分别为离散系统脉冲传递函数的分子多项式和分母多项式;n 为系统的采样次数;u 为任意给定的输入信号序列,其行数需等于采样系数。在上述函数调用格式中,左边列出的函数调用格式显示系统的输出响应序列,右边列出的函数调用格式直接绘制系统的输出响应曲线。

例 10.14 已知某采样系统的闭环脉冲传递函数

$$\Phi(z)=\frac{0.632z}{z^2-0.736z+0.368}$$

采样周期 $T=1\text{s}$,仿真时间为 $t=20\text{s}$,分别绘制如下系统输入的响应曲线:

1)单位阶跃响应曲线;

2)$u(k)=3\sin(0.2\pi k+\pi/4)$ 输入下的响应曲线。

解 1)程序编写如下:

```
numd=[0.632];
dend=[1 -0.736 0.368];
t=20;
T=1;
n=t/T;
dstep(numd,dend,n)
```

程序运行后得到如图 10-21 所示结果。

2)程序编写如下:

```
numd=[0.632];
dend=[1 -0.736 0.368];
t=20;
T=1;
n=t/T;
k=[-9:10];
u=3*sin(0.2*pi*k+pi/4);
dlsim(numd,dend,u)
```

程序运行后得到如图 10-22 所示结果。

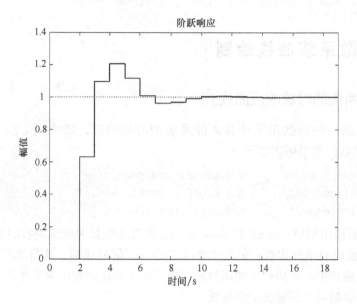

图 10-21 例 10. 14 系统单位阶跃响应曲线

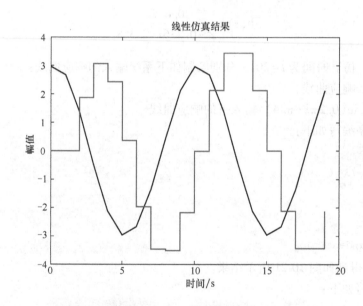

图 10-22 例 10. 14 系统正弦函数输入下的响应曲线

例 10. 15 某闭环采样系统框图如图 10-23 所示，采样周期 $T=0.5s$，若输入满足以下形式：

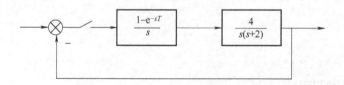

图 10-23 带零阶保持器的采样系统框图

$$u(k)=\begin{cases}3 , & 0\leqslant k<5\\1.5 , & 5\leqslant k<10\end{cases}$$

试绘制系统的输出响应曲线。

解　程序编写如下：

```
num=[4];
den=[1 2 0];
sysc=tf(num,den);
sysd=c2d(sysc,0.5,'zoh');
closed_sysd=feedback(sysd,1);
[num,den]=tfdata(closed_sysd);
T=0.5;
dtime=(0:T:10);
u=3*ones(size(dtime));
ii=find(dtime>=5);
u(ii)=1.5;
dlsim(num,den,u)
```

程序运行后得到如图 10-24 所示结果。

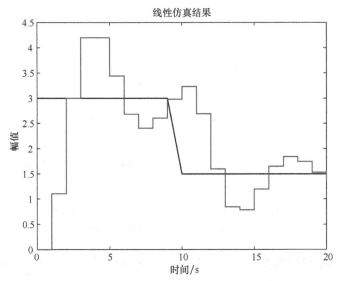

图 10-24　例 10.15 系统分段函数输入下的响应曲线

10.4.2　离散系统的根轨迹

离散系统根轨迹的绘制仍使用 rlocus 函数，具体调用格式如下：

```
rlocus(sysd)              %绘制系统根轨迹
rlocus(sysd1,sysd2,…)     %绘制多个系统的根轨迹
rlocus(sysd,K)            %绘制增益为 K 时的闭环极点
[r,K]=rlocus(sysd)        %得出闭环极点和对应的 K 值
```

例 10.16　已知某单位负反馈采样系统，开环脉冲传递函数 $G(z)=\dfrac{Kz}{z^3+2z^2+3z+1}$，试绘

制系统的根轨迹。

解 程序编写如下：

```
numd=[1 0];
dend=[1 2 3 1];
rlocus(numd,dend)
```

程序运行后可得如图 10-25 所示的根轨迹。

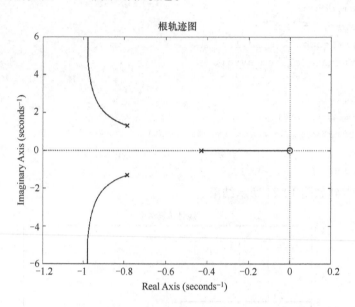

图 10-25 例 10.16 离散系统的根轨迹图

除此之外，离散系统也能绘制带有等阻尼线和等自然振荡角频率的根轨迹。具体的调用格式为

```
zgrid()     %在根轨迹图上绘制出栅格线,栅格线由等阻尼系数与自然振荡角频率构成
zgrid(zeta,wn)    %函数可以指定阻尼系数 zeta 与自然振荡角频率 wn
```

例 10.17 已知某单位负反馈采样系统，开环传递函数 $G(s)=\dfrac{s+0.1}{s^2+0.6s+0.2}$，采样周期为 $T=0.5\mathrm{s}$，试绘制离散系统的根轨迹。

解 程序编写如下：

```
num=[1 0.1];
den=[1 0.6 0.2];
T=0.5;
sysd=tf(num,den,T);
rlocus(sysd)
zgrid  %绘制带有栅格的根轨迹
```

程序运行后可得如图 10-26 所示的根轨迹。

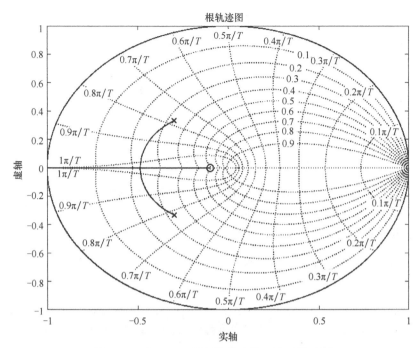

根轨迹图

图 10-26　例 10.17 带栅格的离散系统根轨迹图

10.4.3　离散系统的频域曲线

采样控制系统同连续控制系统一样，也可以用频率法进行分析，绘制频域曲线，直观地分析系统的性能。如 bode 函数用于处理线性系统，dbode 用于处理离散系统。指令结构有所不同。但是本质上，dbode 在 bode 的基础上，做了 $Z = \exp(j * W * Ts)$ 变换。所以当一个离散系统是由连续系统转换而来时，bode 输出图和 dbode 输出图是一模一样的。若原系统是连续系统，则直接用 Bode 图分析；若原系统是离散系统且采样时间已知，则直接用 dbode 图分析。

直接用 dbode 指令，调用格式如下：

```
dbode(numd,dend,T)    numd 和 dend 分别为离散系统分母、分子系数,T 为采样周期
[mag,pha,w]=dbode(numd,dend,T,w)   % mag 为幅值,pha 为相角
```

注：括号里面是分子分母加离散化时间。

除此之外，MATLAB 还提供了离散 Nyquist 图、Nichols 图以及显示频域性能参数的 Bode 图。具体调用格式如下：

```
dnyquist(numd,dend,T)
[re,im,w]=dnyquist(numd,dend,T,w)   % re 和 im 分别为系统的实部和虚部
dnichols(numd,dend,T)
[re,im,w]=dnichols(numd,dend,T,w)
margin(sysd)                         %直接绘制 Bode 图
[Gm,Pm,Wcg,Wcp]=margin(G)            %不直接绘制 Bode 图,计算幅值裕度 Gm(不是以 dB
                                       为单位)、相角裕度 Pm、相角交界频率 Wcg 和截止
                                       频率 Wcp
```

例 10.18 已知某单位负反馈采样系统，如图 10-27 所示，其中，采样周期 $T = 0.5\text{s}$，$a = 3$，$k = 5$，试绘制离散系统的 Bode 图、Nyquist 图和 Nichols 图。

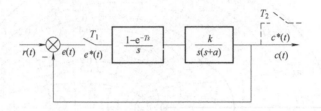

图 10-27　例 10.18 采样系统的动态结构图

解　程序编写如下：

```
T=0.05;
num=5;
den=[1 3 0];
G=tf(num,den);
[numd,dend]=c2d(G,T);          %连续系统按领阶保持器法转换成离散系统
figure(1)
dbode(numd,dend,T)             %绘制 Bode 图
figure(2)
dnyquist(numd,dend,T)          %绘制 Nyquist 图
figure(3)
dnichols(numd,dend,T)          %绘制 Nichols 图
```

程序运行后可得如图 10-28～图 10-30 所示曲线。

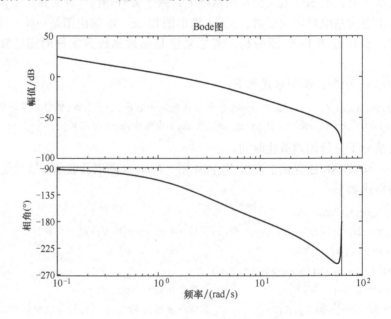

图 10-28　例 10.18 采样系统的 Bode 图

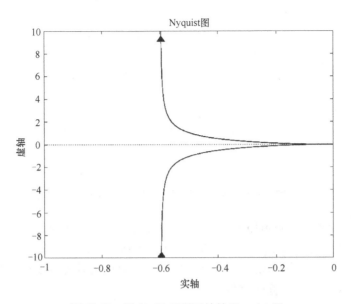

图 10-29 例 10.18 采样系统的 Nyquist 图

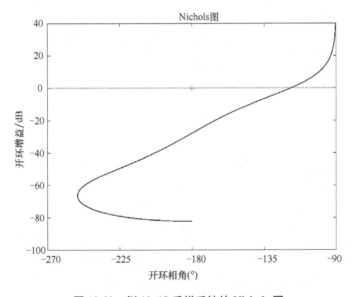

图 10-30 例 10.18 采样系统的 Nichols 图

10.5 离散系统的稳定性分析

离散系统与连续系统有一致的稳定性问题。连续系统稳定的充分必要条件是闭环传递函数的特征根都分布在 S 平面的左半部,输出响应的自然模式都是收敛的。离散系统对离散量取拉氏变换,稳定的条件自然也是特征根都分布在 S 平面的左半部。由于离散系统做了变量代换,离散量的拉氏变换成了 Z 变换,故特征方程也由 z 变量来表达,这需要找到 s 在 S 平

面左半部对应 z 在 Z 平面的稳定区域。显然，z 在 Z 平面的稳定区域内取值对应于 s 在 S 平面的左半部分取值，离散系统是稳定的。由于 s 和 z 都是复变量，因此找到它们在各自平面上对应的区域需要用到"映射"的概念。

例 10.19 某闭环采样系统结构如图 10-31 所示，其中采样周期 $T=1s$。

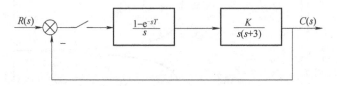

图 10-31 例 10.19 采样系统的动态结构图

1）绘制 $K=1$ 和 $K=12$ 的闭环采样系统零极点图，并判断系统的稳定性；

2）针对问题 1）绘制闭环采样系统的单位阶跃响应曲线；

3）试利用根轨迹法判断系统的稳定性，并求出系统稳定时 K 的取值范围；

解 1）绘制零极点图，程序编写如下：

```
num=[1];% K=1 时取 1，K=12 时取 12
den=[1 3 0];
sysc=tf(num,den);
T=1;
sysd=c2d(sysc,T,'zoh')          %开环脉冲传递函数
closed_sysd=feedback(sysd,1) %闭环脉冲传递函数
pzmap(closed_sysd)
```

运行结果如下：

当 $K=1$ 时，

```
sysd=
    0.2278 z+0.08898
  ---------------------
  z^2 - 1.05 z+0.04979
Sample time:1 seconds
Discrete-time transfer function.
closed_sysd=
    0.2278 z+0.08898
  ---------------------
  z^2 - 0.822 z+0.1388
Sample time:1 seconds
Discrete-time transfer function.
```

当 $K=12$ 时，

```
sysd=
     2.733 z+1.068
  ---------------------
  z^2 - 1.05 z+0.04979
Sample time:1 seconds
```

```
Discrete-time transfer function.
closed_sysd=
        2.733 z+1.068
      --------------------
    z^2+1.683 z+1.118
Sample time:1 seconds
Discrete-time transfer function.
```

　　程序运行后可得如图 10-32 和图 10-33 所示结果。从图中可以看出，当 $K=1$ 时，闭环采样系统的极点在单位圆内，系统稳定。当 $K=12$ 时，闭环采样系统的极点在单位圆外，系统不稳定。

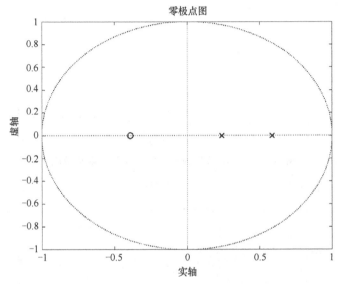

图 10-32　当 $K=1$ 时采样系统的零极点图

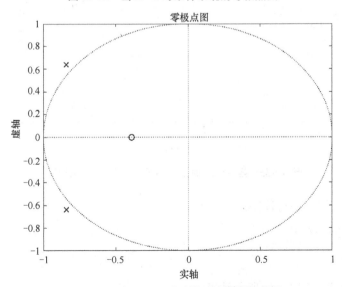

图 10-33　当 $K=12$ 时采样系统的零极点图

　　2）绘制单位阶跃响应曲线图，编写程序如下：

```
dstep(closed_sysd,50)
```

程序运行后可得如图 10-34 和图 10-35 所示结果。图中显示的结果与零极点分析结果一致。

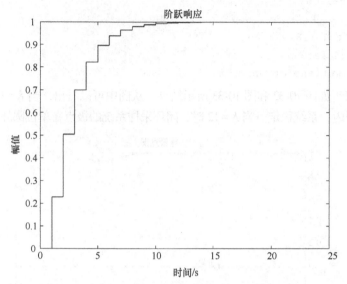

图 10-34　当 $K=1$ 时采样系统的单位阶跃响应图

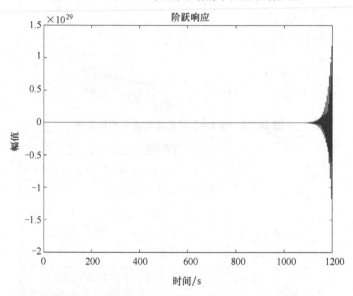

图 10-35　当 $K=12$ 时采样系统的单位阶跃响应图

3）绘制根轨迹图，编写程序如下：

```
rlocus(closed_sysd)
axis([-1.5,1.5,-1.5,1.5])
axis equal
```

程序运行后可得如图 10-36 所示结果。

根据离散系统稳定性判据，当根轨迹在单位圆内时，系统稳定；当根轨迹到达到单位圆外时，系统不稳定。也可根据根轨迹工具箱，编写以下程序：

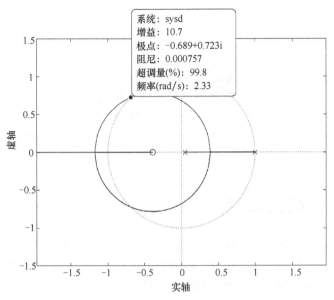

图 10-36 采样系统的根轨迹图

```
[k,poles]=rlocfind(sysd)
```

该程序运行后将出现十字光标，选择根轨迹与单位圆的交点，进而判断系统的稳定性。运行结果如图 10-37 所示。

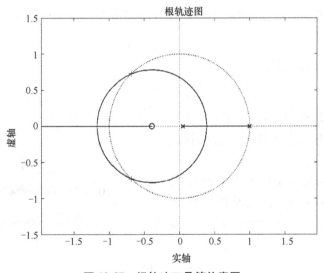

图 10-37 根轨迹工具箱仿真图

运行结果如下：

```
k=
    10.5883
poles=
  -0.6809+0.7269i
  -0.6809 - 0.7269i
```

```
abs(poles)
ans =
    0.9960
    0.9960
```

上述运行结果中 K 为图 10-37 十字光标处根轨迹增益，poles 为此处特征方程的根。从 abs(poles) 运行的结果看，此处特征根仍在单位圆内，系统是稳定的。由于选取光标时存在一定的误差，因此图 10-36 和图 10-37 运行的结果不太相同，但是可以初步判定根轨迹增益在 10.6 左右时系统处于临界稳定状态。

10.6 离散系统的校正

对于线性离散系统，在实际工程应用中，当某方面性能无法满足技术要求时，常常需要对系统进行校正设计。与连续系统类似，离散系统中的校正装置按其在系统中的位置可分为串联校正装置和反馈校正装置；按其作用可分为超前校正和滞后校正。与连续系统不同的是，离散控制系统的校正一般可分为模拟化校正和数字化校正。所谓模拟化校正，是按连续系统进行校正初步设计，然后进行离散化，并按离散系统理论进行性能复核，调整校正参数以适应离散控制系统的性能要求。数字化校正是基于脉冲传递函数的校正。由于现代采样控制系统大多是数字控制系统，所以采用数字装置实现校正是主要的校正方式。在一般情况下，线性离散系统采取数字校正的目的是在保证系统稳定的基础上进一步提高系统的控制性能，如满足一些典型控制信号作用下系统在采样时刻上无稳态误差，以及过渡过程在最少个采样周期内结束等要求。

10.6.1 数字控制器的设计

离散控制系统结构如图 10-38 所示，数字控制器 D 将输入的脉冲序列 $e^*(t)$ 做满足系统性能指标要求的适当处理后，输出新的脉冲序列 $u^*(t)$。

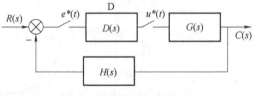

图 10-38 离散控制系统结构图

在离散控制系统图 10-38 中，设反馈通道的传递函数 $H(s)=1$，以及连续部分 $G(s)$（包括保持器）的 Z 变换为 $G(z)$，则求得单位反馈线性离散系统的闭环脉冲传递函数为

$$T(z)=\frac{C(z)}{R(z)}=\frac{D(z)G(z)}{1+D(z)G(z)} \tag{10-11}$$

则

$$D(z)=\frac{T(z)}{G(z)[(1-T(z)]} \tag{10-12}$$

误差脉冲传递函数

$$\Phi(z)=\frac{E(z)}{R(z)}=\frac{1}{1+D(z)G(z)} \tag{10-13}$$

则

$$D(z) = \frac{1-\Phi(z)}{G(z)\,\Phi(z)} \tag{10-14}$$

数字控制器脉冲传递函数一般具有以下形式：

$$D(z) = \frac{b_0 + b_1 z^{-1} + b_2 z^{-2} + \cdots + b_m z^{-m}}{1 + a_1 z^{-1} + a_2 z^{-2} + a_3 z^{-3} + \cdots + a_n z^{-n}} \tag{10-15}$$

式中，$a_i(i=1,2,\cdots,n)$ 和 $b_i(i=1,2,\cdots,m)$ 为常系数。

由以上分析可知，根据线性离散系统连续部分的脉冲传递函数 $G(z)$ 及系统的闭环脉冲传递函数 $T(z)$［或误差脉冲传递函数 $\Phi(z)$］便可设计出数字控制器的脉冲传递函数 $D(z)$，但是为了数字控制器的物理可实现性，需要有 $n \geq m$ 的条件存在。

10.6.2 采样控制系统的最少拍设计

在采样控制过程中，人们通常把一个采样周期称为一拍。最少拍设计是指系统在典型输入信号（如阶跃信号、速度信号、加速度信号等）作用下，经过最少拍（有限拍）使系统输出的稳态误差为零。因此，最少拍控制系统也称为最少拍无差系统，它实质上是时间最优控制系统，系统的性能指标就是系统调节时间最短或尽可能短。

下面结合图 10-38 线性离散系统进行讨论，从式（10-12）和式（10-14）可知，$G(z)$ 为带有保持器及被控对象的脉冲传递函数，它在校正过程中是不可改变的。因此，$D(z)$ 的设计由 $T(z)$ 或者 $\Phi(z)$ 确定，$T(z)$ 或者 $\Phi(z)$ 应根据典型输入信号和性能指标确定。

设典型输入信号分别为单位阶跃信号、单位斜坡信号和单位抛物线信号时，其 Z 变换分别有以下形式：

$$r(t) = 1(t), \quad R(z) = \frac{1}{1-z^{-1}}$$

$$r(t) = t \quad , \quad R(z) = \frac{Tz^{-1}}{(1-z^{-1})^2}$$

$$r(t) = \frac{1}{2}t^2, \quad R(z) = \frac{T^2 z^{-1}(1+z^{-1})}{2(1-z^{-1})^3}$$

由此可得典型输入信号的 Z 变换可写成以下形式：

$$R(z) = \frac{A(z)}{(1-z^{-1})^v} \tag{10-16}$$

式中，$A(z)$ 是不包含（$1-z^{-1}$）因子的 z^{-1} 的多项式；v 为输入类型数。

将式（10-16）代入式（10-13）得

$$E(z) = \Phi(z)R(z) = \Phi(z)\frac{A(z)}{(1-z^{-1})^v} \tag{10-17}$$

利用终值定理，系统的稳态误差为

$$e_\infty = \lim_{z \to 1}(1-z^{-1})E(z)$$

$$= \lim_{z \to 1}(1-z^{-1})\frac{A(z)}{(1-z^{-1})^v}\Phi(z) \tag{10-18}$$

为了实现系统的无稳态误差，$\Phi(z)$ 应当包含$(1-z^{-1})^v$因子，设

$$\Phi(z) = (1-z^{-1})^v F(z) \tag{10-19}$$

式中，$F(z)$ 为不包含 $(1-z^{-1})$ 因子的 z^{-1} 的多项式，则闭环脉冲传递函数为

$$T(z) = 1-(1-z^{-1})^v F(z) \tag{10-20}$$

由此可得

$$C(z) = R(z) T(z) = R(z) - A(z) F(z) \tag{10-21}$$

可见，当 $F(z)=1$ 时，$\Phi(z)$ 中所包含的 z^{-1} 的项数最少，此时采样系统的暂态响应过程可在最少个采样周期内结束。因此设

$$\Phi(z) = (1-z^{-1})^v \tag{10-22}$$

$$T(z) = 1-(1-z^{-1})^v \tag{10-23}$$

下面分别计算在典型输入信号下最少拍采样系统的闭环脉冲传递函数 $T(z)$、误差脉冲传递函数 $\Phi(z)$ 及数字控制器 $D(z)$。

1）$r(t)=1(t)$，$R(z)=\dfrac{1}{1-z^{-1}}$，$v=1$ 时

$$\Phi(z) = 1-z^{-1}$$

$$T(z) = z^{-1}$$

$$C(z) = R(z) T(z) = \frac{z^{-1}}{1-z^{-1}} = z^{-1}+z^{-2}+\cdots+z^{-n}+\cdots$$

2）$r(t)=t$，$R(z)=\dfrac{Tz^{-1}}{(1-z^{-1})^2}$ 时

$$\Phi(z) = (1-z^{-1})^2$$

$$T(z) = 2z^{-1}-z^{-2}$$

$$C(z) = R(z) T(z) = \frac{Tz^{-1}}{(1-z^{-1})^2}(2z^{-1}-z^{-2}) = 2Tz^{-2}+3Tz^{-3}+\cdots+nTz^{-n}+\cdots$$

3）$r(t)=\dfrac{1}{2}t^2$，$R(z)=\dfrac{T^2z^{-1}(1+z^{-1})}{2(1-z^{-1})^3}$ 时

$$\Phi(z) = (1-z^{-1})^3$$

$$T(z) = 3z^{-1}-3z^{-2}+z^{-3}$$

$$C(z) = R(z) T(z) = \frac{(1+z^{-1})T^2z^{-1}}{2(1-z^{-1})^3}(3z^{-1}-3z^{-2}+z^{-3})$$

$$= 1.5T^2z^{-2}+4.5T^2z^{-3}+8T^2z^{-4}+\cdots+\frac{n^2}{2}T^2z^{-n}+\cdots$$

在这几种典型输入信号作用下，最少拍系统的闭环脉冲传递函数及暂态过程时间见表 10-2。根据最少拍系统的闭环脉冲传递函数，可按照式（10-12）和式（10-14）求出数字控制器的脉冲传递函数 $D(z)$。

表 10-2　最少拍系统的校正

典型输入		误差脉冲传递函数	闭环脉冲传递函数	数字控制器	调整时间
$r(t)$	$R(z)$	$\Phi(z)$	$T(z)$	$D(z)$	t_s
$1(t)$	$\dfrac{1}{1-z^{-1}}$	$1-z^{-1}$	z^{-1}	$\dfrac{z^{-1}}{(1-z^{-1})G(z)}$	T

（续）

典型输入	误差脉冲传递函数	闭环脉冲传递函数	数字控制器	调整时间
t	$\dfrac{Tz^{-1}}{(1-z^{-1})^2}$	$(1-z^{-1})^2$	$2z^{-1}-z^{-2}$	$\dfrac{z^{-1}(2-z^{-1})}{(1-z^{-1})^2 G(z)}$	$2T$
$\dfrac{1}{2}t^2$	$\dfrac{T^2 z^{-1}(1+z^{-1})}{2(1-z^{-1})^3}$	$(1-z^{-1})^3$	$3z^{-1}-3z^{-2}+z^{-3}$	$\dfrac{z^{-1}(3-3z^{-1}-z^{-2})}{(1-z^{-1})^3 G(z)}$	$3T$

例 10.20　假设采样系统结构图如图 10-39 所示，零阶保持器和连续部分传递函数分别为

$$G_0(s) = \frac{1-\mathrm{e}^{-Ts}}{s}$$

$$G(s) = \frac{10}{s(s+1)}$$

其中，$T = 1\mathrm{s}$。

1）试求在单位阶跃信号 $r(t) = 1(t)$ 作用下最少拍系统的数字控制器的脉冲传递函数 $D(z)$，并绘制数字控制器输出曲线和系统输出曲线；

2）利用上述方法设计的数字控制器，绘制系统单位斜坡和单位抛物线作用下的输出曲线。

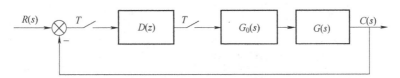

图 10-39　例 10.20 采样系统结构图

解　1）根据给定系统的零阶保持器和连续部分传递函数，求取开环脉冲传递函数

$$G(z) = Z[G_\mathrm{h}(s) G_0(s)]$$

$$= Z\left[\frac{1-\mathrm{e}^{-Ts}}{s} \cdot G_0(s)\right]$$

$$= (1-z^{-1}) Z\left[\frac{10}{s^2(s+1)}\right]$$

$$= (1-z^{-1}) \times 10\left[\frac{z^{-1}}{(1-z^{-1})^2} - \frac{1}{1-z^{-1}} + \frac{1}{1-0.3679z^{-1}}\right] \qquad (10\text{-}24)$$

$$= \frac{3.679z^{-1}(1+0.718z^{-1})}{(1-z^{-1})(1-0.3679z^{-1})}$$

根据表 10-2，选取与单位阶跃信号对应的最少拍系统的数字控制器传递函数为

$$D(z) = \frac{z^{-1}}{(1-z^{-1}) G(z)} \qquad (10\text{-}25)$$

将 $G(z)$ 代入 $D(z)$ 中得以下形式：

$$D(z) = \frac{1-0.3679z^{-1}}{3.679(1+0.718z^{-1})} \qquad (10\text{-}26)$$

根据动态结构图搭建 Simulink 仿真框图，如图 10-40 所示。

Step 模块设置如图 10-41 所示。

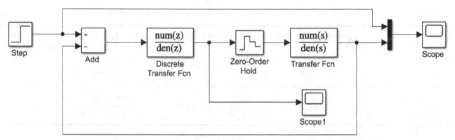

图 10-40　例 10. 20 系统单位阶跃输入 Simulink 仿真框图

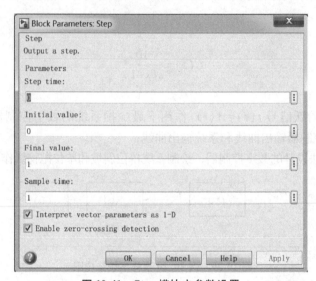

图 10-41　Step 模块中参数设置

Discrete Transfer Fcn 模块设置如图 10-42 所示。

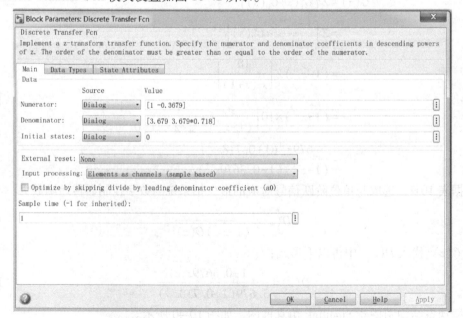

图 10-42　Discrete Transfer Fcn 模块中参数设置

Zero-Order Hold 模块设置如图 10-43 所示。

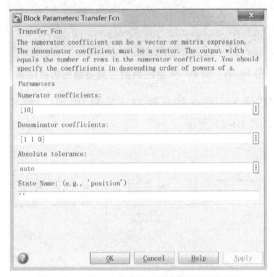

图 10-43 Zero-Order Hold 模块中参数设置

Transfer Fcn 模块设置如图 10-44 所示。

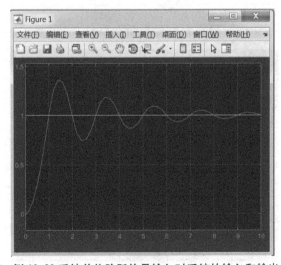

图 10-44 Transfer Fcn 模块中参数设置

程序运行后得到单位阶跃信号输入时系统的输入和输出仿真结果，如图 10-45 所示。

图 10-45 例 10.20 系统单位阶跃信号输入时系统的输入和输出仿真结果

离散控制器的输出曲线如图 10-46 所示。

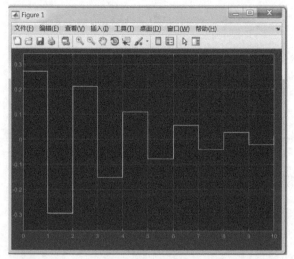

图 10-46　例 10. 20 系统离散控制器输出仿真结果

2）根据动态结构图搭建 Simulink 仿真框图（见图 10-40），将单位阶跃信号改为单位斜坡和单位抛物线信号，如图 10-47 所示。

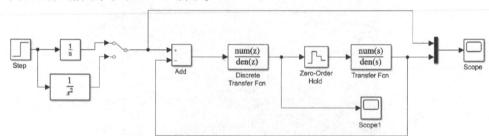

图 10-47　例 10. 20 系统单位斜坡和单位抛物线 Simulink 仿真框图

运行后系统输出仿真结果如图 10-48 和图 10-49 所示。

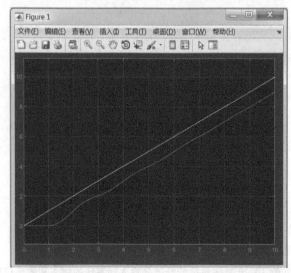

图 10-48　例 10. 20 系统单位斜坡信号输入时系统的输入和输出仿真结果

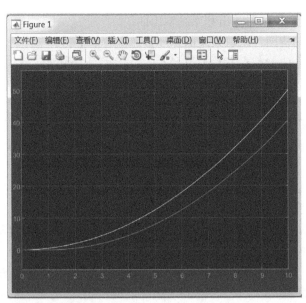

图 10-49　例 10.20 系统单位抛物线信号输入时系统的输入和输出仿真结果

从上述运行结果可见，如果线性采样系统是针对阶跃信号设计的最少拍系统，则在斜坡或抛物线输入下，系统将会出现稳态误差，因此可知，根据一种典型输入信号进行校正而得到的最少拍采样系统往往不适应其他形式的输入，这说明最少拍系统对输入信号的适应性较差。

以上讨论的最少拍系统的校正方法，以及表 10-2 中的基本结论只限系统开环脉冲传递函数 $G(z)$ 的极点与零点位于 Z 平面上以原点为圆心的单位圆内。如果在开环脉冲传递函数 $G(z)$ 的极点与零点中含有位于单位圆上或单位圆外的极点和零点时，则不能按照表 10-2 选取误差脉冲传递函数 $\Phi(z)$ 和闭环脉冲传递函数 $T(z)$，因为 $G(z)$ 含有的位于单位圆上或单位圆外的极点或零点得不到抵消或补偿，所以数字控制器的脉冲传递函数 $D(z)$ 中含有位于单位圆上或单位圆外的极点或零点，这是在设计中所不希望的。

为了保证闭环采样系统的稳定，$G(z)$ 中包含的单位圆上或圆外的极点只能靠脉冲传递函数 $\Phi(z)$ 的零点抵消，而 $G(z)$ 中包含的单位圆上或圆外的零点只能原封不动地留在 $T(z)$ 中，即在确定 $T(z)$ 时，要把 $G(z)$ 在单位圆上或圆外的零点包括在 $T(z)$ 之内。由于在 $G(z)$ 中常包含 z^{-1} 因子多次方，为了使 $D(z)$ 在设计中得以实现，要求 $T(z)$ 中含有 z^{-1} 因子。考虑到 $T(z) = 1 - \Phi(z)$，因此 $\Phi(z)$ 应包含常数项为 1 的 z^{-1} 的多项式多次方。根据上述分析，按照式（10-19）选择 $F(z)$ 时，将不能选取 $F(z) = 1$，而应使 $F(z)$ 的零点补偿在 Z 平面单位圆上或单位圆外的极点，但这样会导致系统的暂态过程时间变长。

例 10.21　假设采样系统结构图如图 10-39 所示，零阶保持器和连续部分传递函数分别为

$$G_{\mathrm{h}}(s) = \frac{1 - \mathrm{e}^{-Ts}}{s}$$

$$G_0(s) = \frac{10}{s(0.1s+1)(0.05s+1)}$$

式中，$T = 0.2\mathrm{s}$。试求在单位阶跃信号 $r(t) = 1(t)$ 作用下最少拍系统的数字控制器脉冲传递

函数 $D(z)$，并绘制数字控制器输出和系统输出曲线。

解　根据系统的结构图，求取系统的开环传递函数如下：

$$G(z) = Z[G_h(s)G_0(s)]$$

$$= \frac{0.762z^{-1}(1+0.0459z^{-1})(1+1.131z^{-1})}{(1-z^{-1})(1-0.135z^{-1})(1-0.0183z^{-1})} \tag{10-27}$$

从式（10-27）可以看出，$G(z)$ 中包含一个位于 Z 平面单位圆外的零点，因此闭环脉冲传递函数 $T(z)$ 必须包含 $(1+1.131z^{-1})$ 项及 z^{-1} 项的因子，即闭环脉冲传递函数 $T(z)$ 具有以下形式：

$$T(z) = 1-\Phi(z) = a_1z^{-1}(1+1.131z^{-1}) \tag{10-28}$$

式中，a_1 为待定的常系数。

从式（10-28）可以看出，$\Phi(z)$ 是一个 z^{-1} 的二阶多项式。考虑到输入信号为 $r(t)=1(t)$，设 $\Phi(z)$ 具有以下形式：

$$\Phi(z) = (1-z^{-1})(1+a_2z^{-1}) \tag{10-29}$$

式中，a_2 为待定的常系数。

将式（10-29）代入式（10.28）中可得以下形式：

$$1-(1-z^{-1})(1+a_2z^{-1}) = a_1z^{-1}(1+1.131z^{-1}) \tag{10-30}$$

解得

$$\begin{cases} a_1 = 1-a_2 \\ a_2 = 1.131a_1 \end{cases} \tag{10-31}$$

整理得 $a_1=0.469$，$a_2=0.531$。

将上述数值代入式（10-28）和式（10-29），可得

$$T(z) = 0.469z^{-1}(1+1.131z^{-1}) \tag{10-32}$$

$$\Phi(z) = (1-z^{-1})(1+0.531z^{-1}) \tag{10-33}$$

将式（10-32）和式（10-33）代入式（10-14）中可得以下形式：

$$D(z) = \frac{0.615(1-0.0183z^{-1})(1-0.135z^{-1})}{(1+0.0459z^{-1})(1+0.531z^{-1})} \tag{10-34}$$

采样控制系统的输出信号的 Z 变换为

$$C(z) = T(z)R(z)$$

$$= 0.469z^{-1}(1+1.131z^{-1})\frac{1}{1-z^{-1}}$$

$$= 0.469z^{-1}+z^{-2}+z^{-3}+\cdots+z^{-n}+\cdots \tag{10-35}$$

从式（10-35）可以看出，采样控制系统的暂态过程在两拍内结束，比表 10-2 中的暂态时间多了一拍，这是由于 $G(z)$ 中包含了一个单位圆外的零点。

根据动态结构图搭建 Simulink 仿真框图，如图 10-40 所示。只需改变图中一些模块中的参数设置，将模块采样周期均改为 0.2，数字控制器函数按照式（10-34）输入，被控对象传递函数改成 $G_0(s)=\dfrac{10}{s(0.1s+1)(0.05s+1)}$ 即可。程序运行后得到单位阶跃信号输入时系统的输入和输出仿真结果，如图 10-50 所示。

离散控制器的输出曲线如图 10-51 所示。

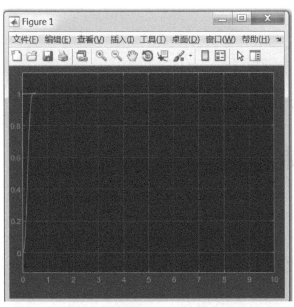

图 10-50　例 10.21 系统单位阶跃信号输入时系统的输入和输出仿真结果

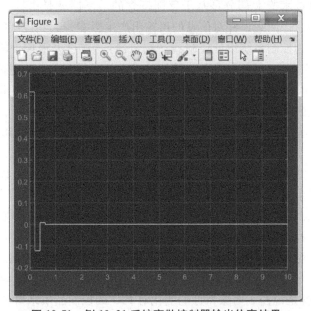

图 10-51　例 10.21 系统离散控制器输出仿真结果

由上面的仿真结果图可知，按最少拍控制系统设计出来的闭环系统在有限拍后进入稳态，这时闭环系统输出可在采样时间精确地跟踪输入信号。

10.7 本章小结

本章介绍了离散控制系统及仿真研究，主要包括离散系统数学模型的建立以及 MATLAB 描述、连续系统与离散系统之间的转换、离散系统 Simulink 模块介绍、离散系统曲线的绘制、离散控制系统的分析和校正等，利用典型实例对实际的离散控制系统进行深入研究。

11

第 11 章

控制系统 PID 控制器设计

11.1 引言

如今的自动控制技术绝大部分是基于反馈概念的。反馈就是由控制系统把信息输送出去，又把其作用结果返送回来，并对信息的再输出产生影响，起到控制的作用，以达到预定的目的，因此，需要为控制系统设计控制器（调节器）。在过去很长一段时间中，工业控制几乎都会应用 PID 控制器，即使如今的计算机技术已经发展到如此先进的水平，PID 结构的控制器以及更多以 PID 结构为基础的高级控制器在工业过程控制器中仍旧占有主导地位。

作为最早实用化的控制器，PID 控制器的发展已有七八十年历史了，现在仍然是应用最广泛的工业控制器，有着简单容易实现、使用不需精确模型等优点。PID 控制器的具体优点如下：

1）使用方便，原理简单，根据动态特性的实时反馈，PID 参数可以进行及时调整。如果系统的动态曲线发生变化，如负载的改变，则 PID 控制器的参数可以进行新一轮的设定。

2）适用范围广，多数商业化的控制器直到今天依旧按照 PID 的控制规律工作，就算现在科技最前沿的过程控制计算机，也是在 PID 控制的基础上不断研发创新的。PID 应用范围广，通过适当简化，可以将很多非线性时变的系统转换为基本线性和动态特性不随时间变化的系统。

3）鲁棒性强，就是说控制对象特性的变化对 PID 的控制品质来讲影响不大。

当然 PID 也有一些缺点，当遇到非线性时变以及参数不定的复杂过程时，PID 并不能起到良好的控制效果；更重要的是，如果一个复杂过程是 PID 无法控制的，那不管怎样调参数都没用。尽管有这些缺点，但在很多时候，PID 控制器依旧是最简单也是最有效的选择。

11.2 PID 控制基本原理

PID 控制器由于其控制原理简单、易于操作、控制系统可靠性较好，故常被应用于实际工程控制中。常规 PID 控制系统的原理框图如图 11-1 所示。PID 控制器是将偏差的比例（P）、积分（I）、微分（D）进行线性组合构成控制量，然后再对被控对象进行控制。首先需要给出一个理想的参考给定值 $r(t)$，然后将系统输出经过测量环节反馈回来的 $y(t)$ 与给定值 $r(t)$ 进行比较，控制器会接收比较后输出的偏差信号 $e(t)$，最后将此信号再经过三个环节的线性组合，整合成一个量输出对被控对象实施控制。

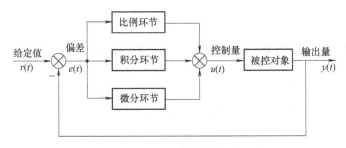

图 11-1 常规 PID 控制系统原理框图

根据给定值与输出量之间的关系，定义偏差信号为

$$e(t) = r(t) - y(t) \tag{11-1}$$

PID 控制器的数学公式为

$$u(t) = K_p \left[e(t) + \frac{1}{T_i} \int_0^t e(t) \, dt + \frac{T_d de(t)}{dt} \right] \tag{11-2}$$

式中，$u(t)$ 为控制器输出信号；K_p 为比例系数；T_i 为积分时间系数；T_d 为微分时间系数。

对式（11-2）取拉氏变换得到以下传递函数：

$$G(s) = \frac{U(s)}{E(s)} = K_p \left(1 + \frac{1}{T_i s} + T_d s \right) \tag{11-3}$$

从式（11-3）可知，控制器的输出量以及控制器的整体性能最终取决于 K_p、T_i 和 T_d 这三个 PID 参数的取值。三个参数具体取值的大小对控制器性能的影响如下：

（1）比例系数 K_p　PID 中通俗易理解易执行的便是比例控制。通过给反馈值与目标值的差值配置比例传递系数，并将结果输出，实现对系统的控制。当系统的输入量不唯一时，此控制方法将不再适用。此过程可以看作一个单独放大的过程，也就是偏差量乘以一个正比例倍数。比例系数 K_p 越大，系统响应的速度越快。但同时，K_p 如果过大了，就会降低系统的相对稳定性，产生大的超调，振荡变得频繁，达到稳定需要的时间也会相应变久，甚至会不稳定。但 K_p 太小，又会使系统的反应变得迟缓，上升曲线幅度平缓，调节时间变长，从而达不到相应的控制要求。

（2）积分时间系数 T_i　当单独使用比例控制无法满足系统的要求时，应加入积分控制。通俗地讲，积分控制的作用便是为系统增加了一个输入调节量，不断积累每一次比例调节后的偏差，配以系数后不断输出到系统中，直到系统稳定，积分控制的总输出刚好与稳态误差相互抵消，弥补了比例控制的缺点，此时系统的控制器为 PI 控制器。大多数情况下，PI 控制足以满足系统的要求。T_i 如果很大，那么系统的静态误差就会很大，但是如果 T_i 很小，那么静差的消除速度会变快，但是也会导致更大的超调量，所以这就需要取一个适中的值，以期望达到最优的效果。在实际工程中，可以使用 PI 控制器来改善系统的稳态性能。但当系统的稳态误差不为恒定值，而是变量的情况下，PI 控制便不再能满足要求。

（3）微分时间系数 T_d　微分项的作用是提前预测偏差的变化并及时进行调整，以达到改善系统动态性能的目标。假如微分项是随着时间变化的，那么微分项对控制系统是可以起到作用的，但是如果偏差的微分变得特别缓慢，甚至不随时间变化，那么加入微分控制的作用微乎其微。同时微分系数 T_d 过小会使上升曲线变得迟缓，也就是控制调节时间变长，系统的抗干扰能力也会随之降低。

11.3 连续系统的模拟 PID 控制及仿真

PID 控制器作为经典控制理论的最大成果之一，由于其原理简单且易于实现，具有一定的自适应性和鲁棒性，因此在工业过程控制中被广泛采用。

例 11.1 某连续系统的被控对象传递函数为 $G(s) = \dfrac{16}{s^2 + 6s}$，进行模拟 PID 控制器设计。系统输入信号为单位阶跃信号，仿真时取 $K_p = 60$，$K_i = 1$，$K_d = 2$，仿真时间为 1s。

1）直接搭建 Simulink 框图，绘制系统的给定输入和输出曲线；

2）利用 S 函数方法实现 Simulink 仿真，绘制系统的给定输入和输出曲线。

解 1）第一种方法：根据系统被控对象的传递函数形式，搭建基于 PID 控制的 Simulink 框图，如图 11-2 所示。

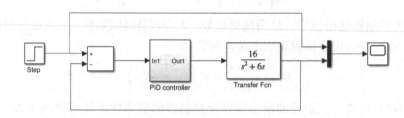

图 11-2 例 11.1 系统的 Simulink 框图（基于传递函数模型）

图 11-2 中的 PID 控制器采用的是封装模块，将其打开，其结构如图 11-3 所示。

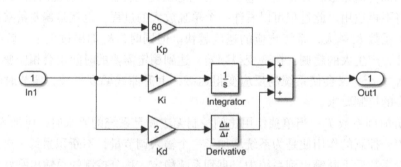

图 11-3 PID 控制器的封装模块

运行结果如图 11-4 所示。从图中可以看出，所设计的 PID 控制器能够快速地跟踪上给定输出值，但存在一定的超调量，后续章节将会详述对 PID 控制器参数进行整定。

第二种方法：将传递函数改写成状态方程的形式。根据控制理论方法，针对被控对象为 $\dfrac{b}{s^2 + as}$，可将其写成以下形式：

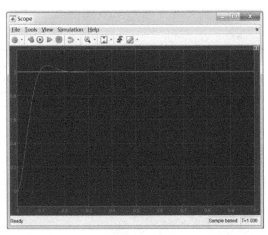

图 11-4 例 11.1 系统的给定输入和输出曲线

$$\begin{cases} \dot{x}_1 = x_2 \\ \dot{x}_2 = -ax_2 + bu \end{cases} \tag{11-4}$$

按照上述分析，可将本例中的传递函数对应式（11-4）得

$$\begin{cases} \dot{x}_1 = x_2 \\ \dot{x}_2 = -6x_2 + 16u \end{cases} \tag{11-5}$$

整理得到状态空间方程系数为

$$A = \begin{bmatrix} 0 & 1 \\ 0 & -6 \end{bmatrix}, \quad B = \begin{bmatrix} 0 \\ 16 \end{bmatrix}, \quad C = \begin{bmatrix} 1 & 0 \end{bmatrix}, \quad D = 0$$

根据系统被控对象为状态空间方程的形式，搭建基于 PID 控制的 Simulink 框图，如图 11-5 所示。

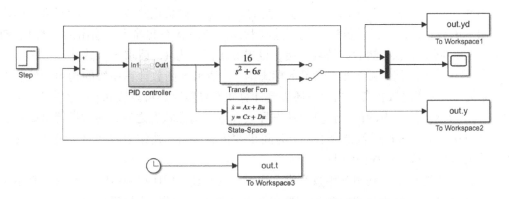

图 11-5 例 11.1 系统的 Simulink 框图（基于状态空间模型）

运行结果与图 11-4 相同。此外，可以直接在工作空间中输出图形，编写程序如下：

```
plot(out.t,out.yd(:,1),out.t,out.y(:,1),'k:','linewidth',2)
xlabel('时间/s');ylabel('yd,y')
legend('给定输入值','输出值')
```

运行结果如图 11-6 所示。

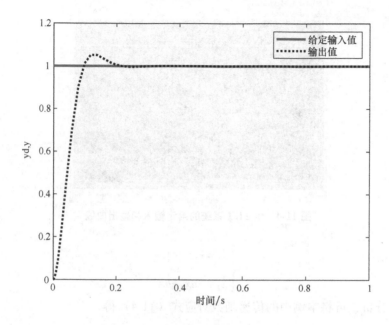

图 11-6　给定输入和输出对比曲线

2）第一种方法：直接利用 S 函数法。

S 函数是系统函数（System Function）的简称，是指采用非图形化的方式描述一个模块。S 函数使用特定的调用语法，这种语法可以与 Simulink 中的方程求解器相互作用，S 函数中的程序从求解器中接收信息，并对求解器发出的命令做出适当的响应。这种作用方式与求解器和内嵌的 Simulink 模块之间的作用很相似。S 函数的格式是通用的，它们可以用在连续系统、离散系统和混合系统中。

S 函数的调用顺序是通过 flag 标志来控制的。在仿真初始化阶段，通过设置 flag 标志为 0 来调用 S 函数，并请求提供数量（包括连续状态、离散状态和输入、输出的个数）、初始状态和采样时间等信息。然后，仿真开始，设置 flag 标志为 4，请求 S 函数计算下一个采样时间，并提供采样时间。接下来设置 flag 标志为 3，请求 S 函数计算模块的输出。然后设置 flag 标志为 2，更新离散状态。当用户还需要计算状态导数时，可设置 flag 标志为 1，由求解器使用积分算法计算状态的值。计算出状态导数和更新离散状态之后，通过设置 flag 标志为 3 来计算模块的输出，这样就结束了一个时间步的仿真。当到达结束时间时，设置 flag 标志为 9，结束仿真。这个过程如图 11-7 所示。

在上述仿真基础上，利用 S 函数完成上述对象的描述、PID 控制器的设计及仿真结果的输出。在 S 函数中，采用初始化微分函数和输出函数，即 mdlInitializeSizes 函数、mdlDerivatives 函数和 mdlOutputs 函数。在初始化中采用 sizes 结构，选择两个输出，三个输入，三个输入实现了 Kp、Ki、Kd 三项的输入。

首先搭建基于 S 函数的 Simulink 框图，如图 11-8 所示。

① PID 控制器 S 函数如下，存储为 li11_1controller. m 文件：

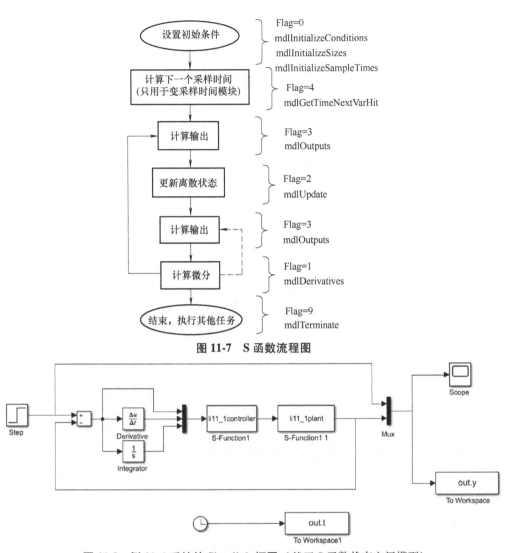

图 11-7 S 函数流程图

图 11-8 例 11.1 系统的 Simulink 框图（基于 S 函数状态空间模型）

```
function[sys,x0,str,ts]=li11_1controller(t,x,u,flag)
switch flag
    %Initialization
    case 0
        [sys,x0,str,ts]=mdlInitializeSizes;
    %Outputs
    case 3
        sys=mdlOutputs(t,x,u);
    %Unhandled flags
    case {2,4,9}
        sys=[];
    %Unexcept flags
    otherwise
        error(['Unhandled flag=',num2str(flag)]);
```

```
end
%mdlInitializeSizes
function[sys,x0,str,ts]=mdlInitializeSizes
sizes=simsizes;
sizes.NumContStates=0;
sizes.NumDiscStates=0;
sizes.NumOutputs=1;
sizes.NumInputs=3;
sizes.DirFeedthrough=1;
sizes.NumSampleTimes=0;
sys=simsizes(sizes);
x0=[];
str=[];
ts=[];
function sys=mdlOutputs(t,x,u)
error=u(1);
derror=u(2);
errori=u(3);
kp=60;
ki=1;
kd=2;
ut=kp*error+kd*derror+ki*errori;
sys(1)=ut;
```

② 被控对象 S 函数如下，存储为 li11_1plant. m 文件：

```
function[sys,x0,str,ts]=li11_1plant(t,x,u,flag)
switch flag
    %Initialization
    case 0
        [sys,x0,str,ts]=mdlInitializeSizes;
    case 1
        sys=mdlDerivatives(t,x,u);
    %Outputs
    case 3
        sys=mdlOutputs(t,x,u);
    %Unhandled flags
    case {2,4,9}
        sys=[];
    %Unexcept flags
    otherwise
        error(['Unhandled flag=',num2str(flag)]);
end
%mdlInitializeSizes
function[sys,x0,str,ts]=mdlInitializeSizes
sizes=simsizes;
```

```
sizes.NumContStates=2;
sizes.NumDiscStates=0;
sizes.NumOutputs=1;
sizes.NumInputs=1;
sizes.DirFeedthrough=0;
sizes.NumSampleTimes=0;
sys=simsizes(sizes);
x0=[0,0];
str=[];
ts=[];
function sys=mdlDerivatives(t,x,u)
sys(1)=x(2);
sys(2)=-6*x(2)+16*u;
function sys=mdlOutputs(t,x,u)
sys(1)=x(1);
```

执行以下绘图程序：

```
plot(out.t,out.y(:,1),'r',out.t,out.y(:,2),'k:','linewidth',2);
xlabel('时间/s');ylabel('yd,y');
legend('给定输入值','输出值');
```

得到如图 11-6 所示的仿真结果。

第二种方法：利用简化 S 函数法。

首先搭建基于简化 S 函数的 Simulink 框图，如图 11-9 所示。

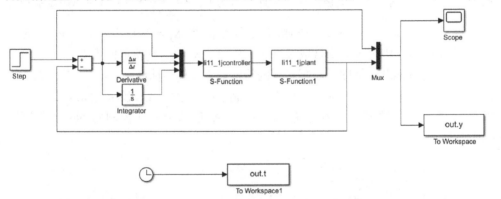

图 11-9　例 11.1 系统的 Simulink 框图（基于简化 S 函数状态空间模型）

① PID 控制器简化 S 函数如下，存储为 li11_1jcontroller.m 文件：

```
function[sys,x0]=li11_jcontroller(t,x,u,flag)
kp=60;ki=1;kd=2;
if flag==0
    sys=[0,0,1,3,0,1];%Outputs=1,Inputs=3,DirFeedthrough=0;
    x0=[];
elseif flag==3
    sys(1)=kp*u(1)+kd*u(2)+ki*u(3);
else
```

```
    sys=[];
end
```

② 被控对象 S 函数如下，存储为 li11_1jplant.m 文件：

```
function[sys,x0]=li11_1jplant(t,x,u,flag)
if flag==0
    sys=[2,0,1,1,0,0];%ContStates=2,Outputs=1,Inputs=1;
    x0=[0,0];
elseif flag==1
    sys(1)=x(2);
    sys(2)=-6*x(2)+16*u;
elseif flag==3
    sys=x(1);
else
    sys=[];
end
```

执行以下绘图程序：

```
plot(out.t,out.y(:,1),'r',out.t,out.y(:,2),'k:','linewidth',2);
xlabel('时间/s');ylabel('yd,y');
legend('给定输入值','输出值');
```

得到如图 11-6 所示的仿真结果。

例 11.2 某连续时变系统的被控对象传递函数为 $G(s)=\dfrac{K_1}{s^2+K_2 s}$，进行模拟控制器设计。系统输入的信号指令为 $2\sin(3\pi t)$，传递函数参数值为 $K_1=200+100\cos(2\pi t)$，$K_2=10+10\cos(3\pi t)$，仿真时 PID 控制器参数取 $K_p=20$，$K_i=5$，$K_d=5$，仿真时间为 1s。

1）直接搭建 Simulink 框图，绘制系统的给定输入和输出曲线；

2）利用 S 函数方法实现 Simulink 仿真，绘制系统的给定输入和输出曲线。

解 1）根据系统被控对象为传递函数形式，搭建基于 PID 控制的 Simulink 框图，如图 11-10 所示。

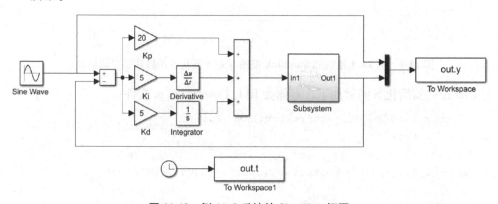

图 11-10 例 11.2 系统的 Simulink 框图

图 11-10 中的 Subsystem 采用的是封装模块，将其打开，其结构如图 11-11 所示。

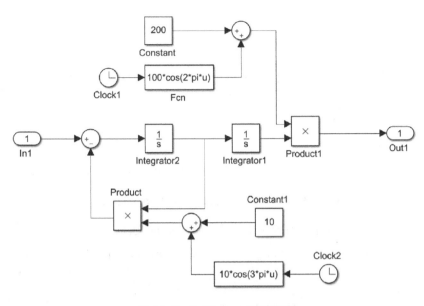

图 11-11　Subsystem 封装模块

执行以下绘图程序：

```
plot(out.t,out.y(:,1),'r',out.t,out.y(:,2),'k:','linewidth',2)
xlabel('时间/s');ylabel('yd,y')
legend('给定输入值','输出值')
```

得到如图 11-12 所示的仿真结果。从图中可以看出，所设计的 PID 控制器能够快速地跟踪上给定输出值。

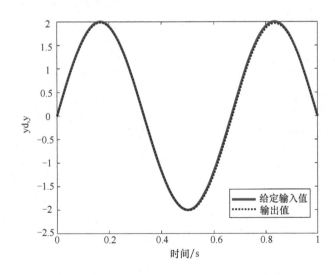

图 11-12　例 11.2 系统的给定输入和输出曲线

2）利用 S 函数法。

根据式（11-4），将上述传递函数写成状态空间方程的形式，然后编写 S 函数。

首先搭建基于 S 函数的 Simulink 框图，如图 11-13 所示。

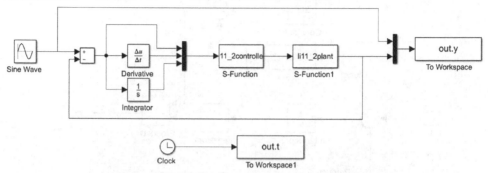

图 11-13 例 11.2 系统的 Simulink 框图（S 函数）

① PID 控制器 S 函数如下，存储为 li11_2controller. m 文件：

```
function[sys,x0,str,ts]=li11_2controller(t,x,u,flag)
switch flag
    case 0
        [sys,x0,str,ts]=mdlInitializeSizes;
    case 1
        sys=mdlDervatives(t,x,u);
    case 3
        sys=mdlOutputs(t,x,u);
    case {2,4,9}
        sys=[];
    otherwise
        error(['Unhandled flag=',num2str(flag)]);
end
function[sys,x0,str,ts]=mdlInitializeSizes
sizes=simsizes;
sizes.NumContStates=0;
sizes.NumDiscStates=0;
sizes.NumOutputs=1;
sizes.NumInputs=3;
sizes.DirFeedthrough=1;
sizes.NumSampleTimes=0;
sys=simsizes(sizes);
x0=[];
str=[];
ts=[];
function sys=mdlOutputs(t,x,u)
kp=20;
ki=5;
kd=5;
ut=kp*u(1)+kd*u(2)+ki*u(3);
sys(1)=ut;
```

② 被控对象 S 函数如下，存储为 li11_2plant. m 文件：

```
function[sys,x0,str,ts]=li11_2plant(t,x,u,flag)
switch flag
    case 0
        [sys,x0,str,ts]=mdlInitializeSizes;
    case 1
        sys=mdlDerivatives(t,x,u);
    case 3
        sys=mdlOutputs(t,x,u);
    case {2,4,9}
        sys=[];
    otherwise
        error(['Unhandled flag=',num2str(flag)]);
end
function[sys,x0,str,ts]=mdlInitializeSizes
sizes=simsizes;
sizes.NumContStates=2;
sizes.NumDiscStates=0;
sizes.NumOutputs=1;
sizes.NumInputs=1;
sizes.DirFeedthrough=0;
sizes.NumSampleTimes=1;
sys=simsizes(sizes);
x0=[0,0];
str=[];
ts=[0 0];
function sys=mdlDerivatives(t,x,u)
ut=u(1);
K1=10+10*cos(3*pi*t);
K2=200+100*cos(2*pi*t);
sys(1)=x(2);
sys(2)=-K1*x(2)+K2*ut;
function sys=mdlOutputs(t,x,u)
sys(1)=x(1);
```

执行以下绘图程序：

```
plot(out.t,out.y(:,1),'r',out.t,out.y(:,2),'k:','linewidth',2)
xlabel('时间/s');ylabel('yd,y')
legend('给定输入值','输出值')
```

得到如图 11-12 所示的仿真结果。

11.4　数字 PID 控制及仿真

　　模拟 PID 控制器在实际的工业系统中不便于控制，因而现在的工业控制系统大多采用数字控制系统，数字 PID 控制系统就是把模拟 PID 控制算式离散化处理，便于系统用于单片机或计算机实现控制。

　　在计算机系统中，PID 控制器是通过计算机 PID 控制算法程序实现的。进入计算机的连续时间信号，必须经过采样和量化后变成数字量才能进入计算机的存储器和寄存器，而在数字计算机中的计算和处理，不论是积分还是微分，只能用近似求和或者增量式去逼近。

11. 4. 1 位置式 PID 控制算法及仿真

1. 位置式 PID 控制算法

PID 控制规律在计算机中的实现，也是用数值逼近的方法。以一系列的采样时刻点 kT_s 代表连续时间 t，以矩形法数值积分近似代替积分，以一阶后向差分近似代替微分，即可作以下变换：

$$\begin{cases} t \approx kT_s \quad (k=0,1,2,\cdots) \\ \int_0^t e(t)\,\mathrm{d}t \approx T_s \sum_{j=1}^k e(jT_s) = T_s \sum_{j=1}^k e(j) \\ \dfrac{\mathrm{d}e(t)}{\mathrm{d}(t)} \approx \dfrac{e(kT_s) - e[(k-1)T_s]}{T_s} = \dfrac{e(k) - e(k-1)}{T_s} \end{cases} \tag{11-6}$$

式中，T_s 为采样周期，必须使 T 足够小，才能保证系统有一定的准确度；$e(k)$ 为第 k 次采样时的偏差值；$e(k-1)$ 为第 $k-1$ 次采样时的偏差值；k 为采样序号，$k=1$，2，$\cdots$。

将描述连续 PID 算法的微分方程变为描述离散时间 PID 算法的差分方程，即为数字 PID 位置型控制算法，即

$$\begin{aligned} u(k) &= K_p \left\{ e(k) + \frac{T_s}{T_i} \sum_{j=0}^k e(j) + \frac{T_d}{T_s} [e(k) - e(k-1)] \right\} \\ &= K_p e(k) + K_i \sum_{j=0}^k e(j) T_s + K_d \frac{e(k) - e(k-1)}{T_s} \end{aligned} \tag{11-7}$$

式中，$K_i = \dfrac{K_p}{T_i}$；$K_d = K_p T_d$。

位置式 PID 控制算法如图 11-14 所示。

根据位置式 PID 控制算法得到其程序框图，如图 11-15 所示。

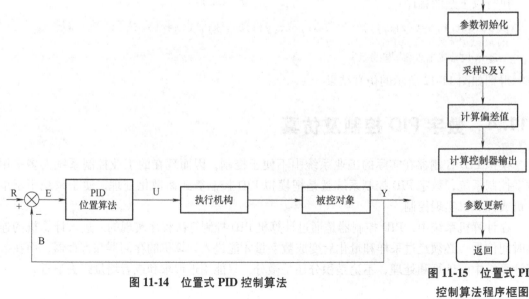

图 11-14 位置式 PID 控制算法

**图 11-15 位置式 PID
控制算法程序框图**

2. 仿真研究

例 11.3 已知连续系统被控对象的传递函数 $G(s) = \dfrac{1}{K_1 s^2 + K_2 s}$，其中，$K_1 = 0.0045$，$K_2 = 0.2$，进行数字 PID 控制器设计。输入的信号指令为 $\sin(3\pi t)$，仿真时 PID 控制器参数取 $K_p = 25$，$K_d = 1$，仿真时间为 2s，直接利用 M 语言编写程序，绘制系统的给定输入和输出曲线。

解 利用 M 语言编写程序进行仿真。

控制主程序如下，存储为 li11_3zhuchengxu. m：

```
clear all;
close all;
ts=0.001;                %Sampling time
xk=zeros(2,1);
e_1=0;
u_1=0;
for k=1:1:2000
    time(k)=k*ts;
    yd(k)=sin(3*pi*k*ts);
    para=u_1;
    tSpan=[0 ts];
    [tt,xx]=ode45('li11_3plant',tSpan,xk,[],para);
    xk=xx(length(xx),:);
    y(k)=xk(1);
    e(k)=yd(k)-y(k);
    de(k)=(e(k)-e_1)/ts;
    u(k)=25*e(k)+de(k);
    % control limit   此处考虑 PID 控制器输出受限,幅值设置为±10
    if u(k)>10
        u(k)=10;
    end
    if u(k)<-10
        u(k)=-10;
    end

    u_1=u(k);
    e_1=e(k);
end
plot(time,yd,'r',time,y,'k:','linewidth',2);
xlabel('时间/s');ylabel('yd,y');
legend('给定输入值','输出值')
```

被控对象子程序如下，存储为 li11_3plant. m：

```
function dy=li11_3plant(t,y,flag,para)
u=para;
K1=0.0045;K2=0.2;
dy=zeros(2,1);
dy(1)=y(2);
dy(2)=-(K2/K1)*y(2)+(1/K1)*u;
```

程序运行后得到如图 11-16 所示的仿真曲线。从图中运行结果可以看出，输出值能够很好地跟踪上输入值，表明 PID 控制器具有良好的控制效果。

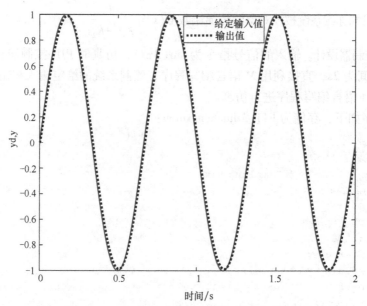

图 11-16 例 11.3 系统的给定输入和输出曲线

例 11.4 已知连续系统被控对象的传递函数 $G(s) = \dfrac{450000}{s^3 + 80s^2 + 9500s}$，进行数字 PID 控制器设计。输入的信号指令为 $\sin(3\pi t)$，仿真时 PID 控制器参数取 $K_p = 0.8$，$K_i = 0.001$，$K_d = 0.001$，仿真时间为 2s。

1）直接搭建 Simulink 框图，绘制系统的给定输入和输出曲线；

2）利用 S 函数方法实现 Simulink 仿真，绘制系统的给定输入和输出曲线。

解 1）直接搭建 Simulink 框图进行仿真，如图 11-17 所示。

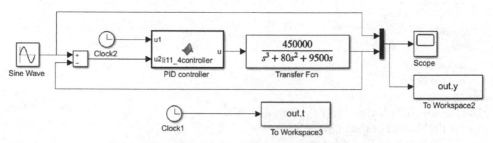

图 11-17 例 11.4 系统的 Simulink 框图

其中 PID 控制器程序如下：

```
function u  =li11_4controller(u1,u2)
persistent pidmat errori error_1
t=u1;
if isempty(errori)
errori=0;error_1=0;
end
```

```
kp=3;
ki=0.05;
kd=0.8;
error=u2;
errord=error-error_1;
errori=errori+error;
u=kp * error+kd * errord+ki * errori;
error_1=error;
```

执行以下绘图程序：

```
plot(out.t,out.y(:,1),'r',out.t,out.y(:,2),'k:','linewidth',2);
xlabel('时间/s');ylabel('yd,y');
legend('给定输入值','输出值')
```

得到如图 11-18 所示的仿真结果。

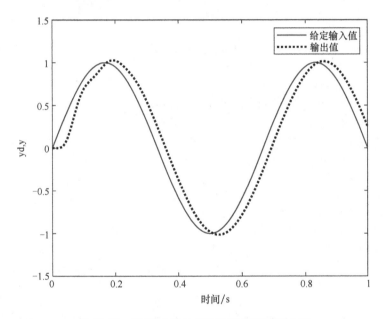

图 11-18　例 11. 4 系统的给定输入和输出曲线

2）利用 S 函数法进行仿真，如图 11-19 所示。

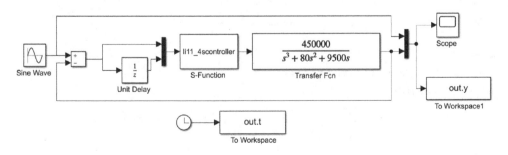

图 11-19　例 11. 4 系统的 Simulink 框图（S 函数）

267

其中 PID 控制器程序如下，存储为 li11_4scontroller. m 文件：

```
function[sys,x0,str,ts]=li11_4scontroller(t,x,u,flag)
switch flag
    %Initialization
    case 0
        [sys,x0,str,ts]=mdlInitializeSizes;
    %Outputs
    case 2
        sys=mdlUpdates(x,u);
    case 3
        sys=mdlOutputs(t,x,u);
    %Unhandled flags
    case {1,4,9}
        sys=[];
    %Unexcept flags
    otherwise
        error(['Unhandled flag=',num2str(flag)]);
end
%mdlInitializeSizes
function[sys,x0,str,ts]=mdlInitializeSizes
sizes=simsizes;
sizes.NumContStates=0;
sizes.NumDiscStates=3;
sizes.NumOutputs=1;
sizes.NumInputs=2;
sizes.DirFeedthrough=1;
sizes.NumSampleTimes=1;
sys=simsizes(sizes);
x0=[0;0;0];
str=[];
ts=[-1 0];
function sys=mdlUpdates(x,u)
T=0.001;
sys=[u(1);x(2)+u(1)*T;(u(1)-u(2))/T];
function sys=mdlOutputs(t,x,u,kp,ki,kd,MTab)
kp=0.4;
ki=0.001;
kd=0.0001;
sys=kp*x(1)+kd*x(3)+ki*x(2);
```

执行以下绘图程序：

```
plot(out.t,out.y(:,1),'r',out.t,out.y(:,2),'k:','linewidth',2);
xlabel('时间/s');ylabel('yd,y');
legend('给定输入值','输出值')
```

得到如图 11-18 所示的仿真结果。

例 11.5　已知被控对象为 3 阶传递函数 $G(s) = \dfrac{450000}{s^3 + 80s^2 + 9500s}$，采样周期为 1ms，采用 Z 变换进行离散化，经过 Z 变换后的离散化对象为

$$y(k) = -\text{den}(2)y(k-1) - \text{den}(3)y(k-2) - \text{den}(4)y(k-3) + \text{num}(2)u(k-1) +$$
$$\text{num}(3)u(k-2) + \text{num}(4)u(k-3)$$

针对上述离散系统设计数字 PID 控制器，选取参数为 $K_p = 0.5$，$K_i = 0.001$，$K_d = 0.001$，试绘制系统的给定输入与输出曲线。给定输入信号分别如下所示：

1）单位阶跃信号，方波信号 $f(x) = \begin{cases} 1, & 0 < t \leqslant 0.25 \\ -1, & 0.25 < t \leqslant 0.5 \end{cases}$，正弦信号 $f(x) = 0.5\sin(4\pi t)$；

2）三角波信号 $f(x) = \begin{cases} t-0.5, & 0 < t \leqslant 1 \\ -t+1.5, & 1 < t \leqslant 2 \\ t-2.5, & 2 < t \leqslant 3 \\ -t+3.5, & 3 < t \leqslant 4 \\ t-4.5, & 4 < t \leqslant 5 \end{cases}$，锯齿波信号 $f(x) = \begin{cases} t, & 0 < t \leqslant 1 \\ t-1, & 1 < t \leqslant 2 \\ t-2, & 2 < t \leqslant 3 \\ t-3, & 3 < t \leqslant 4 \\ t-4, & 4 < t \leqslant 5 \end{cases}$。

解　1）程序编写如下：

```
clear all;
close all
ts=0.001;
sys=tf(450000,[1,80,9500,0]);
dsys=c2d(sys,ts,'z');
[num,den]=tfdata(dsys,'v');


u_1=0;u_2=0;u_3=0;
y_1=0;y_2=0;y_3=0;
x=[0,0,0]';
error_1=0;
for k=1:1:500
    time(k)=k*ts;
        S=1;             %更改输入信号类型
        if S==1
            kp=0.5;ki=0.001;kd=0.001;
            yd(k)=1;     %阶跃信号
        elseif S==2
            kp=0.5;ki=0.001;kd=0.001;
            yd(k)=sign(sin(2*2*pi*k*ts));%方波信号
        elseif S==3
            kp=1.5;ki=1;kd=0.01;
            yd(k)=0.5*sin(2*2*pi*k*ts);%正弦信号
        end
        u(k)=kp*x(1)+kd*x(2)+ki*x(3);
```

```
        if u(k)>=10
            u(k)=10;                              %控制器输出受限
        end
        if u(k)<=-10
            u(k)=-10;
        end
        y(k)=-den(2)*y_1-den(3)*y_2-den(4)*y_3+num(2)*u_1+num(3)*u_2+num
(4)*u_3;
        error(k)=yd(k)-y(k);
        u_3=u_2;u_2=u_1;u_1=u(k);
        y_3=y_2;y_2=y_1;y_1=y(k);
        x(1)=error(k);
        x(2)=(error(k)-error_1)/ts;
        x(3)=x(3)+error(k)*ts;
        error_1=error(k);
    end
    plot(time,yd,'r',time,y,'k:','linewidth',2);
    xlabel('时间/s');ylabel('yd,y');
    legend('给定输入值','输出值');
```

运行上述程序，在 S=1 处更改输入信号类型，当 S=1 时为阶跃信号输入，结果如图 11-20 所示。

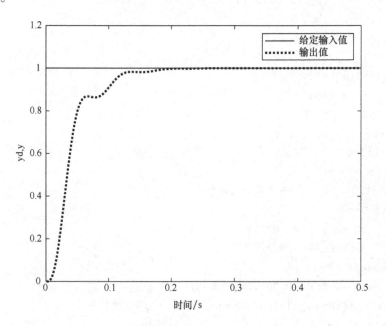

图 11-20 阶跃跟踪信号图

当 S=2 时为方波信号输入，结果如图 11-21 所示。

当 S=3 时为正弦信号输入，结果如图 11-22 所示。

2）程序编写如下：

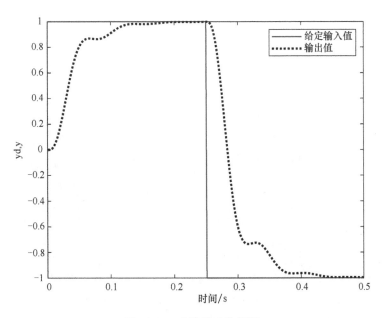

图 11-21 方波跟踪信号图

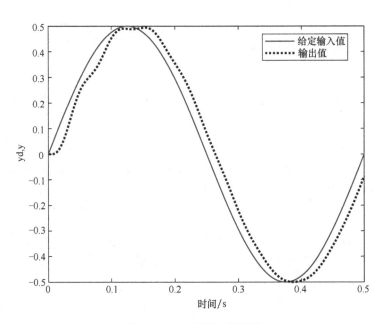

图 11-22 正弦跟踪信号图

```
clear all;
close all;
ts=0.001;
sys=tf(450000,[1,80,9500,0]);
dsys=c2d(sys,ts,'z');
[num,den]=tfdata(dsys,'v');
```

```
u_1=0;u_2=0;u_3=0;
yd_1=rand;
y_1=0;y_2=0;y_3=0;
x=[0,0,0]';
error_1=0;
for k=1:1:5000
    time(k)=k*ts;
    kp=0.5;ki=0.001;kd=0.001;
    S=1;              %更改输入信号类型
    if S==1
        if mod(time(k),2)<1
            yd(k)=mod(time(k),1);
        else
            yd(k)=1-mod(time(k),1);
        end
        yd(k)=yd(k)-0.5;
    end
    if S==2
        yd(k)=mod(time(k),1);
    end

    u(k)=kp*x(1)+kd*x(2)+ki*x(3);
    if u(k)>=10
        u(k)=10;
    end
    if u(k)<=-10
        u(k)=-10;
    end
    y(k)=-den(2)*y_1-den(3)*y_2-den(4)*y_3+num(2)*u_1+num(3)*u_2+num(4)*u_3;
    error(k)=yd(k)-y(k);
    u_3=u_2;u_2=u_1;u_1=u(k);
    y_3=y_2;y_2=y_1;y_1=y(k);
    x(1)=error(k);
    x(2)=(error(k)-error_1)/ts;
    x(3)=x(3)+error(k)*ts;
    xi(k)=x(3);
    error_1=error(k);
    D=0;
    if D==1
        plot(time,yd,'b',time,y,'r');
        pause(0.0000000);
    end
end
plot(time,yd,'r',time,y,'k:','linewidth',2);
xlabel('时间/s');ylabel('yd,y');
legend('给定输入值','输出值');
```

运行上述程序，在 S=1 处更改输入信号类型，当 S=1 时为三角波输入，结果如图 11-23 所示。

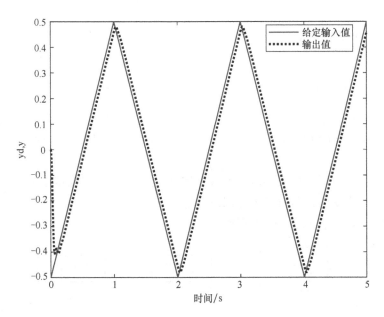

图 11-23　三角波跟踪信号图

当 S=2 时为锯齿波信号输入，结果如图 11-24 所示。

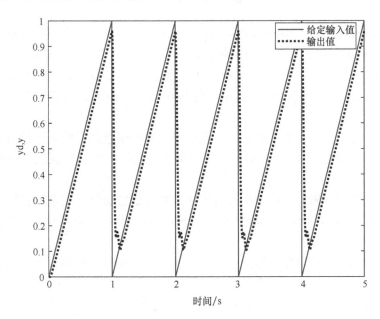

图 11-24　锯齿波跟踪信号图

11.4.2　增量式 PID 控制算法及仿真

在位置式 PID 控制算法中，每次的输出都与控制偏差过去的整个变化过程相关，这样由于偏差的累加作用很容易产生较大的累计偏差，使得控制系统出现不良的超调现象。所以，在数字控制系统中并不常用位置式 PID 控制算式，而是只输出增量，也就是采用增量式 PID 算法。

1. 增量式 PID 控制算法

根据递推原理可得

$$u(k-1) = K_\text{p}e(k-1) + K_\text{i}\sum_{j=0}^{k-1}e(j)_\text{s} + K_\text{d}[e(k-1)-e(k-2)] \tag{11-8}$$

增量式 PID 控制算法如下：

$$\Delta u(k)=u(k)-u(k-1)=K_\text{p}[e(k)-e(k-1)]+K_\text{i}e(k)+K_\text{d}[e(k)-2e(k-1)+e(k-2)] \tag{11-9}$$

由于一般计算机控制系统采用恒定的采样周期 T_s，所以一旦确定了 K_p、K_i 和 K_d，只要使用前三次的测量值偏差，即可求出控制量的增量。

增量式 PID 控制系统如图 11-25 所示。

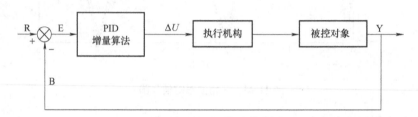

图 11-25 增量式 PID 控制系统

在计算机控制系统中，PID 控制是通过计算机程序实现的，因此它的灵通性很大。一些原来在模拟 PID 控制器中无法实现的问题，在引入了计算机之后都可以得到解决。位置式和增量式是数字 PID 控制算法的两种基本算法，均实现了对闭环数字控制系统的控制算法，就其控制功能而言，二者基本上是一致的。但是在实际的控制系统应用中，增量式 PID 控制算法具有以下优点：

1）算法采用加权处理，控制增量只与最近三个时刻偏差信号的采样值有关，所以增量式 PID 控制算法受系统误差的影响小、计算更加方便快捷，即使存在误差也能通过逻辑判断等方式消除。

2）当计算机出现故障时，由于执行机构自身带有记忆功能，故系统仍能够保持着前一时刻的输出控制量，易于实现手动操作和自动操作之间的切换，对系统冲击小，即可做到无忧切换。

3）计算机输出的是控制量的增量，因而计算机发生故障的概率较低，不会严重影响系统的工作。

4）可避免积分失控，使系统更容易获得良好的特性。

5）增量式算法简单，便于编程的实现，应用较为广泛。

但是，增量式 PID 控制算法也有一些缺陷，如积分截断效应较为明显、溢出影响大、存在静态误差等。因此，在实际控制系统应用中，需要针对被控对象的具体情况进行选择。

2. 仿真研究

例 11.6　已知被控对象传递函数 $G(s) = \dfrac{500}{s^2 + 60s}$，输入的信号指令为单位阶跃，采用增量式 PID 控制算法设计控制器，控制器参数选取为 $K_p = 5$，$K_i = 0.05$，$K_d = 8$，试绘制系统的给定输入和输出曲线。

解　程序编写如下：

```
clear all;
close all;
ts=0.001;
sys=tf(500,[1,60,0]);
dsys=c2d(sys,ts,'z');
[num,den]=tfdata(dsys,'v');


u_1=0;u_2=0;u_3=0;
y_1=0;y_2=0;y_3=0;
x=[0,0,0]';
error_1=0;
error_2=0;
for k=1:1:2000
    time(k)=k*ts;
    yd(k)=1;
    kp=5;ki=0.05;kd=8;
    du(k)=kp*x(1)+kd*x(2)+ki*x(3);
    u(k)=u_1+du(k);
    if u(k)>=10
        u(k)=10;
    end
    if u(k)<=-10
        u(k)=-10;
    end
    y(k)=-den(2)*y_1-den(3)*y_2+num(2)*u_1+num(3)*u_2;
    error=yd(k)-y(k);
    u_3=u_2;u_2=u_1;u_1=u(k);
    y_3=y_2;y_2=y_1;y_1=y(k);
    x(1)=error-error_1;
    x(2)=error-2*error_1+error_2;
    x(3)=error;
    error_2=error_1;
    error_1=error;
end
figure(1);
plot(time,yd,'r',time,y,'k:','linewidth',2);
xlabel('时间/s');ylabel('yd,y');
legend('给定输入值','输出值');
```

程序运行后得到结果如图 11-26 所示。

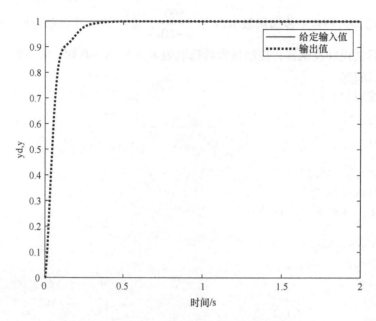

图 11-26 例 11.6 系统的给定输入和输出曲线

11.5 PID 参数整定

根据上述介绍的各种类型的 PID 表达式可以发现，PID 控制算法具有简单而又容易实现的优点，因此在实际控制系统中应用比较广泛，但是 PID 控制策略在实际应用中也存在缺点，如参数调试困难等。PID 的参数直接影响系统的性能，如误差、超调量等。因此首先要研究 PID 控制器中各个参数的作用，并分析参数对系统性能的影响。

1. 不同比例系数控制仿真

例 11.7 已知被控对象的传递函数为

$$G(s) = \frac{1}{s^2 + 0.5s + 1}$$

输入为单位阶跃信号，选取控制器参数 K_p = 1.5，2.5，3.5，绘制控制系统的单位阶跃响应曲线，并对系统的性能进行分析。

解 根据例题要求，搭建比例控制器的 Simulink 框图，如图 11-27 所示。

输入以下命令：

```
plot(out.t,out.y1,'r',out.t,out.y2,'k:',out.t,out.y3,'b--','linewidth',2)
legend('Kp=1.5','Kp=2.5','Kp=3.5');
```

得到结果如图 11-28 所示。

从图 11-28 中运行结果可知，随着比例系数的增加，系统具有较大的超调量，并产生振荡，使稳定性变坏。

2. 不同积分系数控制仿真

例 11.8 已知被控对象的传递函数为

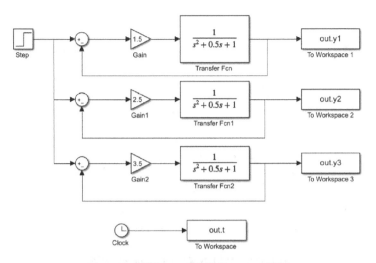

图 11-27 例 11.7 系统的 Simulink 框图

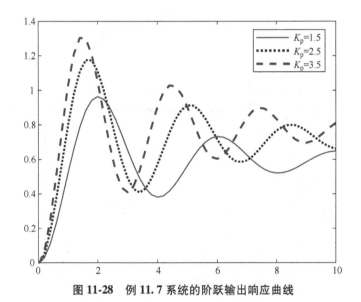

图 11-28 例 11.7 系统的阶跃输出响应曲线

$$G(s) = \frac{1}{s^2 + 2s + 1}$$

输入为单位阶跃信号，选取控制器参数 $T_i = 1$，3，9，绘制控制系统的单位阶跃响应曲线，并对系统的性能进行分析。

解 根据例题要求，搭建积分控制器的 Simulink 框图，如图 11-29 所示。

输入以下命令：

```
plot(out.t,out.y1,'r',out.t,out.y2,'k:',out.t,out.y3,'b--','linewidth',2)
legend('Ti=1','Ti=3','Ti=9');
```

得到的结果如图 11-30 所示。

从图中运行结果可知，随着积分时间常数的增加，系统的超调量将减小，响应速度变慢。

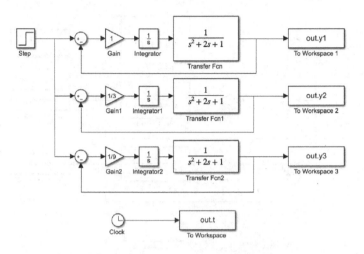

图 11-29 例 11.8 系统的 Simulink 框图

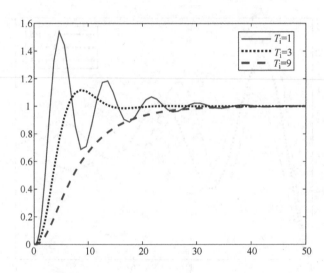

图 11-30 例 11.8 系统的阶跃输出响应曲线

3. 不同微分系数控制仿真

例 11.9 已知被控对象的传递函数为

$$G(s) = \frac{1}{s^2 + 2s + 1}$$

输入为单位阶跃信号，选取控制器参数 $T_d = 1$，5，10，绘制控制系统的单位阶跃响应曲线，并对系统的性能进行分析。

解 根据例题要求，搭建微分控制器的 Simulink 框图，如图 11-31 所示。

输入以下命令：

```
plot(out.t,out.y1,'r',out.t,out.y2,'k:',out.t,out.y3,'b--','linewidth',2)
legend('Td=1','Td=5','Td=10');
```

得到结果如图 11-32 所示。

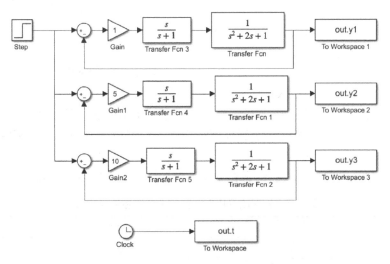

图 11-31 例 11.9 系统的 Simulink 框图

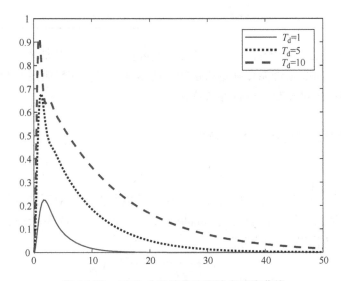

图 11-32 例 11.9 系统的阶跃输出响应曲线

从图中运行结果可知，随着微分时间常数的增加，系统的响应速度变快，超调量减小，稳定性增加。

在设计 PID 控制器时，出现很多关于 PID 参数的整定方法，特别是近年来，国际自动化领域对 PID 参数整定方法的研究仍在继续，很多重要国际杂志不断发表相关内容的研究成果。PID 的参数整定方法有很多，分为工程整定法和实验整定法。一般用于实际系统时常采用工程整定方法，其工程整定方法分为经验整定法、响应曲线整定法、临界比例度整定方法等。下面以临界比例度整定方法为例来介绍 PID 参数整定方法。

1942 年，Ziegler-Nichols 提出了临界比例度整定方法（以下简称 Z-N 临界比例度法），这是一种非常著名的 PID 控制器参数整定方法，曾在工程上得到广泛的应用。该方法不依赖于对象的数学模型参数，而是总结前人的理论和实践经验，通过实验由经验公式得到 PID

控制器的最优整定参数。首先确定被控对象的动态特性的参数为临界增益 K_u 和临界振荡周期 T_u，然后根据整定公式求出 PID 控制器的参数。

Z-N 临界比例度法的具体步骤如下：

1）在控制系统运行过程中已经达到或者接近稳态时，将积分和微分参数置零，并且取比例增益 K_p 为较小值，然后投入闭环系统自动运行；

2）逐渐增加比例增益 K_p，每次给系统加入一个较小幅值的阶跃干扰，直到闭环系统的闭环系统响应曲线由衰减振荡逐渐达到等幅振荡状态，记录此时的临界比例增益 K_u 和临界振荡周期 T_u。

3）根据表 11-1 的整定公式，结合控制器类型，计算控制器各个参数值。

表 11-1　Z-N 临界比例度整定控制器参数公式表

调节规律	整定参数		
	K_p	T_i	T_d
P	$0.5K_u$		
PI	$0.45K_u$	$0.85T_u$	
PID	$0.6K_u$	$0.5T_u$	$0.125T_u$

4）将利用上述方法得到的控制器参数应用于被控系统中，并加入一个小的干扰信号，观察闭环系统的响应曲线是否能够满足给定的性能指标要求。如果满足，则表明参数整定成功，反之，则需要再次对控制器进行参数优化。

例 11.10　已知被控对象的传递函数为

$$G(s) = \frac{1}{s^3 + 10s^2 + 5s + 1}$$

输入为单位阶跃信号，试利用 Z-N 临界比例度法设计控制器，并对系统的性能进行分析。

解　根据例题要求，搭建控制器的 Simulink 框图，如图 11-33 所示。寻找出现等幅振荡时临界比例增益 K_u 和临界振荡周期 T_u。

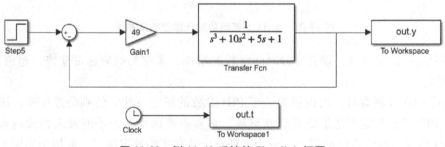

图 11-33　例 11.10 系统的 Simulink 框图

1）基于上述 Simulink 框图，利用 Z-N 临界比例度法，可以获得等幅振荡时临界比例增益 $K_u = 49$ 和临界振荡周期 $T_u = 2.787$s。系统的等幅振荡曲线如图 11-34 所示。

2）将临界比例增益 $K_u = 49$ 和临界振荡周期 $T_u = 2.787$s 代入表 11-1，得到控制器参数，见表 11-2。

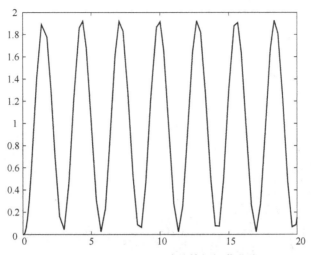

图 11-34　例 11.10 系统的等幅振荡曲线

表 11-2　Z-N 临界比例度计算控制器参数

调节规律	整定参数		
	K_p	T_i/s	T_d/s
P	0.5×49		
PI	0.45×49	0.85×2.787	
PID	0.6×49	0.5×2.787	0.125×2.787

3）根据上述整定参数，绘制在不同控制器下系统的仿真框图，如图 11-35 所示。

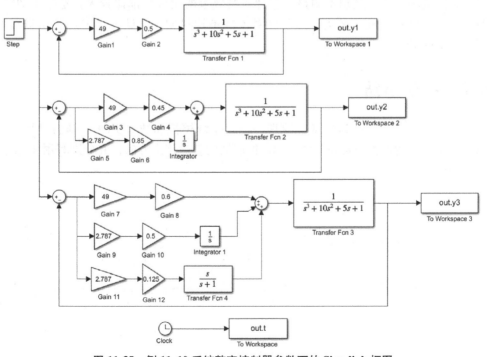

图 11-35　例 11.10 系统整定控制器参数下的 Simulink 框图

281

输入以下命令：

```
plot(out.t,out.y1,'r',out.t,out.y2,'k:',out.t,out.y3,'b--','linewidth',2)
legend('P','PI','PID');
```

得到结果如图 11-36 所示。

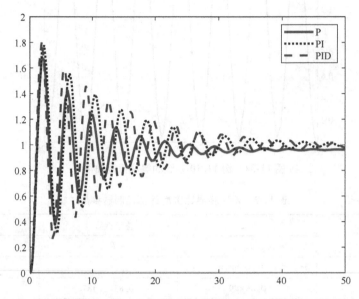

图 11-36　利用 Z-N 临界比例度法后系统的控制曲线

从图中的曲线可以看出，P、PI、PID 控制器都能够使系统衰减后达到稳定，上升时间相差不大，系统响应速度差别不明显，三种控制效果的超调量都比较大，超过了 20%。因此 PID 的整定算法局限性比较大，需要针对不同被控对象，尝试多种整定算法进行研究，最终得到较优的 PID 参数。

11.6　本章小结

本章主要介绍了 PID 控制的基本原理，连续系统模拟和数字 PID 控制器设计和仿真，离散系统数字 PID 控制器设计及仿真，PID 控制器的参数整定方法，并分别利用实例进行仿真研究与分析。

12

第 12 章

非线性系统分析

12.1 引言

严格地说，理想的线性系统并不存在，由于控制元件或多或少地带有非线性特性，所以实际的自动控制系统都是非线性的。有些元器件在一定程度上可以近似为线性系统，而有些元器件不能做线性化处理。不能线性化处理的非线性特性均被认为是本质型非线性，而能直接进行线性化的非线性特性称为非本质型非线性。与线性系统相比，非线性系统具有以下特点：

1）线性系统可以应用叠加原理来分析，但是非线性系统的输入与输出之间不存在比例关系，不适用叠加原理。

2）线性系统的稳定性由系统的结构和参数决定，与系统的输入量和初始状态无关。但是，非线性系统的稳定性不仅与系统的结构和参数有关，还与输入量和初始状态有关。即一些幅值的输入量作用时系统可能是稳定的，而另一些幅值的输入量作用时系统则可能是不稳定的。这里，由系统的结构和参数决定的稳定性因素是系统稳定性的内在因素，是决定性的因素，而输入量和初始状态则是外部环境，它是在系统的结构和参数所确定的稳定性基础之上影响系统稳定性的。

3）非线性系统对正弦输入信号的响应不像线性系统那样有频率相同的正弦稳态输出，在稳态输出的信号中除含有输入信号的频率外，还含有其整数倍的高次谐波分量。因此，分析非线性系统不能简单地应用频域法。

4）非线性系统工作时有时也能够产生振幅和频率固定的周期运动或做周期运动的分量，称为自激振荡，简称自振。有的自振是非线性系统时而工作在发散状态，时而工作在稳定状态的一种工作方式，有的自振则是由间隙类的非线性特性在系统工作时形成的。自振具有一定的稳定性，其振幅和频率由系统本身的结构和参数决定，当自振状态受到扰动后，其振幅和频率都将改变，但是在扰动量不太大的情况下，振幅和频率的变化在一定的范围之内，由系统本身的惯性因素能够将振幅和频率拉回到原来的自振状态。一般情况下控制系统不希望产生自振，有害的自振甚至会损坏控制系统。但是，控制实践中有时还利用振幅和频率适度的自振来改善响应性能。比如，设置高频率小振幅的自振能够克服摩擦、间隙等带来的不良影响。

12.2 典型非线性系统特性及 MATLAB 实现

控制系统中元件的非线性特性有很多种，最常见的有不灵敏区、饱和、间隙特性等。了解这些常见非线性特性和它们对系统性能的影响将有助于了解非线性系统的特点。

12.2.1 不灵敏区（死区）非线性及 MATLAB 实现

控制系统中形成不灵敏区特性的因素常常是系统中测量元件存在的不灵敏区、放大元件存在的不灵敏区、执行元件存在的不灵敏区等，如图 12-1 所示。图中 K_1，K_2，K_3 分别是它们的线性段的放大系数；Δ_1，Δ_2，Δ_3 是它们的不灵敏区范围。

死区指的是在输入信号很小时元件是没有输出的，当输入信号增加到某个值以上时，该元件才有输出，如图 12-2 所示。

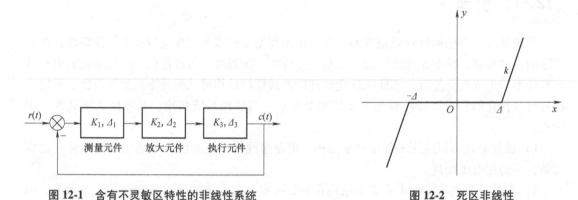

图 12-1　含有不灵敏区特性的非线性系统　　　　图 12-2　死区非线性

数学表达式如下：

$$y = \begin{cases} k(x+\Delta), & x<-\Delta \\ 0, & |x|\leqslant\Delta \\ k(x-\Delta), & x>\Delta \end{cases} \tag{12-1}$$

式中，Δ 为死区范围；k 为线性区的斜率。

Simulink 中提供了非线性系统模块库，如图 12-3 所示。

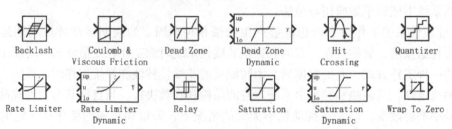

图 12-3　Simulink 中的非线性系统模块库

各模块的功能如下：

1）Backlash：间隙非线性；

2）Coulomb & Viscous Friction：库仑和黏度摩擦非线性；

3）Dead Zone：死区非线性；

4）Dead Zone Dynamic：动态死区非线性；

5）Hit Crossing：冲击非线性；

6）Quantizer：量化非线性；

7）Rate Limiter：比例限制非线性；

8）Rate Limiter Dynamic：动态比例限制非线性；

9）Relay：继电非线性；

10）Saturation：饱和非线性；

11）Saturation Dynamic：动态饱和非线性；

12）Wrap To Zero：环零非线性。

例 12.1 有死区特性的系统框图如图 12-4 所示，其中死区非线性的输入、输出满足以下形式：

$$y = \begin{cases} x+0.5, & x<-0.5 \\ 0, & |x| \leqslant 0.5 \\ x-0.5, & x>0.5 \end{cases} \tag{12-2}$$

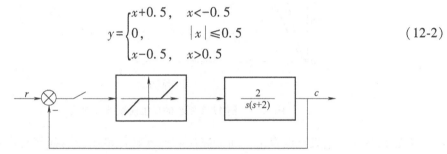

图 12-4　含有死区特性的系统框图

试绘制加入死区非线性前、后系统的单位阶跃响应曲线。

解 首先利用 Simulink 搭建系统的仿真模型，如图 12-5 所示。

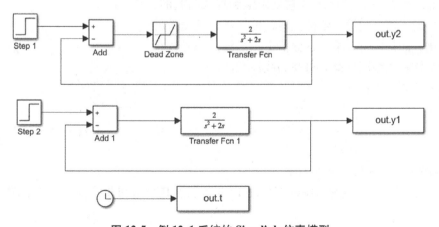

图 12-5　例 12.1 系统的 Simulink 仿真模型

对系统死区模块进行参数设置，"Start of dead zone"设置为 -0.5，"End of dead zone"设置为 0.5。然后执行仿真，在 MATLAB 命令窗口中输入以下程序：

```
plot(out.t,out.y1,'b-',out.t,out.y2,'k--')
xlabel('时间/s')
ylabel('系统输出值')
legend('不含有死区非线性','含有死区非线性')
```

运行后得到仿真图形，如图 12-6 所示。

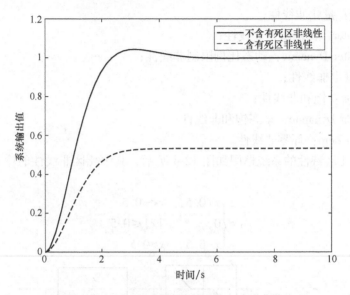

图 12-6　例 12.1 系统的单位阶跃响应曲线

从图 12-6 仿真结果可以看出，加入死区非线性特性虽然能够使系统的输出达到一个稳定值，但是稳态误差将增大，而且响应时间也会变慢。

12.2.2　饱和非线性及 MATLAB 实现

饱和非线性如图 12-7 所示，它是由饱和现象引起的，其特点是当输入信号超过一定范围后，输出不再随输入的变化而变化，而是保持在某一常数值上；当输出信号较小时，系统工作在线性区，此时可视为线性元件。

数学表达式如下：

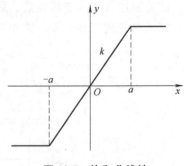

$$y = \begin{cases} -ka, & x < -a \\ kx, & |x| \le a \\ ka, & x > a \end{cases} \quad (12\text{-}3)$$

图 12-7　饱和非线性

式中，a 为宽度；k 为线性区的斜率。

例 12.2　有饱和特性的系统框图如图 12-8 所示。其中饱和非线性的输入、输出满足以下形式：

$$y = \begin{cases} -1, & x < -1 \\ x, & |x| \le 1 \\ 1, & x > 1 \end{cases}$$

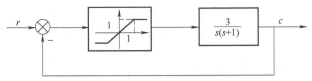

图 12-8　有饱和特性的系统框图

试绘制在输入 $r(t) = 3 \times 1(t)$ 信号下，加入饱和非线性前、后系统的响应曲线。

解　首先利用 Simulink 搭建系统的仿真模型，如图 12-9 所示。

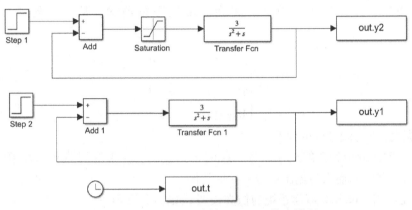

图 12-9　例 12.2 系统的 Simulink 仿真模型

对系统饱和模块进行参数设置，"Upper limit"设置为 1，"Lower limit"设置为 -1。然后执行仿真，在 MATLAB 命令窗口中输入以下程序：

```
plot(out.t,out.y1,'b-',out.t,out.y2,'k--')
xlabel('时间/s')
ylabel('系统输出值')
legend('不含有饱和非线性','含有饱和非线性')
```

运行后得到仿真图形，如图 12-10 所示。

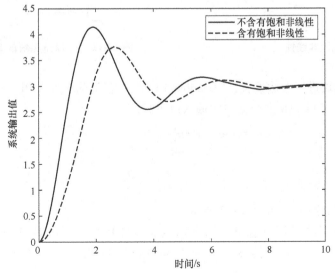

图 12-10　例 12.2 系统的响应曲线

从图 12-10 仿真结果可以看出，加入饱和非线性特性系统的超调量减小，调节时间有所增加，且上升时间比原系统有一定的滞后，即影响了系统的快速性。

12.2.3 间隙非线性及 MATLAB 实现

间隙特性也是实际系统中常见的一种非线性特性，如图 12-11 所示。间隙常存在于齿轮传动机构中，由于加工精度和装备的限制，不可避免地会造成齿轮啮合中的间隙。间隙特性可以由主动齿轮带动从动齿轮的运转来说明，比如，当主动齿轮运动方向改变时，从动齿轮仍保持原有位置，一直到全部间隙被消除，从动齿轮的位置才开始改变。

$$y = \begin{cases} k(x-b), & \dot{y} > 0 \\ k(x+b), & \dot{y} < 0 \\ M\mathrm{sgn}(y), & \dot{y} = 0 \end{cases} \tag{12-4}$$

式中，b 为宽度；k 为线性区的斜率。

例 12.3 输入幅值为 2 的正弦信号，作用于死区宽度为 1 的间隙非线性模块，试搭建 Simulink 框图，并绘制输入与输出信号对比曲线图。

解 首先利用 Simulink 搭建系统的仿真模型，如图 12-12 所示。

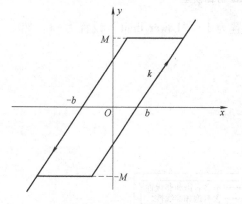

图 12-11 间隙非线性

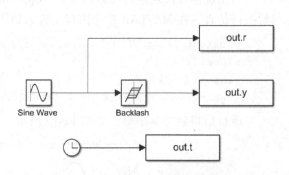

图 12-12 例 12.3 系统的 Simulink 仿真模型

对系统间隙模块进行参数设置，"Deadband width" 设置为 1，"Initial output" 设置为 0。然后执行仿真，在 MATLAB 命令窗口中输入以下程序：

```
plot(out.t,out.r,'b-',out.t,out.y,'k--')
xlabel('时间/s')
ylabel('给定值和输出值')
legend('给定值','输出值')
```

运行后得到仿真图形，如图 12-13 所示。

从图 12-13 仿真结果可以看出，加入间隙非线性特性后系统具有一定的滞后性，相当于经过了一个滞后环节的传输，使线性部分已有的相位裕度降低，动态响应性能变差。

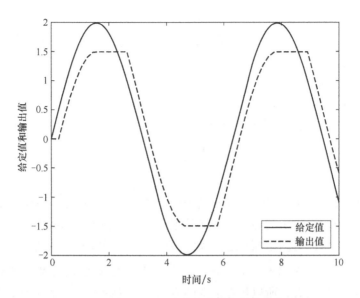

图 12-13　例 12.3 系统的给定值和输出值曲线

12.3　相平面法

12.3.1　相平面的基础知识

相平面法是分析非线性系统的一种常用方法，主要用于分析非线性系统的响应性能。相平面的"相"是指相变量，相变量是一组特定的状态变量，所谓状态变量是指足以完全表征系统运动状态的最小个数的一组变量。由于相平面上的相变量只有两个，因此对于二阶或一阶控制系统，描述其运动状态的微分方程是二阶的或一阶的，由已知的微分方程获取相变量的信息是可能的。高于二阶的系统由于无法在相平面上表达它的相轨迹，所以相平面法仅适用于研究二阶或一阶系统。

一般地，设二阶系统运动状态的微分方程为

$$\ddot{x} = f(\dot{x}, x) \tag{12-5}$$

式中，$f(\dot{x}, x)$ 可以是 $\dot{x}$ 和 x 的线性函数，也可以是它们的非线性函数。将 $\ddot{x}$ 写成

$$\ddot{x} = \frac{\mathrm{d}\dot{x}}{\mathrm{d}t} = \frac{\mathrm{d}\dot{x}}{\mathrm{d}x}\frac{\mathrm{d}x}{\mathrm{d}t} = \frac{\mathrm{d}\dot{x}}{\mathrm{d}x}\dot{x} \tag{12-6}$$

则式（12-5）可表示为

$$\frac{\mathrm{d}\dot{x}}{\mathrm{d}x} = \frac{f(\dot{x}, x)}{\dot{x}} \tag{12-7}$$

式（12-7）是关于 x 和 $\dot{x}$ 的一阶微分方程，称为相轨迹（微分）方程。该方程的解

$$\dot{x} = q(x) \tag{12-8}$$

是相轨迹曲线，相轨迹上的点称为相点。

相平面是由相变量确定的直角坐标系所在的平面，其中纵坐标是横坐标的导函数。即选取 $x(t)$ 为横坐标，$\dot{x}(t)$ 为纵坐标，分别以 t 为参变量。此时，系统变量及其导数随时间变化在相平面上描绘出来的轨迹称为相轨迹。

相轨迹具有以下特征：

1. 相轨迹不相交

根据式（12-7），令根轨迹上任一点的切线斜率为

$$\alpha = \frac{\mathrm{d}\dot{x}}{\mathrm{d}x} = \frac{f(\dot{x},x)}{\dot{x}} \tag{12-9}$$

假设 $f(\dot{x},x)$ 和 $\dot{x}$ 不同时为 0，则 α 是确定的值（将 $\dot{x}=0$ 时 $\alpha \to \infty$ 看成是确定的值）。相轨迹上有确定 α 值的点称为普通点。任意普通点上均有确定的切线斜率，说明只能有一条相轨迹经过该点而不可能有两条相轨迹交叉经过该点。等倾线就是相轨迹上所有切线斜率等于某一常数的点的连线。在相平面上，若 x 代表位移，则 $\dot{x}$ 代表速度，在平面的上半部速度是正值，表明位移将增大，所以相点运动的方向为自左向右；在平面的下半部，速度是负值，位移量将由大变小，相点的运动方向为自右向左。若 x 代表速度，则 $\dot{x}$ 代表加速度，在平面的上半部加速度是正值，表明速度将增大，相点运动的方向仍然是自左向右；在平面的下半部，加速度是负值，速度将由大变小，相点的运动方向也是自右向左。

2. 奇点

式（12-9）中 $f(\dot{x},x)$ 和 $\dot{x}$ 同时为 0 时，$\alpha = \dfrac{0}{0}$ 是不定式，表明可以有无限多条相轨迹趋近或离开这类相点，将这类相点称为奇点。在奇点处系统处于静止状态，于是奇点又称平衡点。由 $\dot{x}=0$ 知，奇点只能出现在横轴上。

3. 奇线

能够将相平面划分为几个不同区域，各区域内的相轨迹只能在属于自己的区域内运动，而不能相互穿越的特殊相轨迹被定义为奇线。极限环也是奇线，它是以坐标原点为中心的环状相轨迹，并且在其邻域内不存在别的这类奇线。

（1）稳定极限环 稳定极限环的内外一定范围的邻域内，相轨迹均卷向该极限环，如图 12-14a 所示。显然，稳定极限环的内部邻域是发散域，外部邻域是稳定域。自振是相点随可变增益的不断变化而进入极限环的内部发散域，有时又回到它的外部稳定域，宏观上表现为相点在稳定极限环上的运动。

（2）不稳定极限环 不稳定极限环的内外一定范围邻域内的相轨迹均卷离该极限环，如图 12-14b 所示。它的内部邻域是稳定域，外部邻域是发散域。非线性系统不稳定的临界稳定点在相平面上对应不稳定的极限环。

（3）半稳定极限环 半稳定极限环的内部邻域和外部邻域有一致的稳定性，即都是稳定的和都是发散的两种情形，分别如图 12-14c 和 d 所示。对于都是稳定的情形，如果初始相点位于环外，则稳定的相轨迹使相点运动到极限环上后稍有向内的扰动，相点便沿环内稳定的相轨迹运动到坐标原点；对于都是发散的情形，如果初始相点位于环内，则发散的相轨迹使相点运动到极限环上后稍有向外的扰动，相点便沿环外发散的相轨迹

趋于无穷远。

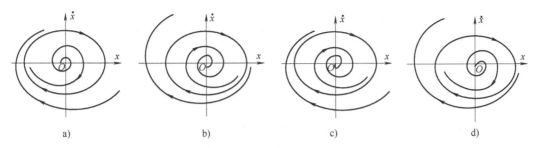

图 12-14　相平面的极限环

a）稳定极限环　b）不稳定极限环　c）、d）半稳定极限环

12.3.2　相轨迹的 MATLAB 实现

1. 绘制线性系统相轨迹图

绘制相轨迹图实质就是求解微分方程的解。MATLAB 提供了求解微分方程常用的算法是 ode45，其调用格式为

```
[t,y]=ode45(odefun,tspan,y0)
```

其中，odefun 是一个字符串，表示微分方程的形式，也可以是 M 文件；tspan 表示积分区间；y_0 表示初始条件。

例 12-4　已知一个二阶线性系统的微分方程为 $\ddot{x} + 3x = 0$，初始值为 $x(0) = \dot{x}(0) = 1$ 初始值，试绘制系统的相平面图。

解　第一种方法：利用 M 语言绘制相轨迹。

针对系统的微分方程形式，取状态变量 x_1 和 x_2，得到以下形式：

$$\begin{cases} \dot{x}_1 = x_2 \\ \dot{x}_2 = -3x_1 \end{cases}$$

编写主程序

```
[t,x]=ode45('li123zi',[0 10],[1 1]);%li123zi 为子程序名称,[0 10]为计算时间,[1
                                    1]为初始化状态变量
plot(x(:,1),x(:,2));%绘制相轨迹
xlabel('x');
ylabel('dx/dt')
axis([-2,2,-3,3])
title('相轨迹图')
```

编写子程序

```
function xdot=li123zi(t,x)
xdot=[x(2);-3*x(1)];
end
```

运行主程序后，得到仿真图形，如图 12-15 所示。

第二种方法：利用 Simulink 模块绘制相轨迹。

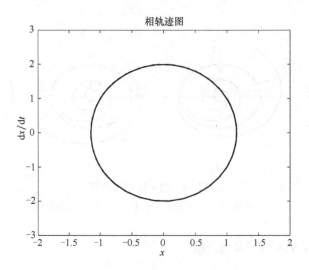

图 12-15　例 12.4 系统的相轨迹图

根据微分方程，搭建如图 12-16 所示的 Simulink 仿真框图。

图 12-16　例 12.4 系统的 Simulink 仿真框图

对系统中两个积分模块进行参数设置，"Initial condition" 均设置为 1，XY Graph 模块的参数设置如图 12-17 所示。

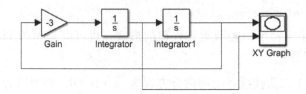

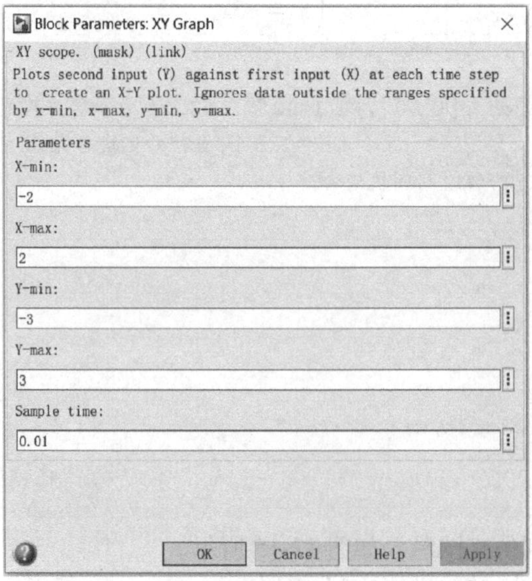

图 12-17　XY Graph 模块参数设置图

运行后得到仿真图形，如图 12-18 所示。从图中运行结果可以看出，与图 12-15 结果一样，只是显示的界面不同，表明两种方法均能够完成相轨迹的绘制。基于图 12-16 的 Simulink 仿真框图，加入 Workspace 模块，然后在 MATLAB 命令窗口中输入程序，也可获得与图 12-15 完全相同的图形。

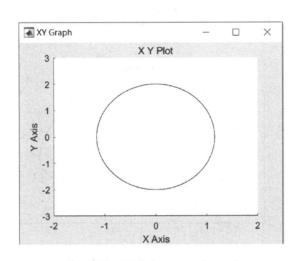

图 12-18　例 12. 5 系统的相轨迹图（利用 XY Graph 模块获得）

2. 绘制非线性系统相轨迹图

例 12. 5　已知一个非线性系统的微分方程为 $\ddot{x} + x\dot{x} + x = 0$，初始值为 $x(0) = 1$，$\dot{x}(0) = 2$，试绘制系统的相平面图。

解　第一种方法：利用 M 语言绘制相轨迹。

针对系统的微分方程形式，取状态变量 x_1 和 x_2，得到以下形式：

$$\begin{cases} \dot{x}_1 = x_2 \\ \dot{x}_2 = -x_1 x_2 - x_1 \end{cases}$$

编写主程序

```
[t,x]=ode45('li124zi',[0 10],[1 2]);%li123zi 为子程序名称,[0 10]为计算时间,[1 2]
                              为初始化状态变量
plot(x(:,1),x(:,2));           %绘制相轨迹
xlabel('x');
ylabel('dx/dt')
axis([-2,2,-2,4])
title('相轨迹图')
```

编写子程序

```
function xdot=li124zi(t,x)
xdot=[x(2);-x(1)*x(2)-x(1)];
end
```

运行主程序后，得到仿真图形，如图 12-19 所示。

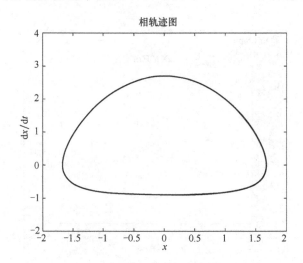

图 12-19　例 12.5 系统的相轨迹图

第二种方法：利用 Simulink 模块绘制相轨迹。

根据微分方程，搭建如图 12-20 所示的 Simulink 仿真框图。

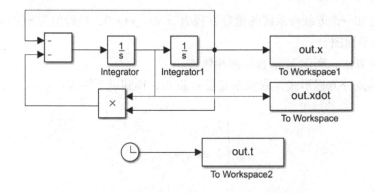

图 12-20　例 12.5 系统的 Simulink 仿真框图

对系统中两个积分模块进行参数设置，Integrator 模块 "Initial condition" 设置为 2，Integrator1 模块 "Initial condition" 设置为 1。然后执行以下命令：

```
plot(out.x,out.xdot)
```

运行后得到仿真图形，如图 12-19 所示。

例 12.6 已知非线性控制系统的动态结构图如图 12-21 所示，为讨论问题方便又不失一般性，将非线性特性的参数选取为 $M=b=0.5$，线性部分的参数选取为 $K=T=1$，系统的初始状态为 0，仿真时间为 20s，试绘制单位阶跃作用下的以下图形：

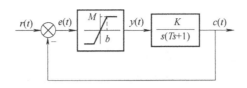

图 12-21　非线性控制系统

1）$e\text{-}\dot{e}$ 平面上相轨迹；

2）输出 $c(t)$ 和误差 $e(t)$ 的时域响应曲线。

解　1）首先利用 Simulink 搭建系统的仿真模型，如图 12-22 所示。

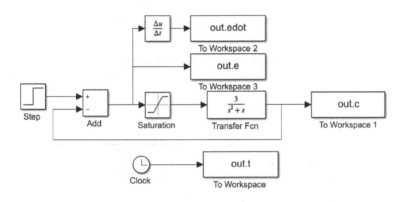

图 12-22　例 12.6 系统的 Simulink 仿真模型

对系统饱和模块进行参数设置，"Upper limit"设置为 0.5，"Lower limit"设置为 -0.5。将单位阶跃模块中的"Sample time"设置为 0.01，然后执行仿真，在 MATLAB 命令窗口中输入以下程序：

```
plot(out.e,out.edot)
xlabel('e')
ylabel('de/dt')
```

运行后得到仿真图形，如图 12-23 所示。

2）在 MATLAB 命令窗口中输入以下程序：

```
plot(out.t,out.c)
xlabel('t/s')
ylabel('c(t)')
```

运行后得到仿真图形，如图 12-24 所示。

在 MATLAB 命令窗口中输入以下程序：

```
plot(out.t,out.e)
xlabel('t/s')
ylabel('e(t)')
```

运行后得到仿真图形，如图 12-25 所示。

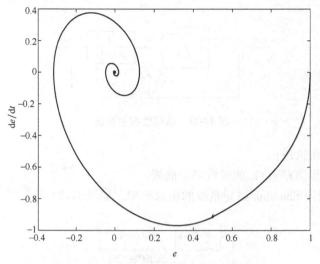

图 12-23　例 12.6 系统的相轨迹图

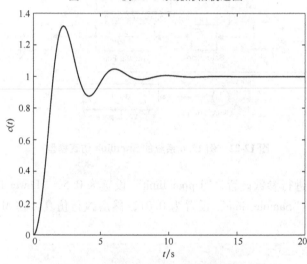

图 12-24　例 12.6 系统的输出曲线图

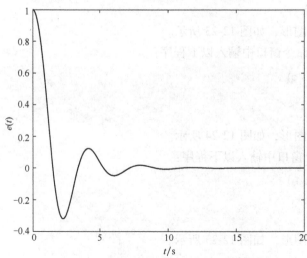

图 12-25　例 12.6 系统的误差曲线图

12.4　描述函数法

12.4.1　描述函数法的定义

描述函数法是基于谐波线性化分析非线性控制系统的方法。非线性控制系统结构图如图 12-26 所示，其中 N 为非线性环节，线性部分的传递函数为 $G(s)$。当在非线性环节的输入端施加振幅、频率一定的正弦信号 $x(t) = A\sin\omega t$ 时，该信号经非线性环节的传输成为非正弦信号 $y(t)$。一般非线性特性是奇对称（关于坐标原点对称）的，其输出量 $y(t)$ 只含有基波分量和高次谐波分量而不含恒值分量，所

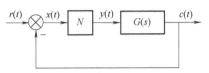

图 12-26　非线性控制系统结构图

含的高次谐波的幅值比基波幅值要小，并且频率越高幅值越小。可见，$y(t)$ 是以基波分量为主、高次谐波分量为辅的奇对称的非线性函数。$y(t)$ 经线性部分的传输成为系统输出量 $c(t)$，显然，$c(t)$ 中含有与 $y(t)$ 各次谐波频率对应的各次谐波分量。但是，如果线性部分的频率特性有较好的低通滤波性，高次谐波分量能够得到有效的衰减，则 $c(t)$ 就以 $y(t)$ 的基波分量为主，等价于 $y(t)$ 由其基波分量来近似时系统的响应与实际响应的偏差是小的。用 $y(t)$ 的基波分量来替代它是基波线性化的基本思想，由于 $y(t)$ 的基波分量与 $x(t)$ 的频率相同，相当于线性传输，于是可用频域分析法来分析了。问题是不同的 $y(t)$ 有不同的基波分量，由非线性特性找到输出的 $y(t)$，并求解出其基波分量是谐波线性化首先需要完成的任务。

P. J. Daniel 于 1940 年提出了描述函数法，其基本内容是在正弦函数作用于非线性环节时，将非线性环节输出量的基波分量的相量与输入正弦函数的相量之比定义为非线性特性的描述函数，用 $N(A)$ 表示，即

$$N(A) = \frac{Y_1}{A}\mathrm{e}^{\mathrm{j}\varphi_1} \tag{12-10}$$

式中，Y_1 为 $y(t)$ 的基波分量的幅值；φ_1 为它的幅角；A 为正弦输入函数的幅值，其初相角取为 0。

$y(t)$ 的基波分量可通过对 $y(t)$ 的傅里叶分析求得。将周期函数 $y(t)$ 展成傅里叶级数为

$$
\begin{aligned}
y(t) &= A_0 + \sum_{n=1}^{\infty}(A_n\cos n\omega t + B_n\sin n\omega t) \\
&= A_0 + \sum_{n=1}^{\infty}Y_n\sin(n\omega t + \varphi_n)
\end{aligned}
\tag{12-11}
$$

式中，A_0 为恒值分量，A_n 为 n 次谐波余弦分量的幅值；B_n 为 n 次谐波正弦分量的幅值；Y_n 为 n 次谐波分量的幅值；φ_n 为 n 次谐波分量的相位角。由于 $y(t)$ 的恒值分量 $A_0 = 0$，在只求基波分量时，式（12-11）中的

$$A_1 = \frac{1}{\pi}\int_0^{2\pi}y(t)\cos\omega t \cdot \mathrm{d}\omega t \tag{12-12}$$

$$B_1 = \frac{1}{\pi} \int_0^{2\pi} y(t) \sin\omega t \cdot \mathrm{d}\omega t \tag{12-13}$$

$$Y_1 = \sqrt{A_1^2 + B_1^2} \tag{12-14}$$

$$\varphi_1 = \arctan \frac{A_1}{B_1} \tag{12-15}$$

由式（12-10）定义的非线性环节的描述函数为

$$N(A) = \frac{Y_1}{A} e^{j j_1} = \frac{\sqrt{A_1^2 + B_1^2}}{A} e^{j\arctan \frac{A_1}{B_1}}$$

$$= \frac{Y_1}{A} \cos j_1 + j \frac{Y_1}{A} \sin j_1$$

$$= \frac{B_1}{A} + j \frac{A_1}{A} \tag{12-16}$$

12.4.2 描述函数法的计算

典型的非线性环节有不灵敏区（死区）特性、饱和特性、间隙特性等，下面以不灵敏区（死区）特性为例，计算描述函数。

在正弦函数 $x(t) = A\sin\omega t$ 作用下不灵敏区特性的输出波形如图 12-27 所示。

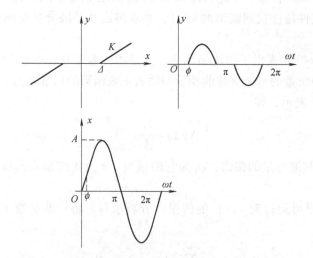

图 12-27　死区特性及正弦输入信号与非正弦输出信号

数学表达式为

$$y(t) = \begin{cases} 0, & 0 \leqslant \omega t \leqslant \phi \\ K(A\sin\omega t - \Delta), & \phi \leqslant \omega t \leqslant \dfrac{\pi}{2} \end{cases}$$

式中，Δ 为死区范围；K 为线性部分的斜率，$\phi = \arcsin \dfrac{\Delta}{A}$。不灵敏区特性是单值奇对称的，

$y(t)$ 的基波分量中 $A_1 = 0$，B_1 的计算如下：

$$B_1 = \frac{1}{\pi} \int_0^{2\pi} y(t) \sin\omega t \cdot \mathrm{d}\omega t$$

$$= \frac{4KA}{\pi} \int_\phi^{\frac{\pi}{2}} \sin^2\omega t \cdot \mathrm{d}\omega t - \frac{4K\Delta}{\pi} \int_\phi^{\frac{\pi}{2}} \sin\omega t \cdot \mathrm{d}\omega t$$

$$= \frac{4KA}{\pi} \left(\frac{\omega t}{2} - \frac{1}{4}\sin2\omega t \right) \Big|_\phi^{\frac{\pi}{2}} - \frac{4K\Delta}{\pi}(-\cos\omega t) \Big|_\phi^{\frac{\pi}{2}}$$

$$= \frac{4KA}{\pi} \left(\frac{\pi}{4} - \frac{\phi}{2} + \frac{1}{4}\sin2\phi - \frac{\Delta}{A}\cos\phi \right)$$

$$= \frac{2KA}{\pi} \left[\frac{\pi}{2} - \arcsin\frac{\Delta}{A} + \frac{\Delta}{A}\sqrt{1-\left(\frac{\Delta}{A}\right)^2} - \frac{2\Delta}{A}\sqrt{1-\left(\frac{\Delta}{A}\right)^2} \right]$$

$$= \frac{2KA}{\pi} \left[\frac{\pi}{2} - \arcsin\frac{\Delta}{A} - \frac{\Delta}{A}\sqrt{1-\left(\frac{\Delta}{A}\right)^2} \right]$$

由式（12-16）得到不灵敏区特性的描述函数为

$$N(A) = \frac{B_1}{A} = \frac{2K}{\pi} \left[\frac{\pi}{2} - \arcsin\frac{\Delta}{A} - \frac{\Delta}{A}\sqrt{1-\left(\frac{\Delta}{A}\right)^2} \right] \qquad (A \geqslant \Delta)$$

该描述函数不仅与非线性特性自身的参数有关，还与输入量的幅值有关见表 12-1。当 $\frac{\Delta}{A}$ 很小时，$N(A) \approx K$，即当非线性环节输入量的幅值很大或死区范围很小时，不灵敏区特性的影响可以忽略不计。

表 12-1　典型非线性环节的描述函数

名称	非线性特性	描述函数 $N(A)$
理想继电特性、库仑摩擦		$\dfrac{4M}{\pi A}$
有死区的继电特性		$\dfrac{4M}{\pi A}\sqrt{1-\left(\dfrac{c}{A}\right)^2},\ A \geqslant c$
有滞环的继电特性		$\dfrac{4M}{\pi A}\sqrt{1-\left(\dfrac{c}{A}\right)^2} - \mathrm{j}\dfrac{4Mc}{\pi A^2},\ A \geqslant c$

（续）

名称	非线性特性	描述函数 $N(A)$
有死区与滞环的继电特性		$\dfrac{2M}{\pi A}\left[\sqrt{1-\left(\dfrac{c}{A}\right)^2}+\sqrt{1-\left(\dfrac{mc}{A}\right)^2}\right]-\mathrm{j}\dfrac{2Mc}{\pi A^2}\,(1-m),\ A\geqslant c,\ m\leqslant 1$
饱和特性、限幅特性		$\dfrac{2K}{\pi}\left[\arcsin\dfrac{c}{A}+\dfrac{c}{A}\sqrt{1-\left(\dfrac{c}{A}\right)^2}\right],\ A\geqslant c$
有死区的饱和特性		$\dfrac{2K}{\pi}\left[\arcsin\dfrac{c}{A}-\arcsin\dfrac{\Delta}{A}+\dfrac{c}{A}\sqrt{1-\left(\dfrac{c}{A}\right)^2}-\dfrac{\Delta}{A}\sqrt{1-\left(\dfrac{\Delta}{A}\right)^2}\right],\ A\geqslant c$
死区特性		$\dfrac{2K}{\pi}\left[\dfrac{\pi}{2}-\arcsin\dfrac{\Delta}{A}-\dfrac{\Delta}{A}\sqrt{1-\left(\dfrac{\Delta}{A}\right)^2}\right],\ A\geqslant\Delta$
间隙特性		$\dfrac{K}{\pi}\left[\dfrac{\pi}{2}+\arcsin\left(1-\dfrac{2c}{A}\right)+2\left(1-\dfrac{2c}{A}\right)\sqrt{\dfrac{c}{A}-\left(\dfrac{c}{A}\right)^2}\right]-\mathrm{j}\dfrac{4Kc}{\pi A}\left(1-\dfrac{c}{A}\right),$ $A\geqslant c$
变增益特性		$K_2+\dfrac{2\,(K_1-K_2)}{\pi}\left[\arcsin\dfrac{c}{A}+\dfrac{c}{A}\sqrt{1-\left(\dfrac{c}{A}\right)^2}\right],\ A\geqslant c$
有死区的线性特性		$K-\dfrac{2K}{\pi}\arcsin\dfrac{\Delta}{A}+\dfrac{4M-2K\Delta}{\pi A}\sqrt{1-\left(\dfrac{\Delta}{A}\right)^2},\ A\geqslant\Delta$

（续）

名称	非线性特性	描述函数 $N(A)$
库仑摩擦加黏性摩擦特性		$K + \dfrac{4M}{\pi A}$

12.4.3　非线性系统的稳定性分析

描述函数法主要用于分析非线性控制系统的稳定性。由描述函数法分析非线性控制系统的暂态响应和稳态响应比较困难，这是由于描述函数与输入量幅值有关。

对于图 12-26 所示的非线性控制系统，设线性部分是开环稳定的，将非线性环节用描述函数表示后，该系统的闭环频率特性为

$$T(\mathrm{j}\omega) = \frac{C(\mathrm{j}\omega)}{R(\mathrm{j}\omega)} = \frac{N(A)\,G(\mathrm{j}\omega)}{1 + N(A)\,G(\mathrm{j}\omega)} \tag{12-17}$$

特征方程式为

$$1 + N(A)\,G(\mathrm{j}\omega) = 0 \tag{12-18}$$

写成以下形式：

$$G(\mathrm{j}\omega) = -\frac{1}{N(A)} \tag{12-19}$$

将 $-\dfrac{1}{N(A)}$ 称为负倒描述函数，其特性曲线可由描述函数在 GH 平面上绘制出来，若与开环幅相频率特性曲线 $G(\mathrm{j}\omega)$ 相交，则交点满足式（12-19），由奈氏稳定判据可知，交点是临界的稳定点（简称临界点），相当于线性系统的开环幅相频率特性经过 GH 平面的 $(-1,\mathrm{j}0)$ 点。线性系统开环稳定（$P=0$）、闭环不稳定时，$G(\mathrm{j}\omega)$ 顺时针包围 $(-1,\mathrm{j}0)$ 点，对应于开环稳定（开环稳定是指线性部分是开环稳定的）的非线性系统则是 $G(\mathrm{j}\omega)$ 顺时针包围负倒描述函数曲线 $-\dfrac{1}{N(A)}$。有的非线性控制系统，当输入幅值在一定范围内时响应是不稳定的，而在另外的范围内时响应是稳定的，特性上表现为 $G(\mathrm{j}\omega)$ 只顺时针包围了一部分负倒描述函数曲线，而其余的部分不被其所包围，具体情况如图 12-28c 所示。图中的两条特性曲线有两个交点，两个交点间的负倒描述函数曲线被 $G(\mathrm{j}\omega)$ 顺时针包围，属于不稳定的范围，这段曲线上的点对应的幅值 A 的集合均会使系统不稳定，而这段曲线以外的 A 值集合均能使系统稳定。同样地，假设线性部分开环稳定（$P=0$），由图 12-28a 特性描述的非线性系统对任何幅值的正弦输入都是稳定的，而由图 12-28b 特性描述的系统都是不稳定的。

线性控制系统开环不稳定（$P \neq 0$）、闭环稳定时，$G(\mathrm{j}\omega)$ 的幅相频率特性逆时针绕 $(-1,\mathrm{j}0)$ 点旋转 $P/2$ 圈。对应于非线性系统则是 $G(\mathrm{j}\omega)$ 曲线逆时针包围负倒描述函数 $-\dfrac{1}{N(A)}$ 曲线 $P/2$ 圈。满足这种包围条件的非线性系统稳定，否则不稳定。

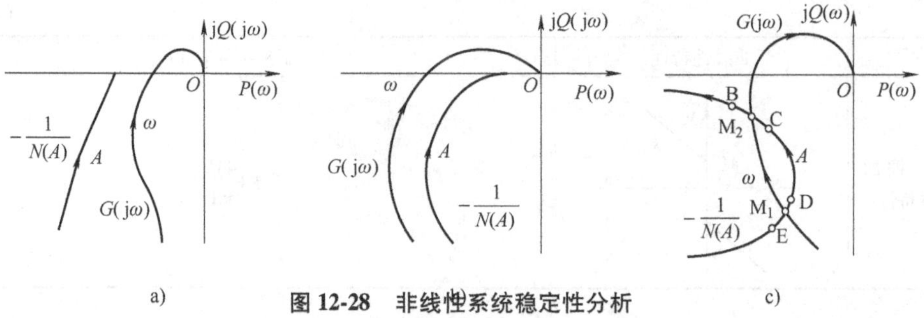

图 12-28　非线性系统稳定性分析

a）$G(\mathrm{j}\omega)$ 不顺时针包围 $-\dfrac{1}{N(A)}$　b）$G(\mathrm{j}\omega)$ 顺时针包围 $-\dfrac{1}{N(A)}$　c）$G(\mathrm{j}\omega)$ 顺时针部分包围 $-\dfrac{1}{N(A)}$

12.4.4　非线性系统的自振分析

分析非线性系统的自振常常应用描述函数法。非线性系统产生自振是由于有稳定的临界稳定点，在那里线性部分的开环幅相频率特性 $G(\mathrm{j}\omega)$ 与负倒描述函数 $-\dfrac{1}{N(A)}$ 相交，并且在外界的扰动不大时能够恢复到临界稳定点。事实上，有的临界稳定点是稳定的，有的是不稳定的。图 12-28c 所示特性中有两个临界稳定点 M_1 和 M_2，在 M_1 点，输入振幅为 A_1，角频率为 ω_1，为了判断该点是否稳定，可假定输入振幅有一个小的变化（扰动），例如，振幅由 A_1 变小时，负倒描述函数上的点移动到 E，E 点不被 $G(\mathrm{j}\omega)$ 包围，对开环稳定的 $G(\mathrm{j}\omega)$ 而言该点是稳定的。稳定系统的输出量呈衰减的趋势，反馈到非线性环节的输入端，引起输入振幅的进一步减小，在负倒描述函数曲线上表现为沿 A 减小的方向更远离 M_1 点；反之，振幅由 A_1 变大时，负倒描述函数点移动到 D，D 点被 $G(\mathrm{j}\omega)$ 包围，属于不稳定范围，输出量呈发散趋势，反馈的结果使输入幅值 A 进一步增大，在负倒描述函数曲线上表现为沿 A 增大的方向运动更远离 M_1，所以 M_1 点是不稳定的临界点。M_2 点的输入振幅为 A_2，角频率为 ω_2，当振幅由 A_2 变小时，负倒描述函数点移动到 C，C 点被 $G(\mathrm{j}\omega)$ 顺时针包围，属于不稳定的范围，发散的系统使输出量增大，反馈到非线性环节的输入端使变小的 A 又变大了，稳定时负倒描述函数点又回到了 M_2；反之，振幅由 A_2 变大时，负倒描述函数点移动到 B，B 点不被 $G(\mathrm{j}\omega)$ 顺时针包围，属于稳定的范围，稳定的系统使输出量减小，反馈的结果使非线性环节输入幅值减小，负倒描述函数点沿 A 减小的方向回到 M_2 点，所以 M_2 点是稳定的临界稳定点。从以上的分析可知，系统在非零初始状态下可在 M_2 点形成稳定的自振，自振的振幅为 A_2，频率为 ω_2。非线性系统的自振多数是有害的，消除的办法可通过校正线性部分的开环幅相频率特性或改变负倒描述函数使它们不相交来实现。通过这种办法也可以设置有合适振幅和频率的有益自振。

12.4.5　描述函数法的 MATLAB 实现

例 12.7　已知如图 12-26 的非线性控制系统，线性环节传递函数为 $G(s)=\dfrac{3000}{s(10s+1)(5s+1)}$，非线性环节的描述函数为 $N(A)=\dfrac{B_1}{A}=\dfrac{2}{\pi}\left[\arcsin\dfrac{2}{A}+\dfrac{2}{A}\sqrt{1-\left(\dfrac{2}{A}\right)^2}\right]$　$(A\geqslant 2)$，试利用描述函数法分析非线性系统的稳定性。

解 根据上述理论分析，需要绘制线性系统的 Nyquist 图和负倒描述函数图形。具体程序如下：

```
num=[3000];
den=conv([10 1 0],[5 1]);
G=tf(num,den);
A=2.0001:0.01:50000;
x=real(-1./((2*((asin(2./A)+(2./A).*sqrt(1-(2./A).^2)))/pi)+j*0));
y=imag(-1./((2*((asin(2./A)+(2./A).*sqrt(1-(2./A).^2)))/pi)+j*0));
w=0.001:0.001:1;
nyquist(G,w,'--');
hold on
plot(x,y,'r');
xlable('实轴')
ylable('虚轴')
title('Nyquist 图')
legend('Nyquist 图','负倒描述函数图')
axis([-20000 0 -10000 10000])
```

程序运行后得到如图 12-29 所示结果。从图中可以看出，Nyquist 图和负倒描述函数图形存在交点，负倒描述函数曲线沿 A 增加的方向由不稳定区域进入稳定区域，因此存在稳定的自振点。

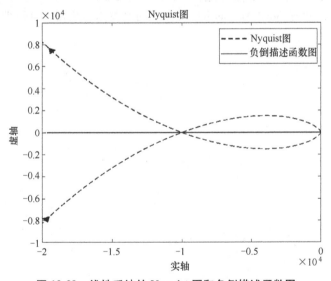

图 12-29　线性系统的 Nyquist 图和负倒描述函数图

12.5　本章小结

本章介绍了非线性系统的分析和设计方法，主要包括典型非线性系统特性研究及 MATLAB 实现、相平面法的基础知识以及利用 MATLAB/Simulink 软件绘制相轨迹、描述函数法的基础知识以及利用 MATLAB/Simulink 软件的实现，并利用实例对非线性系统的性能进行详细研究。

参 考 文 献

［1］任彦硕. 自动控制原理［M］. 北京：机械工业出版社，2007.

［2］张袅娜，冯雷. 控制系统仿真［M］. 北京：机械工业出版社，2014.

［3］王孝武，方敏，葛锁良. 自动控制理论［M］. 北京：机械工业出版社，2009.

［4］薛定宇. 控制系统计算机辅助设计［M］. 3 版. 北京：清华大学出版社，2012.

［5］王正林，王胜开，陈国顺，等. MATLAB/Simulink 与控制系统仿真［M］. 4 版. 北京：清华大学出版社，2017.

［6］刘卫国. MATLAB 程序设计与应用［M］. 3 版. 北京：高等教育出版社，2017.

［7］Katsuhiko O. 控制理论 MATLAB 教程［M］. 王峻，译. 北京：电子工业出版社，2019.

［8］黄忠霖，控制系统 MATLAB 计算机仿真［M］. 3 版. 北京：国防工业出版社，2016.

［9］姜增如. MATLAB 在自动化工程中的应用［M］. 北京：机械工业出版社，2018.

［10］刘豹. 现代控制理论［M］. 5 版. 北京：机械工业出版社，2011.

［11］蔡旭辉，刘卫国，蔡立燕. MATLAB 基础与应用教程［M］. 北京：人民邮电出版社，2011.

［12］刘金琨. 先进 PID 控制 MATLAB 仿真［M］. 4 版. 北京：电子工业出版社，2016.

［13］王建辉，顾树生. 自动控制原理［M］. 2 版. 北京：清华大学出版社，2014.

［14］夏德钤，翁贻方. 自动控制理论［M］. 4 版. 北京：机械工业出版社，2017.

［15］胡寿松. 自动控制原理［M］. 7 版. 北京：科学出版社，2021.

［16］薛定宇，陈阳泉. 基于 MATLAB/Simulink 的系统仿真技术与应用. 2 版. 北京：清华大学出版社，2011.